"十四五"高等职业教育计算机类专业系列教材

鲲鹏应用开发与迁移

主　编　黄　新　　帖莎娜　　赵利格
副主编　高　琪　　勾春华　　彭添淞　李晨来

電子工業出版社·

Publishing House of Electronics Industry

北京·BEIJING

内 容 简 介

本书涵盖了在鲲鹏平台上进行应用开发与迁移的关键内容。通过深入探讨指令集的分类、鲲鹏处理器、TaiShan 服务器、openEuler 操作系统及鲲鹏云服务器等核心概念，读者将建立对鲲鹏生态系统的多方面理解。

本书以任务导向的方式组织内容，从购买鲲鹏云服务器开始讲解，深入探讨了鲲鹏代码迁移工具的安装与使用、Megahit 源码迁移、Knox 软件包重构、汇编代码迁移等内容。读者还将学习如何在鲲鹏云服务器上部署 OA 系统，以及如何运用瀑布开发模型、敏捷开发模型和 DevOps 开发模型进行软件开发。

持续规划与设计、持续开发与集成、持续部署与发布是本书的关键任务。本书内容涵盖性能测试方法、Linux 常用性能监控分析工具和常见性能测试工具等。通过基于 Wrk、JMeter 和 sysbench 工具分别测试 Nginx、Web 和 MySQL 应用，读者将深入了解鲲鹏平台应用性能测试的方法。

本书还实施了鲲鹏性能优化工具的安装、SQLite3 单数据插入与多数据插入性能调优、鲲鹏硬件加速实践等任务。最后，通过基于 RPM、Maven 等软件包管理工具构建应用，以及在鲲鹏云服务器上部署 Nginx 进行综合实验，读者将熟练掌握在鲲鹏平台上进行应用开发与迁移的技能。

本书旨在为开发人员、系统工程师和 IT 专业人士提供系统且实用的指导，帮助他们在鲲鹏平台上成功开发与迁移应用。

图书在版编目（CIP）数据

鲲鹏应用开发与迁移 / 黄新，帖莎娜，赵利格主编.
北京 ： 电子工业出版社，2025. 1. -- ISBN 978-7-121
-48963-1
Ⅰ. TN929. 53
中国国家版本馆 CIP 数据核字第 2024YK7299 号

责任编辑：刘　洁
印　　刷：天津嘉恒印务有限公司
装　　订：天津嘉恒印务有限公司
出版发行：电子工业出版社
　　　　　北京市海淀区万寿路 173 信箱　　　邮编：100036
开　　本：787×1092　　1/16　　印张：16　　字数：420 千字
版　　次：2025 年 1 月第 1 版
印　　次：2025 年 1 月第 1 次印刷
定　　价：54.80 元

前　言

随着信息技术的不断发展，人们对海量数据的计算与处理要求越来越高。鲲鹏平台在行业中日益崭露头角。从应用开发到迁移，鲲鹏平台展现了独特的技术优势。

鲲鹏是一款处理器架构，综合了"算、存、传、管、智"（即通用计算、存储、传输、管理和 AI 计算）功能。它基于 ARM 架构，提供了强大的算力，结合人工智能芯片"昇腾"实现了智能算法，大大提高了计算效率。自华为 2019 年发布鲲鹏架构以来，它在行业中取得了显著进展，成为华为计算平台的关键组成部分。

本书的初衷是帮助开发人员更好地理解和应用鲲鹏平台。通过提供翔实的技术文档、迁移指导及实践场景，本书旨在使开发人员能够顺利进行应用的迁移、部署、调优等操作。

结合实际案例和实践经验，本书可以帮助读者在学习过程中更好地将理论知识与实际应用相结合，从而提高就业能力和激发职业发展潜力。

本书的写作具有如下特点。

● 任务导向式学习：通过具体任务，读者可在实践中学习，将理论与实践相结合。

● 内容覆盖广泛：覆盖从鲲鹏基础知识到高级应用迁移及性能调优的全过程。

● 实用案例：以实际案例为基础，让读者可以更好地理解和应用所学知识。

本书内容采用任务导向式的编写思路，旨在帮助读者更好地理解和掌握所学知识。本书分为 6 个单元，每个单元涵盖一个特定的主题或技能领域，读者可以按照单元的顺序进行学习，逐步掌握所需的知识和技能。每个单元都涉及具体的任务，每个任务都包含任务描述、任务分析、任务实施 3 个环节。单元小结总结了本单元的重点和难点内容，单元练习则根据本单元提炼出的核心技术内容来布置练习题，以帮助读者消化本单元所学内容。本书建议授课课时为 64 课时，教学内容及课时安排如表 1 所示。

表 1　教学内容及课时安排

章节	名称	课时安排
单元 1	鲲鹏云服务实践	6
单元 2	鲲鹏云服务器部署 OA 系统	14
单元 3	华为云 DevCloud 开发平台的使用	10
单元 4	鲲鹏应用性能测试	10
单元 5	鲲鹏应用性能调优	10
单元 6	鲲鹏应用构建与发布	14
总计		64

本书既可以作为高职高专院校计算机相关专业课程的教学用书，也可以作为开发人员、系统工程师及对鲲鹏技术感兴趣的读者的参考书。无论你是初学者还是具有一定经验的专业人士，都能从本书中找到适合自己的内容。

本书由深圳职业技术大学的黄新和深圳市讯方技术股份有限公司的工程师帖莎娜、赵利格共同组织编写。在编写本书的过程中，编者参阅了国内外同行编写的相关著作和各类文献。此外，编者还参考了许多在线资源和技术文档，其显示了目前最新的技术信息和行业动态，为编者的编写工作提供了很大的帮助。在此，编者对这些作者表示衷心的感谢。在验证和校对阶段，深圳市讯方技术股份有限公司的工程师提供了宝贵的帮助和支持。

在编写本书的过程中，编者尽力保证内容的准确性和完整性，但由于时间、篇幅和专业知识等方面的限制，书中难免存在不足之处。对于这些不足，编者深表歉意。读者在使用本书的过程中如果发现问题，可以随时与编者联系（E-mail：xinhuang@szpu.edu.cn）。同时，编者也欢迎读者提出宝贵的意见和建议，以帮助编者不断提高书籍的质量。

编者

2023 年 12 月

目　　录

单元 1 鲲鹏云服务实践

 单元描述

不管是云计算、大数据，还是人工智能技术，都需要依赖服务器实现。TaiShan 服务器搭载鲲鹏处理器，使用 openEuler 操作系统，为用户提供了高性能、低能耗和高可靠性的解决方案。鲲鹏云服务器是华为鲲鹏基础云服务之一，能够自动调整计算资源，根据自身需要自定义服务器配置，灵活选择所需的内存、CPU、带宽等配置，帮助用户打造可靠、安全、灵活、高效的应用环境。本单元讲述创建和登录鲲鹏云服务器，以及鲲鹏云服务器全生命周期管理等操作，帮助读者快速了解并掌握鲲鹏云服务器的使用方法。

1. 知识目标

（1）了解指令集的分类；
（2）掌握鲲鹏处理器的技术创新和特点；
（3）了解 TaiShan 服务器的分类和特点；
（4）认识 openEuler 操作系统技术特性的优势；
（5）了解鲲鹏云服务器的特点。

2. 能力目标

（1）掌握如何购买鲲鹏云服务器；
（2）掌握鲲鹏云服务器的基础操作。

3. 素养目标

（1）培养以科学思维方式审视专业问题的能力；
（2）培养实际动手操作与团队合作的能力。

 任务分解

本单元旨在让读者掌握鲲鹏云服务器的购买和使用方法，任务分解如表 1-1 所示。

表 1-1 任务分解

任务名称	任务目标	课时安排
任务　购买鲲鹏云服务器	掌握鲲鹏云服务器的购买和使用方法	6
总计		6

知识准备

1. 指令集的分类

指令集是计算机体系结构中定义的一组机器指令的集合，用于指导计算机执行特定的操作。根据指令集的不同，可以将其分为以下几种类型。

- CISC（Complex Instruction Set Computer，复杂指令集计算机）：CISC 指令集包含大量复杂的指令，每条指令可以执行多种操作。它具有丰富的指令和灵活的编程模型，能够完成复杂的操作，但指令的执行时间较长。常见的 CISC 指令集有 x86 架构。
- RISC（Reduced Instruction Set Computer，精简指令集计算机）：RISC 指令集包含一组简单的指令，每条指令只能执行一种操作。它通过精简指令集来提高指令的执行速度和效率。RISC 指令集通常具有固定的指令长度和统一的寻址模式。常见的 RISC 指令集有 ARM 架构、MIPS 架构等。
- VLIW（Very Long Instruction Word，超长指令字）：VLIW 指令集通过将多条指令打包成一条长指令来提高指令级的并行性。每条 VLIW 指令可以执行多种操作，这些操作可以在不同的执行单元上并行执行。VLIW 指令集需要编译器（Complier）在编译时对指令进行调度和优化。常见的 VLIW 指令集有 IA-64（Itanium）。
- EPIC（Explicitly Parallel Instruction Computing，显式并行指令集计算）：EPIC 指令集是一种扩展的 VLIW 指令集，它通过在指令中显式地指定并行性来提高指令级的并行性。EPIC 指令集需要编译器在编译时对指令进行调度和优化。常见的 EPIC 指令集有 IA-64（Itanium）。

除了以上几种常见的指令集，还有一些特定的指令集，如 SIMD（Single Instruction Multiple Data）指令集用于向量化计算，GPU（Graphics Processing Unit，图形处理器）指令集用于图形处理，DSP（Digital Signal Processor，数字信号处理器）指令集用于数字信号处理等。不同的指令集适用于不同的场景和需求，选择合适的指令集可以提高计算机的性能和效率。

指令集的分类如表 1-2 所示。

表 1-2　指令集的分类

指令集	特点	供应商
x86 架构	十分常见和应用广泛的指令集，支持众多操作系统和应用程序，具有高度的兼容性	Intel 和 AMD
ARM 架构	一种低功耗的指令集，通常被应用于移动设备和嵌入式系统。近年来，ARM 架构凭借其低功耗和高性能的特点，逐渐在服务器领域中得到广泛应用	华为、中国电子信息产业集团有限公司
POWER 架构	由 IBM 开发的指令集，具有高性能和可扩展性，被广泛应用于企业级应用和科学计算领域	IBM
SPARC 架构	由甲骨文（Oracle）公司开发的指令集，主要应用于甲骨文公司的 SPARC 服务器。它具有高度可扩展性和可靠性，被广泛应用于企业级和数据中心环境	甲骨文

表 1-2 所示是目前常见的几种指令集，每种指令集都有其特定的优势和适用场景。选择合适的指令集需要考虑应用需求、性能要求、兼容性和可扩展性等因素。

每种指令集都有其特定的特点和优势，以下是表 1-2 所示的指令集的一些常见特点。

（1）x86 架构

- 应用广泛：x86 架构是目前十分常见和应用广泛的指令集，支持众多操作系统和应用程序。
- 高性能：x86 处理器提供了高性能和较高的时钟频率，适用于需要处理大量数据和高计算能力的应用。
- 兼容性：x86 架构具有很高的兼容性，不仅可以运行旧有的 x86 指令集的应用程序，也支持虚拟化和云计算技术。

（2）ARM 架构

- 低功耗：ARM 架构的处理器通常具有低功耗特性，适用于设备需要具备节能和高效优势的应用场景，如移动设备和物联网设备。
- 高度集成：ARM 架构的处理器在单个芯片上集成了多个核心组件和其他组件，提供了高度集成的解决方案，适用于嵌入式系统和小型服务器。
- 多样性：ARM 架构具有多样性，提供了多个处理器系列和配置选项，以满足不同的应用需求和性能要求。

（3）POWER 架构

- 高性能和可扩展性：POWER 架构的处理器具有高性能和可扩展性，适用于需要处理大型数据集和具有高计算要求的企业级应用和科学计算领域。
- 可靠性和可用性：POWER 架构具有高度可靠性和可用性，支持热插拔和冗余功能，以确保系统的连续运行。

（4）SPARC 架构

- 高度可扩展性：SPARC 架构的服务器具有高度可扩展性，能够支持大规模的并行计算和多线程处理。
- 可靠性和稳定性：SPARC 架构具有高度可靠性和稳定性，适用于需要具有高可用性和数据完整性的企业级应用和数据中心。

这些特点仅仅是每种架构的一些典型特点，在实际应用中，读者还需要根据具体的需求和场景进行评估和选择。

2. 鲲鹏处理器

鲲鹏处理器采用 ARM 架构。ARM 是一种 CPU 架构。有别于 Intel、AMD CPU 采用的 CISC 指令集，ARM CPU 采用 RISC 指令集。传统 CISC 体系的指令集庞大、指令长度不固定、指令执行周期有长有短，使得指令译码和流水线在硬件上的实现非常复杂，给芯片的设计开发和成本的降低带来了极大困难。

随着计算机技术的发展，芯片需要不断引入复杂指令集，为支持这些新增的指令集，计算机的体系结构会越来越复杂。然而，在 CISC 指令集的各种指令中，其使用频率却相差悬殊，大约有 20% 的指令会被反复使用，占整个程序的 80%，而余下的大约 80% 的指令却不会被经常使用，只占整个程序的 20%。显然，这种结构是不合理的。

针对这些明显的问题，1979 年美国加州大学伯克利分校提出了 RISC 的概念。RISC 并不是简单地减少指令，而是把着眼点放在了如何使计算机的结构更加简单、合理地提高运算速度上。

RISC 结构优先选取使用频率较高的简单指令，避免选取复杂指令。它将指令长度固定，并将指令格式和寻址方式的种类减少，以控制逻辑为主，不用或少用微码控制等来达到上述目的。

ARM 架构采用 RISC 指令集，具有更好的并发性能，匹配业务特征能耗比更佳，是处理器快速发展的业界热点。

鲲鹏处理器在技术上进行了多项创新，以下是其中一些主要的技术创新。

Da Vinci 架构：鲲鹏处理器采用华为自主研发的 Da Vinci 架构，该架构在指令集、内存系统、缓存系统等方面进行了优化，提供了更高的性能和效能。Da Vinci 架构支持多核心设计和超线程技术，能够同时处理多个线程，提供更高的计算能力。

高速缓存和内存系统：鲲鹏处理器采用了大容量的高速缓存和内存系统，以提供更快的数据访问速度。它采用了多级缓存结构，能够更好地满足不同应用的数据访问需求。同时，鲲鹏处理器支持内存虚拟化技术，可以提供更高的内存利用率和性能。

加速引擎是 TaiShan 200 服务器基于 Kunpeng 920 芯片提供的硬件加速解决方案，包含对称加密、非对称加密、数字签名、压缩/解压缩等算法，用于加速 SSL/TLS 应用和数据压缩，可以显著降低处理消耗，提高处理器效率。SSL 加速引擎通过专门的硬件设计和优化算法，在硬件级别上执行 SSL 协议中的加密和解密计算步骤。如图 1-1 所示，SSL 加速引擎避免了软件层面的开销和延迟，提高了计算性能。压缩加速引擎采用数据流的方式处理输入数据。输入数据被分成多个数据块，每个数据块都经过压缩算法的不同计算步骤。这些计算步骤在加速引擎中以流水线的方式依次执行，从而实现高效的数据处理。加密算法加速引擎通过专门设计的硬件加速器，能够快速执行常见的加密算法，如 AES（高级加密标准）、RSA（RSA加密算法）等。如图 1-2 所示，数据的加/解密在 CPU 内执行，数据密钥被存储在安全区中，只有特定进程才能被写入数据密钥，数据密钥只能由 CPU 直接读入 CPU。这种硬件加速器能够在硬件级别并行处理加密算法运算，从而显著提高加密操作的速度和效率。此外，加速引擎对应用层屏蔽了其内部实现细节，用户通过 Openssl、zlib 标准接口即可快速迁移现有业务。

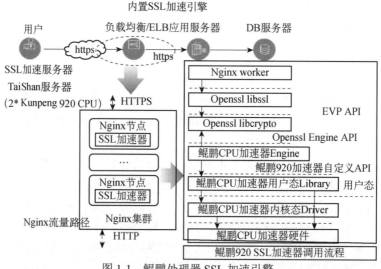

图 1-1 鲲鹏处理器 SSL 加速引擎

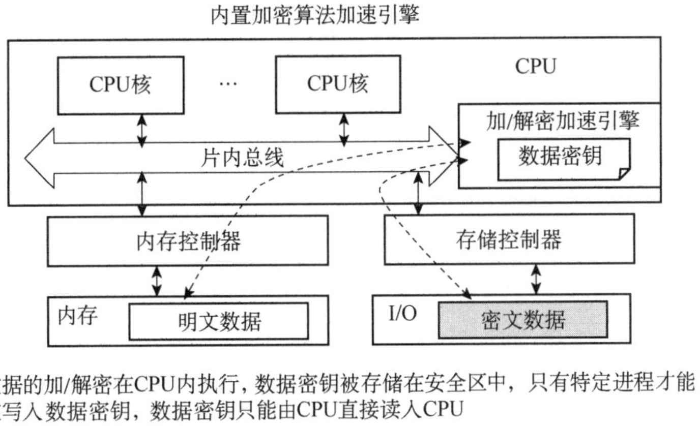

内置加密算法加速引擎

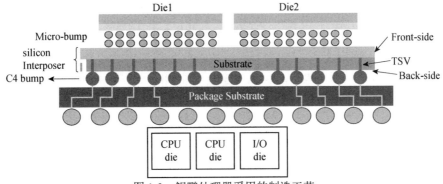

数据的加/解密在CPU内执行，数据密钥被存储在安全区中，只有特定进程才能
被写入数据密钥，数据密钥只能由CPU直接读入CPU

图 1-2　鲲鹏处理器加密算法加速引擎

异构计算：鲲鹏处理器支持异构计算，即在同一个处理器中集成了不同类型的计算单元，如 CPU、GPU、AI 加速器等。这种设计可以更好地满足不同应用的计算需求，提供更高的计算性能和效率。

安全技术和机制：鲲鹏处理器注重安全性，采用了多种安全技术和机制，包括硬件加密、安全引导、访问控制等。它还支持虚拟化和容器化技术，可以提供更高的安全性和隔离性。

7nm 制造工艺：Kunpeng 920 处理器采用业界领先的 7nm 制造工艺，是首款采用 7nm 制造工艺制作的数据中心 ARM CPU。如图 1-3 所示，Kunpeng 920 处理器采用业界领先的 CoWoS 封装技术，实现多 Die 合封，控制每个 Die 的面积，提升良率，降低整体成本，乐高方式更加灵活。

图 1-3　鲲鹏处理器采用的制造工艺

这些技术创新使得鲲鹏处理器在性能、效能、安全性等方面具备竞争优势，可以为用户提供高性能、低功耗、高安全性等服务器计算能力，它具备以下特点。

- 高性能：鲲鹏处理器采用多核心设计和超线程技术，能够同时处理多个线程，提供了更高的计算性能。同时，它支持大容量的高速缓存和内存系统，提供了更快的数据访问速度。

- 低功耗：鲲鹏处理器采用先进的低功耗设计，能够在保持高性能的同时，降低功耗和能耗。这使得鲲鹏处理器在大规模数据中心等环境下具备了更高的能效比。

- 强大的扩展性：鲲鹏处理器支持多种高速接口和扩展卡，可以与其他设备和系统进行高速数据传输和连接。它还支持虚拟化和容器化技术，方便用户进行应用的部署和管理。

- 高度集成：鲲鹏处理器在单个芯片上集成了多个核心、高速缓存、内存控制器等组件，实现了高度集成和紧凑的设计。这种集成度的提高可以提高处理器的性能和效率，同时减少系统的复杂性和功耗。
- 高安全性：鲲鹏处理器在硬件层面上具有较高的安全性保障措施，采用了先进的安全架构设计，包括硬件隔离、加密功能等，能够有效防止恶意攻击和数据泄露。

鲲鹏处理器主要被应用于华为的服务器产品线，为企业级应用和云计算提供高性能和高可靠性的解决方案。它在处理性能、能耗效率和安全性方面都具备优势，适用于大规模数据中心、企业级应用和人工智能等领域。

3. TaiShan 服务器

TaiShan 服务器是华为新一代数据中心服务器，基于鲲鹏处理器，适合为大数据、分布式存储、原生应用、高性能计算和数据库等高效加速，旨在满足数据中心多样性计算、绿色计算的需求。TaiShan 服务器具有以下特点。

- 高性能：TaiShan 服务器基于华为自主研发的鲲鹏处理器，具备强大的计算能力和处理性能。它支持多核心设计和高速缓存，能够满足大数据处理、人工智能和云计算等高性能计算需求。
- 低功耗：TaiShan 服务器采用低功耗的设计，具有较低的能耗和热量产生，能够在节能环境下提供高性能计算。
- 高度集成：TaiShan 服务器在硬件设计上实现了高度集成，通过将鲲鹏处理器和其他组件集成在一起，减少了系统的复杂性并降低了系统的功耗，提高了处理器的性能和效率。
- 高可靠性和稳定性：TaiShan 服务器具备高可靠性和稳定性，支持冗余和热插拔功能，以保证系统的连续运行。
- 高安全性：TaiShan 服务器具备强大的安全性能和防护机制，支持硬件加密和安全引导等功能，以保护用户数据和系统的安全。

第一代 TaiShan 100 服务器基于 Kunpeng 916 处理器，2016 年被推出市场，包含 2280 均衡型和 5280 存储型等产品型号；TaiShan 200 服务器基于最新的 Kunpeng 920 处理器，2019 年被推出市场，是市场上的主打产品，包含 2280E 边缘型、1280 高密型、2280 均衡型、2480 高性能型、5280 存储型和 X6000 高密型等产品型号。

以下是 TaiShan 200 服务器的一些系列产品。

图 1-4　TaiShan 5280 服务器

（1）TaiShan 5280 服务器

TaiShan 5280（见图 1-4）是由华为推出的一款高密度 4U 机架式服务器，属于 TaiShan 200 服务器系列产品。它支持 4 个鲲鹏处理器，最多可配置 112 个核心。TaiShan 5280 服务器具有高性能、高可扩展性和高可靠性，适用于大规模的企业级应用和云计算场景。

TaiShan 5280 服务器采用了先进的硬件架构和技术，具有卓越的计算能力和存储容量。它支持多种存储选项，包括 SAS、SATA 和 NVMe 固态硬盘，可满足不同的存储需求。此外，TaiShan 5280 服务器还具备丰富的扩展接口和高速互联技术，可以支持大规模的数据处理和网络通信。

TaiShan 5280 服务器具有优化的能效设计，通过智能功耗管理和热管理技术，实现了更高的能效比和更低的能耗。它还支持远程管理功能，方便用户对服务器进行监控和管理。

（2）TaiShan 2280 服务器

TaiShan 2280（见图 1-5）是由华为推出的一款高密度 2U 机架式服务器，属于 TaiShan 200 服务器系列产品。它支持两个鲲鹏处理器，最多可配置 56 个核心。TaiShan 2280 服务器具有高性能、高可扩展性和高可靠性，适用于大规模数据处理和存储场景。

图 1-5　TaiShan 2280 服务器

TaiShan 2280 服务器采用了先进的硬件架构和技术，具有卓越的计算能力和存储容量。它支持多种存储选项，包括 SAS、SATA 和 NVMe 固态硬盘，可满足不同的存储需求。此外，TaiShan 2280 服务器还具备丰富的扩展接口和高速互联技术，可以支持大规模的数据处理和网络通信。

TaiShan 2280 服务器具有优化的能效设计，通过智能功耗管理和热管理技术，实现了更高的能效比和更低的能耗。它还支持远程管理功能，方便用户对服务器进行监控和管理。

（3）TaiShan 2280E 服务器

TaiShan 2280E 服务器是一种边缘型服务器，是由华为推出的专为边缘计算场景设计的服务器。边缘计算是一种将计算和数据处理功能放置在接近数据源的边缘设备上的计算模式，可以降低延迟并提高数据处理效率。

TaiShan 2280E 服务器（见图 1-6）具有紧凑的机箱设计和低功耗的处理器，适用于部署边缘计算环境。其通常具有高可靠性和高可扩展性，以满足边缘计算场景中不断增长的数据处理需求。

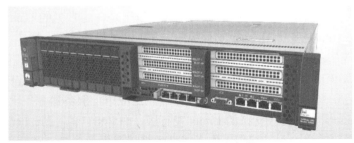

图 1-6　TaiShan 2280E 服务器

TaiShan 2280E 服务器通常具有多种连接接口，包括以太网、无线网络和物联网（IoT）接口，以支持各种设备和传感器的连接。它们还可以与华为的边缘计算解决方案和云平台集成，以实现更高效的数据处理和管理。

（4）TaiShan 2480 服务器

TaiShan 2480（见图 1-7）是由华为推出的一款高性能型服务器，适用于各种企业级应用和工作负载。该服务器采用了先进的处理器和系统架构，具有卓越的性能和可靠性。

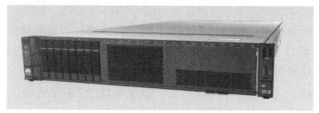

图 1-7　TaiShan 2480 服务器

TaiShan 2480 服务器采用高度可扩展的设计，支持多个处理器插槽，可以配备多个处理器，以满足不同的计算需求。它还提供了大容量的内存和存储选项，以支持大规模数据处理和存储。

TaiShan 2480 服务器采用了优化的能效设计，并采用了智能功耗管理和热管理技术，以提高能效并降低能耗。它还支持多种高速互联技术，如 InfiniBand 和以太网，以实现高速数据传输和通信。

此外，TaiShan 2480 服务器还具备可靠性和可用性的特点，包括热备插槽、冗余电源和故障转移功能，以确保系统的稳定性和可靠性。

TaiShan 服务器目前已经规模性商用的有 2280 均衡型、5280 存储型，X6000 高密型。除此之外，还有支持 72 盘位的 5290 高密型，支持 4 路服务器互联的 2480 高性能型，1U 双路的 1280 高密型和适合在边缘计算场景中部署的 2280E 边缘型等。

4. openEuler 操作系统

操作系统是一款用于管理计算机硬件与软件资源的程序，同时也是计算机系统的内核与基石。操作系统负责诸如管理与配置内存、决定系统资源供需的优先次序、控制输入与输出设备、操作网络与管理文件系统等基本事务。操作系统也提供了一个让使用者与系统交互的操作接口。小到智能穿戴设备、电视盒子，大到计算机、服务器、路由交换设备，都有自己的操作系统。

1991 年 10 月 5 日，Linus Torvalds 在 comp.os.minix 新闻组织上正式对外宣布 Linux 内核诞生，并且开源。在开源社区参与者的努力下，1994 年 3 月，Linux 1.0 内核版本被正式发布。Linux 是一款免费使用和自由传播的类 UNIX 操作系统，也是一款基于 POSIX 和 UNIX 的多用户、多任务，支持多线程和多 CPU 的操作系统。以下是一些常见的 Linux 操作系统。

- Ubuntu：Ubuntu 是基于 Debian 发行版的一款 Linux 操作系统，被广泛应用于个人计算机和服务器。它注重易用性和用户友好性，拥有庞大的社区支持和丰富的软件库。
- CentOS：CentOS 是基于 Red Hat Enterprise Linux（RHEL）源码构建的一个自由开源的 Linux 发行版。它具有稳定性和安全性，被广泛应用于服务器。
- Fedora：Fedora 是由社区支持的 Linux 发行版，由 Red Hat 赞助。Fedora 对新软件及新技术吸纳得比较快，所以编程工作者或技术爱好者更喜欢 Fedora。
- Debian：Debian 是一个自由开源的 Linux 发行版，以其稳定性和安全性而闻名。它是许多其他 Linux 发行版的基础，包括 Ubuntu。
- openSUSE：openSUSE 是一个由社区支持的 Linux 发行版，注重易用性和稳定性设计。它提供了一个友好的桌面环境和广泛的软件选择。

- Deepin：Deepin 是由中国的武汉深之度科技有限公司开发的一个基于 Debian 的 Linux 发行版。它注重用户友好性和美观性设计，提供了独特的桌面环境和该公司自主开发的应用程序。
- Kylin：Kylin 是由中国的麒麟软件有限公司开发的一个面向中国市场的 Linux 发行版。它专注于满足中国政府和企业的需求，提供了本地化的特性和安全性。
- StartOS（思源操作系统）：StartOS 是由中国的 StartOS 团队开发的一款基于 Linux 的操作系统。它注重简洁和易用性设计，提供了轻量级的桌面环境和该团队自主开发的应用程序。

这只是一小部分常见的 Linux 操作系统，还有许多其他发行版，读者可根据特定需求和偏好进行选择。鲲鹏处理器兼容多种操作系统，包括但不限于以下几种。

- EulerOS：EulerOS 是华为自主研发的一款基于 Linux 的操作系统，专为鲲鹏处理器而设计。它具有高性能、高可靠性和高安全性，并提供了丰富的应用和工具支持。
- CentOS：CentOS 是一个基于 Red Hat Enterprise Linux（RHEL）源码构建的自由开源的 Linux 发行版。鲲鹏处理器兼容 CentOS，并可以在其上运行。
- Ubuntu Server：Ubuntu Server 是一款基于 Debian 的 Linux 操作系统，被广泛应用于服务器。鲲鹏处理器兼容 Ubuntu Server，并可以在其上运行。
- openEuler：openEuler 是一个开放的、由社区驱动的 Linux 发行版，由华为主导开发。它是鲲鹏处理器的首选操作系统，提供了全面的兼容性和优化支持。

此外，华为也积极参与和推动开源社区的发展，鲲鹏处理器也兼容其他一些主流的开源操作系统，如 Fedora、Debian 等。用户可以根据自己的需求和偏好选择适合的操作系统来配合鲲鹏处理器使用。

openEuler 是由华为主导开发的一个开源操作系统项目，旨在建立一个开放、协作的操作系统生态系统。当前 openEuler 内核源于 Linux 操作系统，支持鲲鹏及其他多种处理器，能够充分释放计算芯片的潜能，它是由全球开源贡献者构建的高效、稳定、安全的开源操作系统，适用于数据库、大数据、云计算、人工智能等场景。同时，openEuler 是一个面向全球的操作系统开源社区，通过社区合作，打造创新平台，构建支持多处理器架构、统一和开放的操作系统，推动软硬件应用生态繁荣发展。

openEuler 操作系统具有以下特点。

- 开源：openEuler 是一个完全开源的操作系统项目，遵循开源软件的原则和规范，任何人都可以自由地查看、修改和分发 openEuler 的源码。
- 安全性：openEuler 操作系统注重安全性设计，采用了多种安全技术和机制，包括硬件加密、安全引导、访问控制等，以保护系统和用户数据的安全。
- 多架构支持：openEuler 操作系统支持多种硬件架构，包括 x86、ARM、PowerPC 等，可以在不同的硬件平台上运行。
- 面向企业级应用：openEuler 操作系统主要面向企业级应用场景，提供了丰富的企业级功能和工具，如容器化、虚拟化、云计算等，以满足企业的需求。
- 生态系统建设：openEuler 操作系统致力于建立一个开放、协作的生态系统，与社区和合作伙伴共同推动操作系统的发展和创新。

openEuler 操作系统的目标是成为一款具有广泛应用领域、高度安全可靠、开放协作的操作系统，为用户提供稳定、可靠的基础设施和平台。同时，openEuler 操作系统也鼓励开发者和社区参与其中，共同推动操作系统的发展和创新。

openEuler 操作系统技术特性的优势如下。

- iSulad 容器：iSula 通用容器引擎（iSulad）是一种新的容器解决方案，提供统一的架构设计来满足 CT 和 IT 领域的不同需求。相比使用 Golang 编写的 Docker，iSulad 容器具有轻、灵、巧、快的特点，不受硬件规格和架构的限制，底噪开销更小，可应用领域更为广泛。openEuler-20.03-LTS 提供了容器运行的基础平台 iSula。iSulad 容器基础镜像支持按需剪裁，实现了极致小型化。

- A-Tune 资源调优自动化：A-Tune 是一款基于 AI 开发的系统性能优化引擎，它利用人工智能技术，对业务场景建立精准的系统画像，感知并推理出业务特征，进而做出智能决策，匹配并推荐最佳的系统参数配置组合，使业务处于最佳运行状态。

- 系统安全：openEuler-20.03-LTS 提供了多重安全手段，包括身份识别与认证、安全协议、强制访问控制、完整性保护、安全审计等安全机制，以保障操作系统的安全性，为各类上层应用提供安全基础。

- 编译器优化：openEuler-20.03-LTS 基于原生 GCC（GNU Compiler Collection，GNU 编译器套件）进行 Bug 修复、特性增强，同时 openEuler-20.03-LTS 提供了对 HUAWEI Open JDK 的支持，相比 Open JDK，HUAWEI Open JDK 进行了优化，其稳定性和安全性有所增强。

- 支持定制/剪裁：openEuler-20.03-LTS 使用优化后的 kiwi 工具对系统进行个性化的自定义修改。

这些优势使得 openEuler 成为一款具有灵活性、安全性和高性能的操作系统，适用于多种场景和应用需求。

5. 鲲鹏云服务器

鲲鹏云服务器是华为基于自主研发的鲲鹏处理器和云计算技术推出的一系列云服务器产品。鲲鹏云服务器是由 CPU、内存、操作系统、云硬盘组成的最基础的计算组件，是华为鲲鹏基础云服务之一，也是用户可以直接感知到鲲鹏的最重要的服务。

鲲鹏云服务器是基于鲲鹏系列芯片的一种云服务器，可以根据业务需求和伸缩策略，自动调整计算资源，具有更高的性价比，可以被应用于重载业务场景。

鲲鹏云服务器具有以下特点。

- 高性能：鲲鹏云服务器采用华为自主研发的鲲鹏处理器，具备强大的计算能力和处理性能。它支持多核心设计和高速缓存，能够满足大数据处理、人工智能和云计算等高性能计算需求。

- 弹性扩展：鲲鹏云服务器支持弹性扩展，可以根据业务需求灵活地进行资源调整和扩展。用户可以根据需要增加或减少服务器的数量和配置，以适应不同的工作负载。

- 高可靠性和稳定性：鲲鹏云服务器具备高可靠性和稳定性，支持冗余和热插拔功能，以保证系统的连续运行。同时，它提供了故障转移和容灾功能，以确保业务的持续可用性。

- 高安全性：鲲鹏云服务器使用多种安全服务，可以实现多维度防护。此外，它还可以帮助用户快速发现安全弱点和威胁，同时提供安全配置检查，并给出安全实践建议，从而有效减少或避免由于网络中病毒和恶意攻击带来的损失。
- 灵活地管理和部署：鲲鹏云服务器提供了灵活的管理和部署工具，用户可以通过云管理平台进行服务器的监控、配置和管理。同时，它支持容器化和虚拟化技术，方便用户进行应用的部署和管理。

鲲鹏云服务器主要被应用于云计算和大数据处理等领域，为用户提供高性能、可靠性和安全性的云计算解决方案。它适用于大规模数据中心、企业级应用、人工智能和物联网等领域。

针对不同的场景，鲲鹏服务器有不同的类型，目前有鲲鹏通用计算增强（kc1）型、鲲鹏内存优化（kM1）型、鲲鹏超高 I/O 型和鲲鹏 AI 加速型。

- 鲲鹏通用计算增强型。

kc1 型云服务器搭载 Kunpeng 920 处理器及 25GE 智能高速网卡，提供强劲鲲鹏算力和高性能网络，可以更好地满足政府、互联网等各类企业对云上业务高性价比、安全可靠等的诉求。

kc1 型云服务器适用于对自主研发、安全隐私要求较高的政企金融场景，对网络性能要求较高的互联网场景，对核数要求较多的大数据、HPC（High-performance Computing，高性能计算）场景，对成本比较敏感的建站、电子商务等场景。

- 鲲鹏内存优化型。

kM1 型云服务器搭载 Kunpeng 920 处理器及 25GE 智能高速网卡，提供最大 480GiB、基于 DDR4 的内存实例和高性能网络，擅长处理大型内存数据集和高速网络场景。

kM1 型云服务器适用于广告精准营销、电子商务、车联网等大数据分析场景。

- 鲲鹏超高 I/O 型。

鲲鹏超高 I/O 型云服务器使用高性能 NVMe SSD 本地磁盘，提供高存储 IOPS（Input/Output Operations Per Second，每秒输入/输出程序设计系统）及低读/写时延，可以通过管理控制台创建挂载高性能 NVMe SSD 磁盘的云服务器。鲲鹏超高 I/O 型云服务器的单盘大小为 3.2TB。

鲲鹏超高 I/O 型云服务器适用于高性能关系数据库、NoSQL 数据库（Cassandra、MongoDB 等）及 ElasticSearch 搜索等场景。

- 鲲鹏 AI 加速型。

鲲鹏 AI 加速型云服务器是专门为 AI 业务提供加速服务的云服务器，搭载昇腾系列芯片及软件栈。

鲲鹏 AI 推理加速型系列：搭载昇腾 310 芯片，为 AI 推理业务加速。

鲲鹏 AI 推理加速型实例 kAi1s 是以华为昇腾 310（Ascend310）芯片为加速核心的 AI 加速型云服务器。它基于 Ascend310 芯片的低功耗、高算力特性，实现了能效比的大幅提升，助力 AI 推理业务的快速普及。鲲鹏 AI 推理加速型实例 kAi1s 通过将 Ascend310 芯片的计算加速能力在公有云上开放出来，方便用户快速、简捷地使用 Ascend310 芯片强大的处理能力。

鲲鹏 AI 推理加速型实例 kAi1s 基于 Altas300 加速卡设计。

鲲鹏 AI 推理加速型云服务器可用于机器视觉、语音识别、自然语言处理等通用技术，可支撑智能零售、智能园区、机器人云大脑、平安城市等场景。

任务 购买鲲鹏云服务器

1. 任务描述

本任务旨在帮助读者掌握鲲鹏云服务器全生命周期管理操作,详细介绍了创建和登录鲲鹏云服务器,以及重装和切换鲲鹏云服务器操作系统等内容,帮助读者快速了解并掌握鲲鹏云服务器的使用方法。

2. 任务分析

(1)基础准备
- 用户需要提前申请华为云账号,并完成实名认证。
- 华为云账号需要提前充值,如果账号欠费,则会造成资源冻结。

(2)任务配置思路
- 登录华为云。
- 创建虚拟私有云(VPC)。
- 创建鲲鹏云服务器(Linux)。
- 登录 Linux 弹性云服务器(鲲鹏云服务器)。
- 重置鲲鹏云服务器密码。
- 变更鲲鹏云服务器规格。
- 重装鲲鹏云服务器操作系统。
- 切换鲲鹏云服务器操作系统。
- 删除鲲鹏云服务器。

3. 任务实施

(1)登录华为云

在浏览器的搜索框中搜索"华为云",进入华为云官方网站首页,单击"登录"按钮,如图 1-8 所示。

图 1-8　华为云官方网站首页

在华为云的登录页面中，输入手机号/邮件地址/账号名/原华为云账号、密码，单击"登录"
按钮，如图 1-9 所示。

图 1-9　华为云的登录页面

（2）创建虚拟私有云（VPC）

将鼠标指针移动到云桌面浏览器页面左侧的导航栏上，选择"服务列表"→"网络"→
"虚拟私有云 VPC"选项，在打开的"虚拟私有云"页面中单击"创建虚拟私有云"按钮，进
入"创建虚拟私有云"页面，进行 VPC 基本信息配置，如图 1-10 所示，配置参数如下。

- 区域：华北-北京四。
- 名称：自定义。
- IPv4 网段：192.168.0.0/16。
- 高级配置：默认。

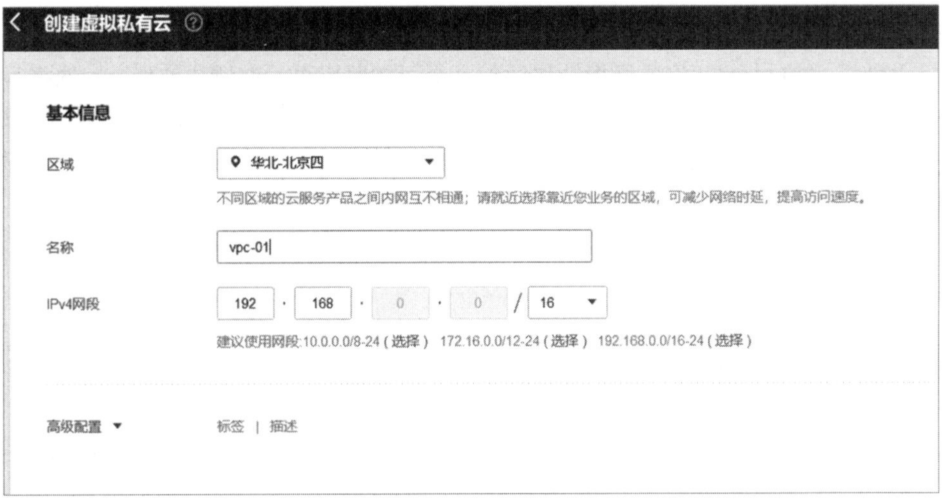

图 1-10　VPC 基本信息配置

进行 VPC 子网信息配置，如图 1-11 所示，配置参数如下。
- 可用区：任选一项。
- 名称：自定义。
- 子网 IPv4 网段：192.168.0.0/24。
- 子网 IPv6 网段：不勾选。
- 其他：默认。

图 1-11　VPC 子网信息配置

单击"立即创建"按钮[①]，完成创建，VPC 列表如图 1-12 所示。

图 1-12　VPC 列表

（3）创建鲲鹏云服务器（Linux）

进入华为云"控制台"，将鼠标指针移动到云桌面浏览器页面左侧导航栏上，选择"服务列表"→"计算"→"弹性云服务器 ECS"选项，进入云服务器"控制台"，单击"购买弹性云服务器"按钮，进入"购买弹性云服务器"页面，进行鲲鹏云服务器基础配置，如图 1-13 所示，配置参数如下。
- 区域：华北-北京四。
- 计费模式：按需计费。
- 可用区：随机分配。

进行鲲鹏云服务器规格类型选型，如图 1-14 所示，配置参数如下。
- CPU 架构：鲲鹏计算。
- 规格：鲲鹏通用计算增强型，kc1，鲲鹏通用计算增强型| kc1.large.2 | 2vCPUs | 4GiB。

① 因页面过长，按钮名称未在页面中体现，读者可根据实际页面进行操作，下同。

图 1-13　鲲鹏云服务器基础配置

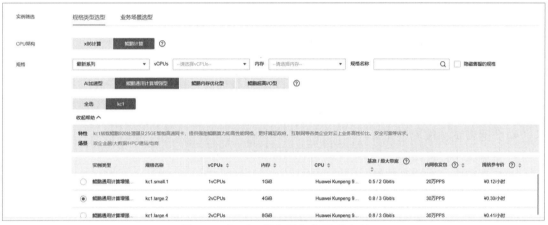

图 1-14　鲲鹏云服务器规格类型选型

进行鲲鹏云服务器操作系统配置，如图 1-15 所示，配置参数如下。

- 镜像：公共镜像。
- 镜像类型：Huawei Cloud EulerOS。
- 镜像版本：Huawei Cloud EulerOS 2.0 标准版 64 位 ARM 版（40GiB）。
- 安全防护：免费开启主机安全基础防护。
- 系统盘：高 IO，40GiB。

图 1-15　鲲鹏云服务器操作系统配置

单击"下一步"按钮[①]，进行鲲鹏云服务器网络配置，如图 1-16 所示，配置参数如下。

- 网络：选择在"（2）创建虚拟私有云（VPC）"中创建的虚拟私有云。
- 扩展网卡：默认。
- 安全组：选择默认安全组 default（或命名为 Sys-default）。

图 1-16　鲲鹏云服务器网络配置

进行鲲鹏云服务器弹性公网 IP 地址配置，如图 1-17 所示，配置参数如下。

- 弹性公网 IP：现在购买。
- 线路：全动态 BGP。
- 公网带宽：按流量计费。
- 带宽大小：5Mbit/s。
- 释放行为：随实例释放。

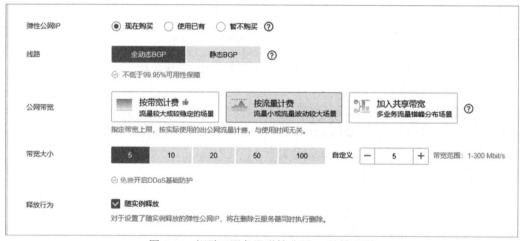

图 1-17　鲲鹏云服务器弹性公网 IP 地址配置

单击"下一步"按钮，进行鲲鹏云服务器高级配置，如图 1-18 所示，配置参数如下。

- 云服务器名称：自定义（建议设置为 ecs-Linux，以便后续进行区分）。
- 登录凭证：密码。
- 用户名：root。
- 密码：自定义（如 1234@com）。
- 云备份：暂不购买。

---

① 因页面过长，按钮名称未在页面中体现，读者可根据实际页面进行操作，下同。

云服务器名称	ecs-Linux	☐ 允许重名
	购买多台云服务器时，支持自动增加数字后缀命名或者自定义规则命名。 ⑦	
描述		
	0/85	
登录凭证	密码 | 密钥对 | 创建后设置 ⑦	
用户名	root	
密码	请牢记密码，如忘记密码可登录ECS控制台重置密码。	
	●●●●●●●●●●● 👁	
确认密码	●●●●●●●●●●● 👁	
云备份	使用云备份服务，需购买备份存储库，存储库是存放服务器产生的备份副本的容器。	
	现在购买 | 使用已有 | 暂不购买 ⑦	
	备份可以帮助您在服务器故障时恢复数据，为了您的数据安全，强烈建议您启用备份。	

图 1-18　鲲鹏云服务器高级配置

单击"下一步"按钮，进行鲲鹏云服务器确认配置，如图 1-19 所示，配置参数如下。

- 购买数量：1。
- 协议：勾选"我已经阅读并同意《镜像免责声明》"复选框。

图 1-19　鲲鹏云服务器确认配置

单击"立即购买"按钮，进入鲲鹏云服务器列表页面。等待 1～3 分钟，购买成功后显示的鲲鹏云服务器列表如图 1-20 所示。

图 1-20　购买成功后显示的鲲鹏云服务器列表

（4）登录 Linux 弹性云服务器（鲲鹏云服务器）

进入鲲鹏云服务器列表页面，找到已创建好的鲲鹏云服务器，单击"远程登录"按钮，如图 1-21 所示。

图 1-21　选择鲲鹏云服务器

登录 Linux 弹性云服务器有多种方式，此处选择"使用 CloudShell 登录"方式，"使用 CloudShell 登录"方式需要鲲鹏云服务器绑定弹性公网 IP 地址，单击"CloudShell 登录"按钮，如图 1-22 所示。

图 1-22　登录 Linux 弹性云服务器

参数配置如下。

- 区域：华北-北京四。
- 云服务器：ecs-Linux。
- 端口：22。
- 用户名：root。
- 认证方式：密码认证。
- 密码：在创建鲲鹏云服务器时设置的密码。

使用 root 账号和密码登录该云服务器，确认输入信息无误后，单击"连接"按钮，如图 1-23 所示，登录鲲鹏云服务器，登录成功后进入图 1-24 所示的页面。

（5）重置鲲鹏云服务器密码

在鲲鹏云服务器列表中，勾选在"（3）创建鲲鹏云服务器（Linux）"中创建的鲲鹏云服务器，并选择右侧的"更多"→"重置密码"选项，如图 1-25 所示。

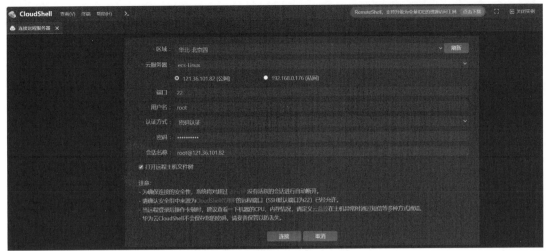

图 1-23　输入鲲鹏云服务器密码

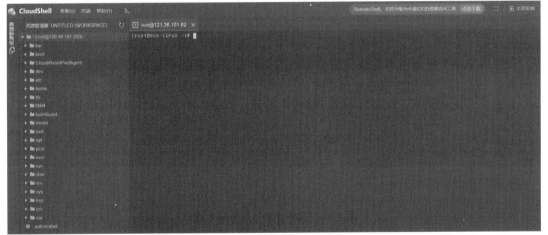

图 1-24　鲲鹏云服务器登录成功

图 1-25　选择"重置密码"选项

在弹出的"重置密码"页面中进行密码的修改，如图 1-26 所示，参数如下。

- 新密码：自定义。
- 自动重启：勾选"运行中的云服务器，需重启后新密码才可生效"复选框（说明：如果在开机状态下重置密码，则需要用户手动重启云服务器使新密码生效；如果在关机状态下重置密码，则待重新开机后新密码生效。系统执行重置密码操作预计需要 10 分钟，请勿频繁执行该操作）。

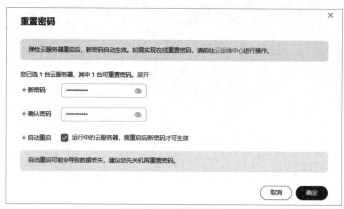

图 1-26　重置密码

单击"确定"按钮，可看到鲲鹏云服务器的状态显示为"重启中"，当状态变为"运行中"时，则表示鲲鹏云服务器密码修改成功，如图 1-27 所示。

图 1-27　鲲鹏云服务器重启

（6）变更鲲鹏云服务器规格

在实际使用环境中，当创建的鲲鹏云服务器规格无法满足业务需要时，用户可以直接变更其规格进行扩充，而无须重新购买，这既降低了操作的复杂度，也节省了时间及成本。

在鲲鹏云服务器列表中，勾选在"（3）创建鲲鹏云服务器（Linux）"中创建的鲲鹏云服务器，并选择右侧的"更多"→"变更规格"选项，如图 1-28 所示。

图 1-28　选择"变更规格"选项

在弹出的"云服务器变更规格"页面中，勾选"立即关机"复选框，如图 1-29 所示。

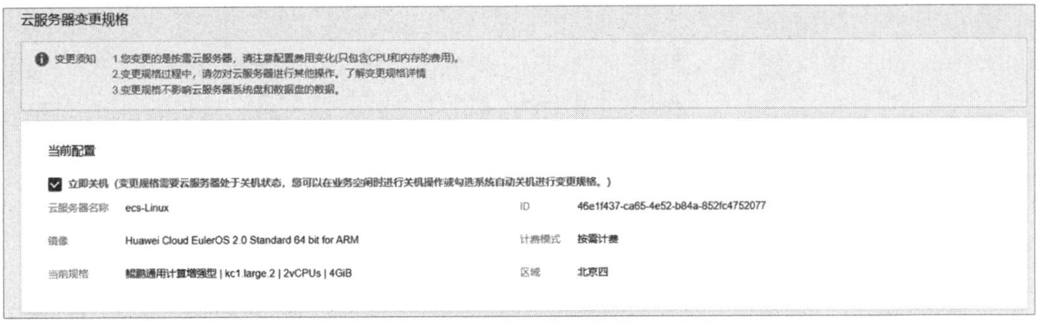

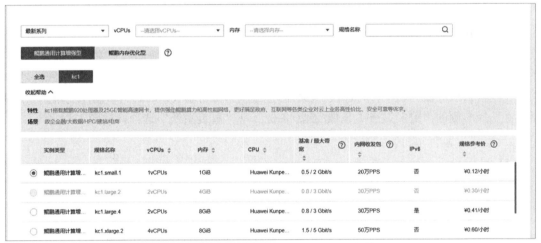

图 1-29　"云服务器变更规格"页面

变更后的鲲鹏云服务器参数如下。

规格：鲲鹏通用计算增强型，kc1，鲲鹏通用计算增强型|kc1.small.1|1vCPUs|1GiB（在本任务中选择的是小规格，在实际生产环境中可根据需求设定），如图 1-30 所示。

图 1-30　选择鲲鹏云服务器变更后的规格

单击"下一步"按钮，勾选"我已经阅读并同意《镜像免责声明》"复选框，单击"提交申请"按钮，进入鲲鹏云服务器列表，可观察到鲲鹏云服务器的状态变为"更新规格中"，如图 1-31 和图 1-32 所示。

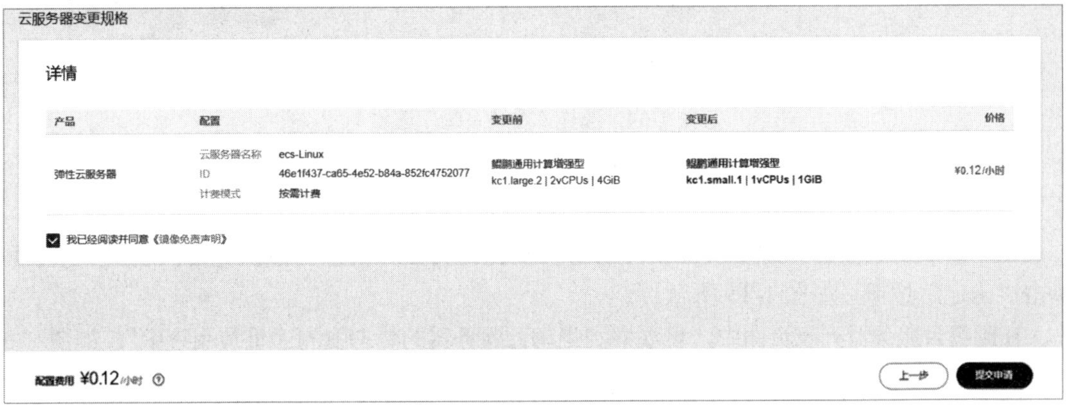

图 1-31　鲲鹏云服务器变更规格

图 1-32　鲲鹏云服务器的状态

变更完成后，可观察到该鲲鹏云服务器的规格已变更，勾选该云服务器，单击"开机"按钮开启该云服务器，如图 1-33 所示。

图 1-33　云服务器开机

（7）重装鲲鹏云服务器操作系统

当鲲鹏云服务器操作系统无法正常启动，或云服务器操作系统运行正常，但需要对操作系统进行优化，使其在最优状态下工作时，用户可以使用重装鲲鹏云服务器操作系统的功能。

在鲲鹏云服务器列表中，勾选在"（3）创建鲲鹏云服务器（Linux）"中创建的鲲鹏云服务器，并选择右侧的"更多"→"镜像/磁盘/备份"→"重装系统"选项，如图 1-34 所示。

图 1-34　选择"重装系统"选项

在"重装系统"页面中，勾选"立即关机"复选框，输入重装鲲鹏云服务器时的密码，并输入确认密码，单击"确定"按钮，如图 1-35 所示。

在"确认重装操作系统"页面中，勾选"我已经阅读并同意《镜像免责声明》"复选框，单击"确定"按钮，如图 1-36 所示。

在鲲鹏云服务器列表页面中，可观察到鲲鹏云服务器的状态变为"重装系统中"，如图 1-37 所示。

重装完成后，可观察到鲲鹏云服务器的状态自动变为"运行中"，如图 1-38 所示。

图 1-35　重装鲲鹏云服务器操作系统

图 1-36　确认重装鲲鹏云服务器操作系统

图 1-37　查看鲲鹏云服务器的状态（1）

图 1-38　查看鲲鹏云服务器的状态（2）

（8）切换鲲鹏云服务器操作系统

切换鲲鹏云服务器操作系统是指为鲲鹏云服务器重新切换一个系统盘，切换完成后，鲲鹏云服务器的系统盘 ID 会发生改变，并且原有系统盘会被删除。

如果鲲鹏云服务器当前使用的操作系统不能满足业务需求（如软件要求的操作系统版本较高），则用户可以选择切换弹性云服务器操作系统。

云服务平台支持不同镜像类型（包括公共镜像、私有镜像、共享镜像及市场镜像）与不同操作系统之间的互相切换，可以将现有的操作系统切换为不同镜像类型的操作系统。

在鲲鹏云服务器列表中，勾选在"（3）创建鲲鹏云服务器（Linux）"中创建的鲲鹏云服务器，并选择右侧的"更多"→"镜像/磁盘/备份"→"切换操作系统"选项，如图 1-39 所示。

图 1-39 选择"切换操作系统"选项

在"切换操作系统"页面中，勾选"立即关机"复选框，选择所需要的操作系统，输入切换操作系统后的鲲鹏云服务器密码，并输入确认密码，单击"确定"按钮，如图 1-40 所示。

图 1-40 切换鲲鹏云服务器操作系统

在"确认切换操作系统"页面中，勾选"我已经阅读并同意《镜像免责声明》"复选框，单击"确定"按钮，如图 1-41 所示。

图 1-41　确认切换鲲鹏云服务器操作系统

在鲲鹏云服务器列表页面中，可观察到鲲鹏云服务器的状态变为"切换操作系统中"，如图 1-42 所示。

图 1-42　查看鲲鹏云服务器的状态（3）

切换完成后，可观察到鲲鹏云服务器自动处于"运行中"状态，镜像已经切换成目标操作系统，如图 1-43 所示。

图 1-43　查看鲲鹏云服务器的状态（4）

（9）删除鲲鹏云服务器

在鲲鹏云服务器列表页面中，勾选在"（3）创建鲲鹏云服务器（Linux）"中创建的鲲鹏云服务器，并单击"更多"下拉按钮，在弹出的下拉列表中选择"删除"选项，如图 1-44 所示。

图 1-44　删除鲲鹏云服务器

在"删除"页面中进行参数配置，如图 1-45 所示。

- 删除方式：立即删除。
- 资源释放：勾选"释放云服务器绑定的弹性公网 IP 地址"复选框，如果云服务器绑定了云硬盘，则需要勾选"删除云服务器挂载的数据盘"复选框。

图 1-45　删除鲲鹏云服务器的参数配置

单击"是"按钮，进入鲲鹏云服务器列表页面，可以看到该云服务器已被删除，如图 1-46 所示。

图 1-46　查看鲲鹏云服务器列表

至此，任务实施全部完成。

 单元小结

本单元主要介绍了指令集的分类、鲲鹏处理器的技术创新和特点、TaiShan 服务器的分类和特点，了解了 openEuler 操作系统技术特性的优势和鲲鹏云服务器的特点。在任务环节主要学习了鲲鹏云服务器全生命周期管理等操作，详细介绍了创建和登录鲲鹏云服务器、切换和重装鲲鹏云服务器操作系统等操作，这也是本单元的重点。通过对本单元的学习，读者可以掌握鲲鹏处理器及 TaiShan 服务器的特点，并且熟练掌握鲲鹏云服务器的创建和全生命周期管理操作。

 单元练习

1. 指令集有哪些类型？每种类型的特点是什么？
2. 鲲鹏处理器有哪些技术创新？
3. 鲲鹏云服务器在变更规格时是否需要关机？

单元2 鲲鹏云服务器部署 OA 系统

 单元描述

OA 系统是一种办公自动化系统,用于管理和优化企业的日常办公流程。它包括人事管理、财务管理、项目管理、文档管理、协同办公等功能,可以提高企业的工作效率和管理水平。将 OA 系统部署在鲲鹏云服务器上可以使其具有以下优势。

- 高性能:鲲鹏云服务器配备了 ARM 架构的处理器,具有较高的计算性能和能效比。它可以提供稳定可靠的计算资源,保证 OA 系统的高性能运行。
- 高可靠性和容错性:鲲鹏云服务器采用了分布式架构和冗余设计,具有高可靠性和容错性。即使某个节点出现故障,OA 系统依然可以正常运行,不会影响企业的正常办公。
- 高可扩展性:鲲鹏云服务器支持弹性扩展,可以根据企业的需求动态调整计算资源。当企业的业务规模扩大时,其可以方便地增加服务器的数量和配置,以保证 OA 系统的稳定性和性能。

总之,将 OA 系统部署在鲲鹏云服务器上可以得到高性能、高可靠性和容错性及高可扩展性的解决方案,从而帮助企业实现办公自动化,提高工作效率和管理水平。

本单元主要讲述鲲鹏代码迁移工具的安装与使用、源码迁移和软件包的重构,以及如何在鲲鹏云服务器上部署 OA 系统等内容,帮助读者快速了解并掌握 x86 平台软件在鲲鹏云服务器上的部署方法。

1. 知识目标

(1)了解应用迁移的原因;
(2)掌握应用迁移的原理;
(3)了解交叉编译的概念;
(4)认识鲲鹏代码迁移工具。

2. 能力目标

(1)掌握应用迁移的原理;
(2)掌握鲲鹏代码迁移工具的使用方法。

3. 素养目标

(1)培养以科学思维方式审视专业问题的能力;
(2)培养实际动手操作与团队合作的能力。

任务分解

本单元旨在让读者掌握鲲鹏代码迁移工具的使用方法，任务分解如表 2-1 所示。

表 2-1　任务分解

任务名称	任务目标	课时安排
任务 2.1　鲲鹏代码迁移工具的安装与使用	掌握鲲鹏代码迁移工具的安装与使用方法	4
任务 2.2　Megahit 源码迁移	掌握如何使用鲲鹏代码迁移工具分析嵌入式汇编软件项目，从而迁移嵌入式汇编软件项目	2
任务 2.3　Knox 软件包重构	掌握如何使用鲲鹏代码迁移工具将 x86 平台上的 Knox RPM 软件包重构成鲲鹏平台上的 RPM 软件包	2
任务 2.4　汇编代码迁移	掌握如何使用鲲鹏代码迁移工具将 x86 平台上的汇编代码迁移到鲲鹏平台上，最终使被迁移后的汇编代码能够正常运行	2
任务 2.5　部署 OA 系统	掌握如何实现基于鲲鹏平台应用的环境安装、源码编译、数据库对接和 OA 应用部署	4
总计		14

 知识准备

1. 应用迁移原理

应用程序通过一定的软件算法完成业务功能，通常使用 C/C++/Java/Go/Python 等高级语言进行开发。高级语言需要先被编译成汇编语言，再由汇编器按照 CPU 的指令集转换成二进制机器码。一个应用程序在磁盘上存在的形式，是一堆由指令和数据组成的二进制机器码，也就是我们通常所说的二进制文件。如图 2-1 所示，在硬件系统中，物理原材料和晶体管构成门电路/寄存器，进而组成 CPU 的微架构。CPU 的指令集是硬件和软件的接口，应用程序通过指令集中定义的指令驱动硬件完成计算。

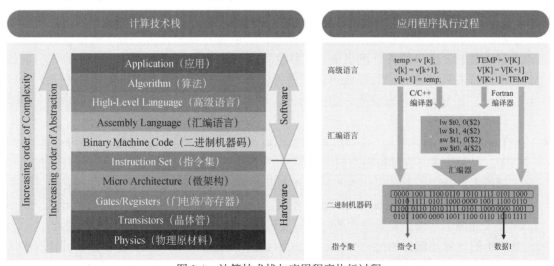

图 2-1　计算技术栈与应用程序执行过程

- Application（应用）：我们通常所说的应用，一般指手机和平板电脑中的应用。在面向对象上通常分为个人用户应用与企业级应用，在移动端系统分类上主要包括 iOS App、Android Apk 及 Windows Phone 的 xap 和 appx。

- Algorithm（算法）：对解题方案准确而完整的描述，是一系列解决问题的清晰指令。算法是指用系统的方法描述解决问题的策略机制。

- High-Level Language（高级语言）：高级语言相对机器语言（Machine Language，是一种指令集的体系，这种指令集被称为机器码，是计算机的 CPU 可以直接解读的数据）而言，是被高度封装的编程语言，与低级语言相对。它是以人类的日常语言为基础的一种编程语言，使用一般人易于理解的文字来表示（如汉字、英文或其他外语），从而使程序员编写代码更容易，且有较高的可读性，对计算机认知较浅的人也可以大概明白其内容。

- Assembly Language（汇编语言）：汇编语言用于编写计算机、微处理器、微控制器或其他可编程器件的程序，也被称为符号语言。

- Binary Machine Code（二进制机器码）：二进制机器码的学名是机器语言指令，有时也被称为原生码（Native Code），是计算机的 CPU 可以直接解读的数据（计算机只认识 0 和 1）。

- Instruction Set（指令集）：微处理器的指令集的常见种类包括 CISC、RISC、EPIC、VLIW。

- Micro Architecture（微架构）：微架构又被称为微体系结构/微处理器体系结构，是在计算机工程中，将一种给定的指令集在处理器中执行的方法。一种给定的指令集可以在不同的微架构中执行。微架构在实施中可能因应用不同的设计目的和技术提升而有所不同。计算机架构是微架构和指令集设计的结合。

- Gates/Registers（门电路/寄存器）：门电路作为数字电路中的基本逻辑单元，借助不同类型门电路的巧妙组合，能够搭建起各式各样复杂的数字逻辑电路，实现诸如编码、译码等一系列功能，以此满足各类数字系统的多样需求。寄存器的功能是存储二进制代码，它是由具有存储功能的触发器构成的。因为一个触发器可以存储 1 位二进制代码，所以存放 n 位二进制代码的寄存器，需要由 n 个触发器构成。按照功能的不同，可将寄存器分为基本寄存器和移位寄存器两大类。基本寄存器只能并行输入数据，也只能并行输出数据；移位寄存器中的数据可以在移位脉冲的作用下依次逐位右移或左移，数据既可以被并行输入、并行输出，也可以被串行输入、串行输出，还可以被并行输入、串行输出或被串行输入、并行输出，其应用十分灵活，用途也很广泛。

- Transistors（晶体管）：晶体管是一种固体半导体器件（包括二极管、三极管、场效应管、晶闸管等，有时特指双极型器件），具有检波、整流、放大、开关、稳压、信号调制等多种功能。晶体管作为一种可变电流开关，能够基于输入电压控制输出电流。与普通机械开关（如 Relay、Switch）不同，晶体管利用电信号来控制自身的开关，所以开关速度非常快，实验室中的开关速度可达 100GHz 以上。

计算机的计算基础架构是一个从底层到顶层逐步递进的系统。它从基本的物理原材料和晶体管开始，通过门电路实现逻辑运算。随着技术的发展，逐渐演化至微架构和自评级架构，进而涉及操作系统的功能。在操作系统的支持下，计算机能够完成从二进制机器码到译码汇编、高级语言（如 Java 和 C 语言）等的转换。在整个架构从底层到顶层的演进过程中，技术逐渐变得复杂和抽象，技术语言也经历了从简单指令交换到汇编访存和锁存的发展，最终形成二进制机器码。在这一过程中，指令集的变化起着至关重要的作用。

鲲鹏处理器使用 RISC 指令集。RISC 是一种执行较少类型计算机指令的微处理器。它可以以更快的速度执行操作，这使得计算机的结构更加简单、合理，从而提高运行速度。与 x86 处理器体系结构相比，RISC 具有更均衡的性能功耗比。

x86 处理器使用 CISC 指令集。CISC 指令集中的每条小指令都可以执行一些低级硬件操作。该指令集中指令的数量众多且复杂，每条指令的长度也不同。由于指令执行的复杂性，因此每条指令的执行都需要花费很长时间。

图 2-2 列出了鲲鹏处理器和 x86 处理器的指令差异，给出了一段简单的两个 int 型数据相加的程序代码。通过 GCC 编译完之后，使用 objdump 工具，就能看到指令的具体格式及其相对应的汇编代码。从图 2-2 中可以看出，x86 处理器使用的是复杂指令集，鲲鹏处理器是完全兼容 ARM64 架构的，指令集也是和 ARM64 精简指令集完全兼容的。

程序代码（C/C++）：

```
int main()
{
    int a = 1;
    int b = 2;
    int c = 0;

    c = a + b;
    return c;
}
```

编译 →

鲲鹏处理器指令

指令	汇编代码	说明
b9400fe1	ldr x1, [sp,#12]	从内存将变量a的值加载到寄存器x1中
b9400be0	ldr x0, [sp,#8]	从内存将变量b的值加载到寄存器x0中
0b000020	add x0, x1, x0	将x0(b)中的值加上x1(a)中的值加载到x0寄存器中
b90007e0	str x0, [sp,#4]	将x0寄存器中的值存储到内存（变量c）中

x86处理器指令

指令	汇编代码	说明
8b 55 fc	mov -0x4(%rbp),%edx	从内存将变量a的值加载到寄存器edx中
8b 45 f8	mov -0x8(%rbp),%eax	从内存将变量b的值加载到寄存器eax中
01 d0	add %edx,%eax	将edx(a)中的值加上eax(b)中的值加载到eax寄存器中
89 45 f4	mov %eax,-0xc(%rbp)	将eax寄存器中的值存储到内存（变量c）中

图 2-2　鲲鹏处理器和 x86 处理器的指令差异

一行简单的 C/C++程序代码 c=a+b，在鲲鹏处理器和 x86 处理器两个平台上编译的指令有很大不同。由图 2-2 可知，在鲲鹏处理器上，使用了两条 ldr 指令、一条 add 指令和一条 str 指令，其中使用两条 ldr 指令从内存将数据加载到寄存器中，使用一条 add 指令完成加法计算，使用一条 str 指令将数据存储到变量 c 对应的内存中。在 x86 处理器上，使用了三条 mov 指令和一条 add 指令，其中使用两条 mov 指令从内存将数据加载到寄存器中，使用一条 add 指令完成加法计算，使用一条 mov 指令将计算后的数据存储到变量 c 对应的内存中。二者使用的 CPU 指令也是不同的：在 x86 处理器上使用的指令是不定长的，有 24 位、16 位；在鲲鹏处理器上使用的指令是定长的 32 位。除此之外，二者使用的寄存器也是不同的。

CPU 处理器使用的指令集的差异决定了在 x86 处理器上编译后的程序代码无法直接在鲲鹏处理器上运行，这也就是在使用鲲鹏处理器时需要做应用迁移的原因。

在进行应用迁移时主要分为 5 个步骤，如图 2-3 所示。

图 2-3　进行应用迁移时的步骤

（1）迁移准备——收集信息，申请迁移环境

如图 2-4 所示，首先我们要收集需要迁移的信息，包括软件信息和硬件信息。一般来说，软件信息分为以下几类：自研软件、开源软件和商业软件、中间件/编译器、操作系统/虚拟机。针对不同类型的软件信息，使用的迁移策略也是不同的。硬件信息包括芯片/服务器信息。

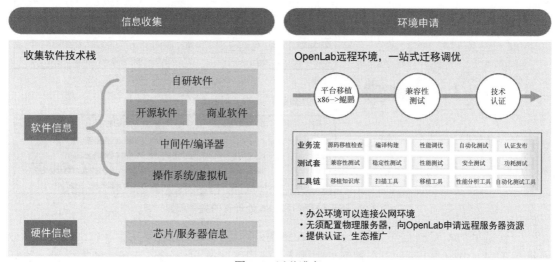

图 2-4　迁移准备

迁移环境可以使用华为云提供的 OpenLab 服务器，有利于开发者学习。

（2）迁移分析——分析软件栈，指定迁移策略

迁移分析是指对收集到的信息做初步分析，判断应用是否真正需要迁移，以及评估迁移的工作量。

第（1）步我们提到过不同类型的软件信息需要使用不同的迁移策略，现在我们着重分析一下不同类型的软件信息所使用的迁移策略。

如图 2-5 所示，软件技术栈被分成了两大类：业务软件和运行环境软件。

（3）编译迁移——软件编译打包，验证基本功能

编译迁移主要分为两大类：一类是代码迁移，另一类是软件包迁移，如图 2-6 所示。

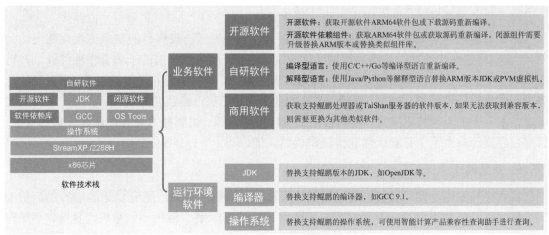

图 2-5　软件技术栈的分类

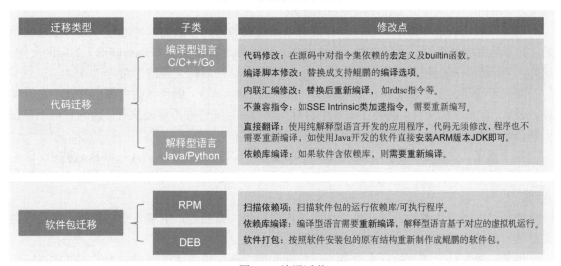

图 2-6　编译迁移

（4）性能调优——利用五步法优化软件性能

在应用迁移完成，软件能够正常运行在鲲鹏平台上时，我们发现它的性能可能没有在 x86 平台上运行时的高，此时我们就需要使用性能调优策略，如图 2-7 所示。

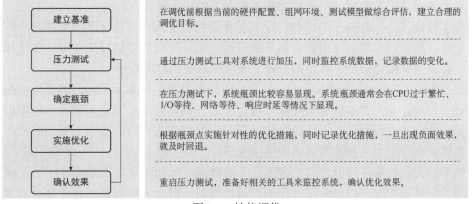

图 2-7　性能调优

（5）测试与认证——保证商用上线，共建鲲鹏生态

测试会经过功能测试、性能测试、长稳测试，这些测试的最终目的是保证规模商用。另外，"鲲鹏展翅伙伴计划"是华为智能计算围绕 TaiShan 服务器推出的一项合作伙伴计划，旨在帮助更多的合作伙伴将应用迁移到 TaiShan 服务器上，并和华为共建鲲鹏生态，华为智能计算为合作伙伴提供培训、技术、营销、市场的全面支持。获得鲲鹏展翅认证后，用户可以获得研发技术专家的专项技术支持、鲲鹏技术的专项技术培训、鲲鹏技术兼容性认证证书等权限。目前已经累计有上千个行业伙伴获得鲲鹏展翅认证。

2. 交叉编译

在程序开发中，使用高级语言编写的代码被称为源码，比如，使用 C 语言编写的后缀为".c"的文件，或者使用 C++语言编写的后缀为".cpp"的文件。源码不能被机器执行，必须转换成二进制机器码（指令+数据）才能被机器执行。将源码转换成二进制机器码的过程被称为编译（Compile），编译的工作由编译器来完成。

编译器对源码进行语法检查，只有没有语法错误的源码才能被编译通过。源码经过编译后，并不是生成最终的可执行文件，而是生成一种被称为目标文件（Object File）的中间文件。比如，Visual C++的目标文件的后缀为".obj"，而 GCC 的目标文件的后缀为".o"。

源码可能包含多个源文件，如 main.c、fun1.c、fun2.c 等，编译器会对源文件逐个进行编译。因此，有几个源文件，就会生成几个目标文件；目标文件并不能被执行，因为它可能存在一些问题，如源文件之间的引用关系导致的问题。

举个例子：文件 A.c 引用了文件 B.c 中的变量"EXT_someflag"，A.c 和 B.c 分别编译生成 A.o 和 B.o，A.o 中并没有变量"EXT_someflag"的定义，必须依靠 B.o 才能形成完整的代码。

把经过编译后生成的目标文件，按照其内在引用关系相连，生成一个完整的、可执行的文件的过程被称为链接，链接工作由链接器完成。

因此，源文件生成可执行文件要经过编译和链接两个步骤才能完成。为了方便描述，我们把这个过程统称为编译。

软件编译根据编译环境可以分成以下几种类型。

- 本地编译（Native Compilation）：本地编译是指将源码在与目标平台相同的环境中进行编译。编译器和库都是针对目标平台的，生成的可执行文件可以直接在该平台上运行。本地编译适用于在同一个平台上开发和部署的应用程序。
- 交叉编译（Cross Compilation）：交叉编译是指将源码在与目标平台不同的环境中进行编译。编译器和库需要根据目标平台进行适配，生成的可执行文件可以在目标平台上运行。交叉编译适用于在不同平台上开发和部署的应用程序。
- 混合编译（Hybrid Compilation）：混合编译是指将源码在多个不同的编译环境中进行编译。例如，首先在本地编译环境中进行一部分编译，然后在交叉编译环境中进行另一部分编译。混合编译可以结合本地编译和交叉编译的优势，适用于复杂的应用程序或需要在多个平台上开发和部署的应用程序。

这些不同类型的编译环境之间的区别在于编译器、库和配置。本地编译和交叉编译需要使用不同的编译器和库，以及针对目标平台进行适配。混合编译则是结合了多个编译环境的

特点，可以根据具体需求灵活选择编译环境。选择不同类型的编译环境取决于应用程序的需求和目标平台的要求。此处重点对比本地编译和交叉编译。

本地编译（通常称为编译）是指编译源码的平台和执行源码编译后的程序的平台是同一个平台（在一个平台上生成该平台上的可执行代码）。这里的平台，可以理解为 CPU 架构+操作系统。比如，在 Intel x86 架构/Windows 10 平台上使用 Visual C++编译生成的可执行文件，在同样的 Intel x86 架构/Windows 10 平台上执行。

交叉编译是指在一个平台上生成另一个平台上的可执行代码。例如，我们在 Windows 上面编写 C51 代码，并编译成可执行代码，这个代码是在 C51 上面运行的，而不是在 Windows 上面运行的。再如，我们在 Ubuntu 上面编写树莓派的代码，并编译成可执行代码，这个代码是在树莓派上运行的，而不是在 Ubuntu 上运行的。这就是典型的交叉编译。

交叉编译是相对复杂的，用户必须考虑如下几项。

- CPU 架构：如 ARM、x86、MIPS 等。
- 字节序：大端（big-endian）和小端（little-endian）。
- 浮点数的支持。
- 应用程序二进制接口（Application Binary Interface，ABI）。

交叉编译的主要优势如下。

- 跨平台开发：交叉编译可以先在一个平台上进行开发，然后将代码编译成在其他平台上运行的可执行文件。这对于开发人员来说非常方便，其可以在自己熟悉的开发环境中进行开发，而无须在不同的平台上进行开发和测试。
- 节约资源：交叉编译可以将开发和编译操作分离到不同的环境中执行。开发人员可以在高性能的开发环境中进行开发，而将编译操作交给低功耗或资源有限的目标平台执行。这样做可以节约资源，提高效率。
- 提高性能：交叉编译可以针对目标平台进行优化，生成针对该平台的可执行文件。这样可以充分利用目标平台的硬件和软件特性，提高应用程序的性能。
- 扩展应用范围：交叉编译可以将应用程序部署到不同的平台上，扩展应用程序的适用范围。例如，可以将应用程序在 PC 平台中编译后部署到嵌入式平台中，或者在 x86 架构中编译后部署到 ARM 架构中。
- 跨平台兼容性：交叉编译可以解决不同平台之间的兼容性问题。通过将代码编译成适用于目标平台的可执行文件，可以确保应用程序在目标平台上的正常运行。

总的来说，交叉编译可以简化开发流程、节约资源、提高性能、扩展应用范围，并解决跨平台兼容性问题。这使得交叉编译在嵌入式开发、移动应用开发、跨平台开发等领域中得到广泛应用。

在进行交叉编译时需要使用交叉编译器、交叉编译工具链（Cross Compilation Tool Chain）。

要进行交叉编译，我们首先需要在主机平台上安装对应的交叉编译工具链，然后用这个交叉编译工具链编译源码，最终生成可在目标平台上运行的代码。常见的交叉编译例子如下。

- 在 Windows PC 上，利用 ADS（ARM 开发环境），使用 armcc 编译器，可编译出针对 ARM CPU 的可执行代码。
- 在 Linux PC 上，使用 arm-linux-gcc 编译器，可编译出针对 Linux ARM 平台的可执行代码。

- 在 Windows PC 上，利用 cygwin 环境，使用 arm-elf-gcc 编译器，可编译出针对 ARM CPU 的可执行代码。

3. 鲲鹏代码迁移工具

鲲鹏代码迁移工具是一款可以简化将应用迁移到基于 Kunpeng 916/920 处理器的服务器上的过程的工具。该工具仅支持 x86 Linux 到鲲鹏 Linux 的扫描与分析，不支持 Windows 软件代码的扫描、分析与迁移。

当用户要将 x86 平台上源码的应用迁移到基于 Kunpeng 916/920 处理器的服务器上时，该工具既可以分析出可迁移性和迁移投入，也可以自动分析出需要修改的代码内容，并指导用户如何修改。

鲲鹏代码迁移工具既解决了应用迁移评估分析过程中人工分析投入大、准确率低、整体效率低下的痛点（该工具能够自动分析并输出指导报告），也解决了用户代码兼容性人工排查困难、迁移经验欠缺、反复依赖编译调错定位等痛点。

当前鲲鹏代码迁移工具支持的功能如表 2-2 所示。

表 2-2　当前鲲鹏代码迁移工具支持的功能

功能	描述
应用迁移评估	<ul><li>检查用户软件包（RPM、DEB、TAR、ZIP、GZIP 等文件）中包含的 SO（Shared Object）依赖库和可执行文件，并评估 SO 依赖库和可执行文件的可迁移性。</li><li>检查用户 Java 类软件包（JAR、WAR、EAR）中包含的 SO 依赖库和二进制文件，并评估 SO 依赖库和二进制文件的可迁移性。</li><li>检查指定的用户软件安装路径下的 SO 依赖库和可执行文件，并评估 SO 依赖库和可执行文件的可迁移性</li></ul>
源码迁移	<ul><li>检查用户 C/C++/ASM/Fortran/Go 软件构建工程文件，并指导用户如何迁移该文件。</li><li>检查用户 C/C++/Fortran/Go/解释型语言软件构建工程文件使用的链接库，并提供可迁移性信息</li><li>检查用户 C/C++/ASM/Fortran/Go/解释型语言源码，并指导用户如何迁移源文件。其中，Fortran 源码支持从 Intel Fortran 编译器中迁移到 GCC Fortran 编译器中，并进行编译器支持特性、语法扩展的检查。</li><li>检查用户 Python/Java/Scala 程序通过 ctypes 模块加载的 SO 文件的兼容性。</li><li>x86 汇编指令转换，分析部分 x86 汇编指令，并将其转换成功能对等的鲲鹏汇编指令</li></ul>
软件包重构	在鲲鹏平台上，分析待迁移软件包的构成，重构并生成鲲鹏平台兼容的软件包，或直接提供已迁移的软件包
专项应用迁移	在鲲鹏平台上，对部分常用的解决方案专项应用源码进行自动化迁移修改、编译并构建生成鲲鹏平台兼容的软件包
鲲鹏亲和分析	<ul><li>64 位运行模式检查是指将原 32 位平台上的应用迁移到 64 位平台上进行迁移检查，并给出修改建议。</li><li>结构体字节对齐检查是指在需要考虑字节对齐时，检查源码中结构体类型变量的字节对齐情况。</li><li>缓存行对齐检查是指对 C/C++源码中结构体类型变量进行 128 字节对齐检查，提高访存性能。</li><li>内存一致性检查用于分析、修复用户软件中的内存一致性问题</li></ul>

鲲鹏代码迁移工具提供了工作空间容量检查功能，当工作空间容量过小时，向用户提供告警信息。

鲲鹏代码迁移工具为用户提供了应用迁移报告及迁移工作量评估标准，并支持用户自定义工作量评估标准。

　　用户可以通过安全传输协议上传软件源码、软件包、二进制文件等资源到工作空间中，也可以下载应用迁移报告到本地。

　　鲲鹏代码迁移工具的安装方式有 Web 和 CLI 两种，Web 方式只支持使用 Web 浏览器访问，CLI 方式只支持使用 CLI 命令行访问。其中，Web 方式支持表 2-2 所示的所有功能，CLI 方式只支持应用迁移评估和源码迁移功能。Web 方式支持多用户并发扫描。

　　鲲鹏代码迁移工具的应用场景主要有以下几种。

- 应用迁移评估：自动扫描并分析软件包（非源码包）、已安装的软件，提供可迁移性评估报告。
- 源码迁移：当用户将软件迁移到基于 Kunpeng 916/920 处理器的服务器上时，可先使用该工具分析源码并得到迁移修改建议。
- 软件包重构：可以帮助用户重构适用于鲲鹏平台的软件安装包。
- 专项应用迁移：使用华为提供的应用迁移模板修改、编译并产生指定软件版本的软件安装包，该软件包安装适用于鲲鹏平台。
- 鲲鹏亲和分析：支持 x86 平台和鲲鹏平台 GCC 4.8.5～GCC 10.3.0 版本 32 位应用向 64 位应用迁移的 64 位运行模式检查、结构体字节对齐检查、缓存行对齐检查和鲲鹏平台上的内存一致性检查。

　　鲲鹏代码迁移工具在部署时采用单机部署，即将鲲鹏代码迁移工具部署在用户用于开发、测试的 x86 服务器或者基于 Kunpeng 916/920 处理器的服务器上。

　　鲲鹏代码迁移工具的架构如图 2-8 所示，主要模块的具体功能如表 2-3 所示。

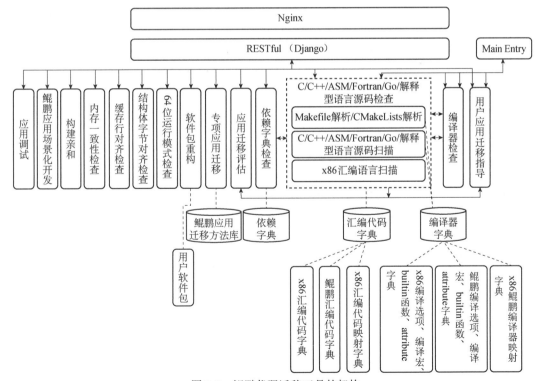

图 2-8　鲲鹏代码迁移工具的架构

表 2-3 鲲鹏代码迁移工具主要模块的具体功能

模块名	功能
Nginx	开源第三方组件,若采用 Web 方式,则需要进行安装部署; 处理用户前端的 HTTPS 请求,向前端提供静态页面,或者向后端传递用户输入的数据,并将扫描结果返回用户
Django	开源第三方组件,若采用 Web 方式,则需要进行安装部署; Django 是 RESTful 框架,用于将 HTTP 请求转换成 RESTful API 并驱动后端功能模块。同时 Django 提供了用户认证、管理功能
Main Entry	CLI 方式入口; 负责解析用户输入的参数,并驱动各功能模块完成用户指定的作业
依赖字典检查	根据"用户软件包扫描"输入的 SO 文件列表,对比 SO 依赖字典,得到所有 SO 依赖库的详细信息
C/C++/ASM/Fortran/Go/ 解释型语言源码检查	扫描并分析用户软件目标二进制文件依赖的源文件集合,根据编译器版本信息,检查源码中使用的与架构相关的编译选项、编译宏、builtin 函数、attribute 字典、用户自定义宏等,确定需要迁移的源码及源文件,包括: ● 软件构建配置文件检查; ● C/C++/ASM/Fortran/Go/解释型语言源码检查,其中 Fortran 语言支持 Fortran03、Fortran77、Fortran90 及 Fortran95 等版本; ● x86 汇编代码检查和转换代码建议
编译器检查	根据编译器版本确定 x86 平台与鲲鹏平台相异的编译宏、编译选项、builtin 函数、attribute 字典等列表
用户应用迁移指导	根据编译依赖库检查结果和 C/C++/ASM/Fortran/Go/解释型语言源码扫描结果合成用户应用迁移建议报告(CSV 或 HTML 格式); 将应用迁移概要信息输出到终端中
应用迁移评估	自动扫描并分析软件包(非源码包)、已安装的软件,提供可迁移性评估报告
专项应用迁移	基于解决方案分类的应用迁移方法汇总
软件包重构	对用户 x86 软件包进行重构分析,产生适用于鲲鹏平台的软件包
64 位运行模式检查	将原 32 位平台上的应用迁移到 64 位平台上进行检查,并给出修改建议
结构体字节对齐检查	对用户软件中的结构体类型变量的字节对齐情况进行检查
缓存行对齐检查	对 C/C++源码中的结构体变量进行 128 字节对齐检查,以提高访存性能
内存一致性检查	根据用户需要检查或修复内存一致性问题: ● 通过鲲鹏代码迁移工具提供的静态检查工具检查用户源码,对潜在内存一致性问题进行告警并提供修复建议; ● 通过鲲鹏代码迁移工具提供的编译器工具在用户编译软件阶段自动完成修复; ● 指导用户如何生成 BC 文件并进行扫描

任务 2.1 鲲鹏代码迁移工具的安装与使用

1. 任务描述

本任务旨在帮助用户掌握获取鲲鹏代码迁移工具的安装包,以及对其进行安装、使用的方法,并对鲲鹏代码迁移工具的 Web 页面及各项子功能进行详细介绍。

2. 任务分析

（1）基础准备

- 用户需要提前申请华为云账号，并完成实名认证。
- 华为云账号需要提前充值，如果账号欠费，则会造成资源冻结。
- 本地设备需要安装远程 SSH 登录工具，如 Xshell、MobaXterm、PuTTY 等，本任务选择安装 MobaXterm。

（2）任务配置思路

- 创建鲲鹏云服务器。
- 登录 Linux 弹性云服务器（鲲鹏云服务器）。
- 下载鲲鹏代码迁移工具软件包。
- 安装鲲鹏代码迁移工具。
- 登录鲲鹏代码迁移工具。

3. 任务实施

（1）创建鲲鹏云服务器

进入华为云"控制台"，将鼠标指针移动到页面左侧的导航栏上，选择"服务列表"→"计算"→"弹性云服务器 ECS"选项，进入云服务器"控制台"，单击"购买弹性云服务器"按钮，进入"购买弹性云服务器"页面，进行鲲鹏云服务器基础配置，如图 2-9 所示，配置参数如下。

- 区域：华北-北京四。
- 计费模式：按需计费。
- 可用区：随机分配。

图 2-9 鲲鹏云服务器基础配置

进行鲲鹏云服务器规格类型选型，如图 2-10 所示，配置参数如下。

- CPU 架构：鲲鹏计算。
- 规格：鲲鹏通用计算增强型，kc1，鲲鹏通用计算增强型| kc1.xlarge.2 | 4vCPUs | 8GiB。

进行鲲鹏云服务器操作系统配置，如图 2-11 所示，配置参数如下。

- 镜像：公共镜像。
- 镜像类型：CentOS。
- 镜像版本：CentOS 7.6 64bit with ARM（40GiB）。
- 安全防护：免费试用一个月主机安全基础防护。

- 系统盘：高 IO，100GiB。

图 2-10　鲲鹏云服务器规格类型选型

图 2-11　鲲鹏云服务器操作系统配置

单击"下一步"按钮，进行鲲鹏云服务器网络配置，如图 2-12 所示，配置参数如下。

- 网络：vpc-default。
- 扩展网卡：默认。
- 安全组：选择默认安全组 default（或命名为 Sys-default）。

图 2-12　鲲鹏云服务器网络配置

进行鲲鹏云服务器弹性公网 IP 地址配置,如图 2-13 所示,配置参数如下。

- 弹性公网 IP:现在购买。
- 线路:全动态 BGP。
- 公网带宽:按流量计费。
- 带宽大小:5Mbit/s。
- 释放行为:随实例释放。

图 2-13　鲲鹏云服务器弹性公网 IP 地址配置

单击"下一步"按钮,进行鲲鹏云服务器高级配置,如图 2-14 所示,配置参数如下。

- 云服务器名称:自定义(建议设置为 ecs-Linux,以便后续进行区分)。
- 登录凭证:密码。
- 用户名:root。
- 密码:自定义(如 1234@com)。
- 云备份:暂不购买。

图 2-14　鲲鹏云服务器高级配置

单击"下一步"按钮，进行鲲鹏云服务器确认配置，如图 2-15 所示。

- 购买数量：1。
- 协议：勾选"我已经阅读并同意《镜像免责声明》"复选框。

图 2-15　鲲鹏云服务器确认配置

单击"立即购买"按钮，进入鲲鹏云服务器列表页面。等待 1～3 分钟，购买成功后显示的鲲鹏云服务器列表如图 2-16 所示。

图 2-16　购买成功后显示的鲲鹏云服务器列表

（2）登录 Linux 弹性云服务器（鲲鹏云服务器）

进入鲲鹏云服务器列表页面，勾选在第（1）步中创建的鲲鹏云服务器，单击"远程登录"按钮，如图 2-17 所示。

图 2-17　选择鲲鹏云服务器

登录 Linux 弹性云服务器有多种方式，此处选择通过第三方工具 MobaXterm 登录，在登录时需要鲲鹏云服务器绑定弹性公网 IP 地址，打开 MobaXterm 工具，单击"SSH"按钮，如图 2-18 所示，配置参数如下。

- Remote host：鲲鹏云服务器的 EIP。
- Specify username：root（默认 Linux 服务器为 root）。
- Port：22。

单击"OK"→"Accept"按钮，输入在创建鲲鹏云服务器时设置的密码，按"Enter"键进行登录，登录成功后的页面如图 2-19 所示。

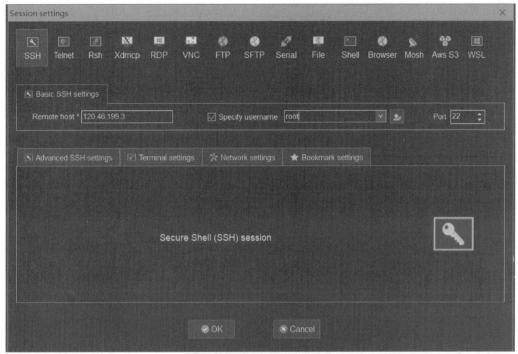

图 2-18　登录 Linux 弹性云服务器

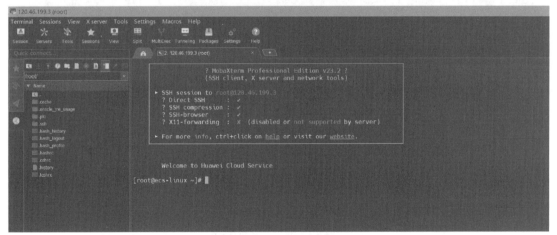

图 2-19　登录成功后的页面

（3）下载鲲鹏代码迁移工具软件包

在华为鲲鹏社区中下载目前最新的鲲鹏代码迁移工具软件包。

选择"鲲鹏服务器"软件包，勾选"我已阅读并已同意《鲲鹏开发套件 DevKit 许可协议 1.0》的条款和条件"复选框，单击"立即下载"按钮，如图 2-20 和图 2-21 所示。

（4）安装鲲鹏代码迁移工具

将鲲鹏代码迁移工具软件包上传至服务器任意目录（如/home）下。打开 MobaXterm 工具，在目录下选择/home 目录，将步骤（3）中下载的软件包拖入该目录，在页面左下角可以看到系统上传进度，如图 2-22 和图 2-23 所示。

图 2-20　下载软件包

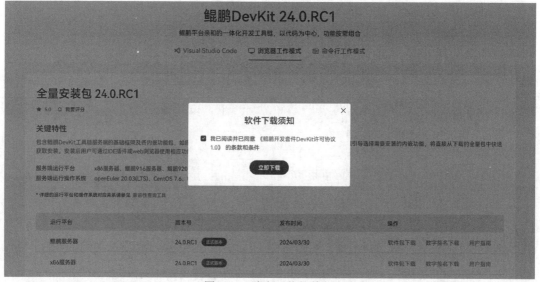

图 2-21　确定下载软件包

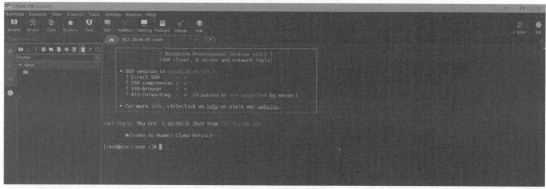

图 2-22　上传软件包

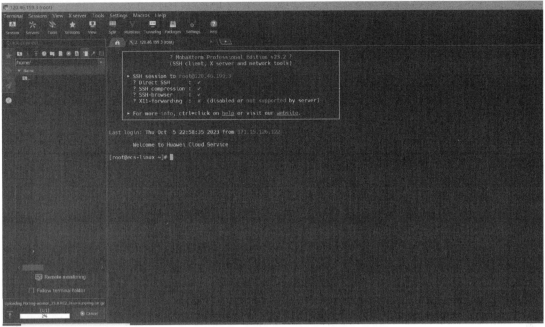

图 2-23　查看系统上传进度

执行 cd /home 命令进入鲲鹏代码迁移工具软件包的存放路径，执行 ll 命令查看鲲鹏代码迁移工具软件包，如图 2-24 所示。

```
cd /home
ll
```

```
[root@ecs-linux ~]# cd /home
[root@ecs-linux home]# ll
total 446972
-rw-r--r-- 1 root root 457693250 Oct  5 23:18 Porting-advisor_23.0.RC2_linux-Kunpeng.tar.gz
```

图 2-24　查看鲲鹏代码迁移工具软件包

执行以下命令解压缩鲲鹏代码迁移工具软件包并进入解压缩后的软件包目录，如图 2-25 所示。

```
tar -zxvf   Porting-advisor_23.0.RC2_linux-Kunpeng.tar.gz
cd Porting-advisor_23.0.RC2_linux-Kunpeng
```

```
[root@ecs-linux home]# tar -zxvf Porting-advisor_23.0.RC2_linux-Kunpeng.tar.gz
Porting-advisor_23.0.RC2_linux-Kunpeng/
Porting-advisor_23.0.RC2_linux-Kunpeng/Open_Source_Software_Notice.txt
Porting-advisor_23.0.RC2_linux-Kunpeng/Porting-advisor_23.0.RC2_linux-Kunpeng.tar.gz
Porting-advisor_23.0.RC2_linux-Kunpeng/Porting-advisor_23.0.RC2_linux-Kunpeng.tar.gz.cms
Porting-advisor_23.0.RC2_linux-Kunpeng/Porting-advisor_23.0.RC2_linux-Kunpeng.tar.gz.crl
Porting-advisor_23.0.RC2_linux-Kunpeng/Porting-advisor_23.0.RC2_linux-Kunpeng.tar.gz.txt
Porting-advisor_23.0.RC2_linux-Kunpeng/cms
Porting-advisor_23.0.RC2_linux-Kunpeng/install
Porting-advisor_23.0.RC2_linux-Kunpeng/runtime_env_check.conf
Porting-advisor_23.0.RC2_linux-Kunpeng/runtime_env_check.sh
[root@ecs-linux home]# cd Porting-advisor_23.0.RC2_linux-Kunpeng
[root@ecs-linux Porting-advisor_23.0.RC2_linux-Kunpeng]#
```

图 2-25　解压缩鲲鹏代码迁移工具软件包并进入解压缩后的软件包目录

执行 runtime_env_check.sh 脚本，检查鲲鹏代码迁移工具的依赖文件，如图 2-26 所示。

```
bash runtime_env_check.sh
```

```
[root@ecs-linux Porting-advisor_23.0.RC2_linux-Kunpeng]# bash runtime_env_check.sh
Checking dependent Installations for Kunpeng Porting Advisor...
unzip already installed!
java-devel already installed!
sudo already installed!
gcc already installed!
make already installed!
zlib already installed!
pcre already installed!
openssl already installed!
wget already installed!
cpio already installed!
rpm already installed!
acl already installed!
lsof already installed!
libcap already installed!
crontabs already installed!
e2fsprogs already installed!
```

图 2-26　检查鲲鹏代码迁移工具的依赖文件

如果检查结果提示缺少某些依赖文件，则按照提示进行操作，输入“y”表示直接安装缺失的依赖文件。

执行./install web 命令安装鲲鹏代码迁移工具，并根据回显中的提示信息配置安装参数，如图 2-27 所示。

- 配置工具安装目录，默认为/opt。
- 配置 Web Server 的 IP 地址。
- 配置 HTTPS 端口，默认端口为 8084。
- 配置 tool 端口，默认端口为 7998。

```
[root@ecs-linux Porting-advisor_23.0.RC2_linux-Kunpeng]# ./install web
Checking ./Porting-advisor_23.0.RC2_linux-Kunpeng ...
Installing ./Porting-advisor_23.0.RC2_linux-Kunpeng ...
Enter the installation path. The default path is /opt :
Start to install the Kunpeng Porting Advisor.
Decompressing files ...
Checking dependent Installations for Kunpeng Porting Advisor...
unzip already installed!
rpm-build already installed!
rpmdevtools already installed!
java-devel already installed!
sudo already installed!
expect already installed!
gcc already installed!
make already installed!
zlib-devel already installed!
zlib already installed!
pcre-devel already installed!
pcre already installed!
openssl-devel already installed!
openssl already installed!
wget already installed!
cpio already installed!
rpm already installed!
acl already installed!
lsof already installed!
bzip2 already installed!
libcap already installed!
crontabs already installed!
e2fsprogs already installed!
The following optional dependencies have not been installed: rpmrebuild
(The rpmrebuild component is not installed, download and upload the rpmrebuild component to the server, and run the following command to install it:
rpm -ivh xxx.rpm)
Dependency check completed.
```

图 2-27　安装鲲鹏代码迁移工具

对于 Web 方式，如果服务器 OS 防火墙已开启，则执行以下操作开通服务器 OS 防火墙端口（如果服务器 OS 防火墙没有开启，则跳过此步骤）。

图 2-28 上方命令中的 8084 端口是上述鲲鹏代码迁移工具安装过程中配置的 HTTPS 端口，读者可根据实际情况进行修改。

若用户还配置了硬件防火墙，则需要联系相关的网络管理员同步完成对硬件防火墙的配置，开通需要访问的端口。

执行以下命令查看硬件防火墙是否已开启。

```
systemctl status firewalld
```

```
Ip address list:
sequence_number      ip_address          device
1                    192.168.0.7         eth0
Enter the sequence number of listed ip as web server ip(default: 1):
Set the web server IP address 192.168.0.7
Please enter HTTPS port(default: 8084):
The HTTPS port 8084 is valid.  Set the HTTPS port to 8084 (y/n default: y):y
Set the HTTPS port 8084
Please enter tool port(default: 7998):
The tool port 7998 is valid.  Set the tool port to 7998 (y/n default: y):y
Set the tool port 7998
Installation environment check result:
SequenceNumber   CheckItem                     CheckResult    Suggestion
1                system architecture           ok             N/A
2                disk space                    ok             N/A
3                SELinux mode                  ok             N/A
4                sudoers configuration file    ok             N/A
5                porting user                  ok             N/A
6                service configuration file    ok             N/A
7                tool installation path        ok             N/A
8                user home directory           ok             N/A
9                firewall port status          ok             N/A

Create user:porting success.
The tool will create 10 users (default portworker1-10) to execute background tasks. All the users belong to the porting user group and have the same user
permissions. Do you agree?(y/n)y
Following parameters will be used for Porting Advisor deploy:
    ++++++++++++++++++++++++++++++++++++++++++++++++
    OS_TYPE              : centos
    TOOL_VERSION         : 23.0.RC2
    INSTALL_MODE         : web
    INSTALL_TOOL         : porting-advisor
    INSTALL_PATH         : /opt/portadv
    NGINX_IP             : 192.168.0.7
    NGINX_PORT           : 8084
    ++++++++++++++++++++++++++++++++++++++++++++++++
```

图 2-28 鲲鹏代码迁移工具信息

若显示“disabled”，则表示硬件防火墙没有开启，请跳过以下步骤。

执行以下命令查看端口是否已开通，鲲鹏代码迁移工具信息如图 2-28 所示，安装成功的提示信息如图 2-29 所示。

```
firewall-cmd --query-port=8084/tcp
```

```
make[1]: Leaving directory `/home/Porting-advisor_23.0.RC2_linux-Kunpeng/Porting-advisor_23.0.RC2_linux-Kunpeng/webui/nginx-install/nginx'
Nginx install success!
Checking for nginx install success!
It may take a few minutes to generate the certificate, please wait...
Certificate generated successfully. You can import the root certificate to the browser to mask security alarms when you access the tool. The root certific
ate is stored in /opt/portadv/tools/webui/ca.crt.
Created symlink from /etc/systemd/system/multi-user.target.wants/nginx_port.service to /usr/lib/systemd/system/nginx_port.service.
no crontab for porting
Locking password for user porting.
passwd: Success
Created symlink from /etc/systemd/system/multi-user.target.wants/gunicorn_port.service to /etc/systemd/system/gunicorn_port.service.
The glibc version is earlier than expected(2.28)
The required RPM packages for assembly will be downloaded from the following website:
-- http://vault.cent**.org/centos/8.2.2004/BaseOS/aarch64/os/Packages/glibc-2.28-101.el8.aarch64.rpm
Do you want to install the dependencies for assembly? (y/n default: y)y
--2023-10-05 23:31:05--  http://vault.cent**.org/centos/8.2.2004/BaseOS/aarch64/os/Packages/glibc-2.28-101.el8.aarch64.rpm
Resolving vault.centos.org (vault.centos.org)... 54.192.150.65, 54.192.150.3, 54.192.150.129, ...
Connecting to vault.centos.org (vault.centos.org)|54.192.150.65|:80... connected.
HTTP request sent, awaiting response... 301 Moved Permanently
Location: https://vault.cent**.org/centos/8.2.2004/BaseOS/aarch64/os/Packages/glibc-2.28-101.el8.aarch64.rpm [following]
--2023-10-05 23:31:06--  https://vault.cent**.org/centos/8.2.2004/BaseOS/aarch64/os/Packages/glibc-2.28-101.el8.aarch64.rpm
Connecting to vault.centos.org (vault.centos.org)|54.192.150.65|:443... connected.
HTTP request sent, awaiting response... 200 OK
Length: 3660904 (3.5M) [application/x-rpm]
Saving to: 'glibc-2.28-101.el8.aarch64.rpm'

100%[==========================================================================================>] 3,660,904   6.86MB/s   in 0.5s

2023-10-05 23:31:07 (6.86 MB/s) - 'glibc-2.28-101.el8.aarch64.rpm' saved [3660904/3660904]

The dependent libraries have been installed.
Porting Web console is now running, go to: https://192.168.0.7:8084/porting/#/login
Successfully installed the Kunpeng Porting Advisor in /opt/portadv/.
```

图 2-29 安装成功的提示信息

若提示“no”，则表示端口未开通。

执行以下命令永久开通端口。

```
firewall-cmd --add-port=8084/tcp --permanent
```

若提示“success”，则表示端口开通成功。

执行以下命令重新载入配置。

```
firewall-cmd --reload
```

再次执行以下命令查看端口是否已开通。

```
firewall-cmd --query-port=8084/tcp
```

若提示"yes",则表示端口已开通。

（5）登录鲲鹏代码迁移工具

打开本地 PC 的浏览器,在地址栏中输入"https://部署云服务器的 EIP:端口号"（如 https://120.46.199.3:8084）,按"Enter"键。在登录时网页上可能出现"您的连接不是私密连接"的提示,如图 2-30 所示,单击"高级"→"继续前往"链接。

图 2-30 网页上出现"您的连接不是私密连接"的提示

首次登录需要创建管理员密码,如图 2-31 所示。

图 2-31 创建管理员密码

输入用户名和密码,按"Enter"键或单击"登录"按钮,进入鲲鹏代码迁移工具首页,如图 2-32 和图 2-33 所示。

图 2-32　登录鲲鹏代码迁移工具

图 2-33　进入鲲鹏代码迁移工具首页

注意:

- 默认连续 3 次登录失败,系统将对此用户进行锁定,锁定 10 分钟后可以重新登录。
- 单个用户只允许有 1 个活跃会话,如果当前用户正在登录使用,则重复登录会导致之前登录的会话失效。

至此,任务实施全部完成。

任务 2.2　Megahit 源码迁移

1. 任务描述

Megahit 是一款超快速和内存高效的 NGS 汇编程序。它是针对多基因组进行优化的,但也适用于一般的单基因组组装和单细胞组装场景。Megahit 的源码包中存在大量汇编代码,在将其迁移到鲲鹏平台之前需要先识别并验证通过鲲鹏代码迁移工具迁移后的代码是否正确,以及识别出是否还有鲲鹏代码迁移工具遗漏的相关文件。

本任务使用鲲鹏代码迁移工具分析嵌入式汇编软件项目，并给出合理建议，以帮助用户迁移嵌入式汇编软件项目。

2. 任务分析

（1）基础准备

- 用户需要提前申请华为云账号，并完成实名认证。
- 华为云账号需要提前充值，如果账号欠费，则会造成资源冻结。
- 本地设备需要安装远程 SSH 登录工具，如 Xshell、MobaXterm、PuTTY 等，本任务选择 MobaXterm。
- 华为云上已创建鲲鹏云服务器，并安装好鲲鹏代码迁移工具。

（2）任务配置思路

- 配置运行环境。
- 准备 Megahit 源码。
- 登录鲲鹏代码迁移工具 Web 页面。
- 修改代码。
- 迁移后重新编译。
- 运行程序测试。

3. 任务实施

（1）配置运行环境

在进行任务实施之前需要先配置运行环境，本任务对项目版本的要求如表 2-4 所示。

表 2-4　本任务对项目版本的要求

项目	版本
CentOS	7.6
Kernel	4.14.0-115.el7a.0.1
cmake	3.0 及 3.0 以上
Python	3.0 及 3.0 以上

使用 MobaXterm 工具，以 root 用户身份登录鲲鹏云服务器，如图 2-34 所示。

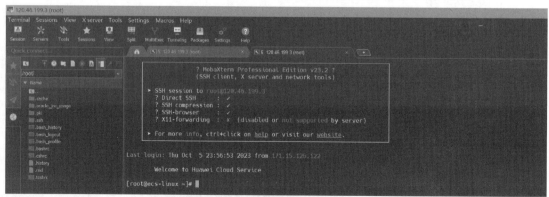

图 2-34　登录鲲鹏云服务器

执行 cat /etc/centos-release 命令查看 CentOS 版本，如图 2-35 所示。

执行 uname -r 命令查看 CentOS 内核版本，如图 2-36 所示。

```
[root@ecs-linux ~]# cat /etc/centos-release
CentOS Linux release 7.6.1810 (AltArch)
```
图 2-35　查看 CentOS 版本

```
[root@ecs-linux ~]# uname -r
4.18.0-80.7.2.el7.aarch64
```
图 2-36　查看 CentOS 内核版本

执行 cmake --version 命令查看 cmake 版本，如图 2-37 所示。

```
[root@ecs-linux ~]# cmake --version
-bash: cmake: command not found
```
图 2-37　查看 cmake 版本（1）

在鲲鹏云服务中默认没有安装 cmake，用户需要自行安装。执行以下命令下载 cmake 安装包。

```
wget https://cma**.org/files/v3.27/cmake-3.27.0-linux-aarch64.tar.gz
```

解压缩 cmake 安装包。

```
tar -xzvf   cmake-3.27.0-linux-aarch64.tar.gz
```

将安装包移至/opt/cmake-3.27 目录下。

```
mv cmake-3.27.0-linux-aarch64 /opt/cmake-3.27
```

创建软链接。

```
ln -s /opt/cmake-3.27/bin/cmake /usr/local/bin/cmake
```

执行 cmake --version 命令查看 cmake 版本，如图 2-38 所示。

```
[root@ecs-linux ~]# cmake --version
cmake version 3.27.0

CMake suite maintained and supported by Kitware (kitware.com/cmake).
```
图 2-38　查看 cmake 版本（2）

执行 python --version 命令查看 Python 版本，如图 2-39 所示。

```
[root@ecs-linux ~]# python --version
Python 2.7.5
```
图 2-39　查看 Python 版本（1）

Python 默认使用的是 Python2，此处需要将其升级为 Python3，执行以下命令安装 Python3。

```
yum install python3 -y
```

将 Python3 设置为默认版本。

```
cd /usr/bin
mv python python.bak
ln -s python3 python
```

执行 python --version 命令查看 Python 版本，如图 2-40 所示。

```
[root@ecs-linux ~]# python --version
Python 3.6.8
```
图 2-40　查看 Python 版本（2）

（2）准备 Megahit 源码

进入鲲鹏代码迁移工具源码文件的存放路径。

```
cd /opt/portadv/portadmin/sourcecode/
```

下载 Megahit 源码。建议使用的 Megahit 版本为"Megahit 1.2.9"。

```
git clone https://gith**.com/voutcn/megahit.git
```

将代码进行合并。

```
cd megahit/&& git submodule update --init
```

创建构建文件夹并进入。

```
mkdir build && cd build
```

生成 Makefile 文件。

```
cmake .. -DCMAKE_BUILD_TYPE=Release
```

修改 megahit 目录属组。

```
cd ../&& chown -R porting:porting *
```

（3）登录鲲鹏代码迁移工具 Web 页面

选择"源码迁移"选项，如图 2-41 所示。

图 2-41　选择"源码迁移"选项

在输入框中输入"megahit/build"，在下拉列表中选择对应联想结果，编译器版本选择
"BiSheng Compiler 2.5.0"，其他参数采用默认设置即可，如图 2-42 所示。

单击"开始分析"按钮。分析完成后，单击"查看报告"按钮，报告内容如图 2-43 所示，
在报告中可以看到需要迁移的源码文件，如图 2-44 所示，单击"源码迁移建议"页签，查看
具体的修改建议，如图 2-45 所示。

（4）修改代码

① 根据系统提示进行修改，在"迁移报告"→"需要迁移的源码文件"页面中单击内嵌
汇编代码（cpu_dispatch.h），可以看到有 4 处待修改点，如图 2-46 所示。

图 2-42　选择源码包

图 2-43　报告内容

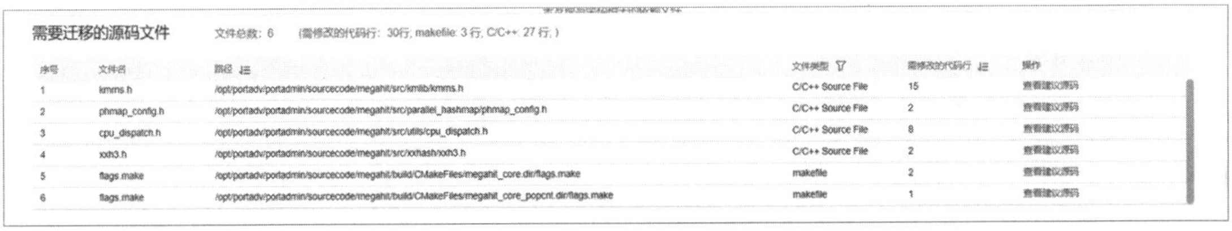

图 2-44　需要迁移的源码文件

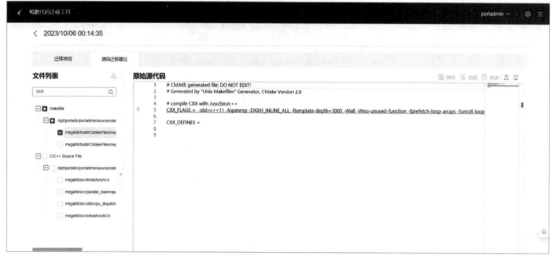

图 2-45　查看具体的修改建议

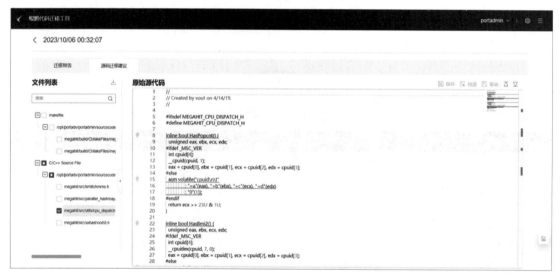

图 2-46　待修改点（部分）

待修改点 1、3 应用自动修改功能，如图 2-47 所示。

```
原始源代码                                                    保存  回退  取消
1    //
2    // Created by vout on 4/14/19.
3    //
4
5    #ifndef MEGAHIT_CPU_DISPATCH_H
6    #define MEGAHIT_CPU_DISPATCH_H
7
8    inline bool HasPopcnt() {
9      unsigned eax, ebx, ecx, edx;
10   #ifdef _MSC_VER
11     int cpuid[4];
12     __cpuid(cpuid, 1);
13     eax = cpuid[0], ebx = cpuid[1], ecx = cpuid[2], edx = cpuid[3];
14   #else
15     asm volatile("cpuid\n\t"
16       : "=a"(eax), "=b"(ebx), "=c"(ecx), "=d"(edx)
17       : "0"(1));
18   #endif
19     return ecx >> 23U & 1U;
20   }
```

图 2-47　待修改点 1、3 应用自动修改功能

自动修改效果如图 2-48 所示。

图 2-48　自动修改效果（1）

待修改点 2、4 应用自动修改功能，如图 2-49 所示。

图 2-49　待修改点 2、4 应用自动修改功能

自动修改效果如图 2-50 和图 2-51 所示。

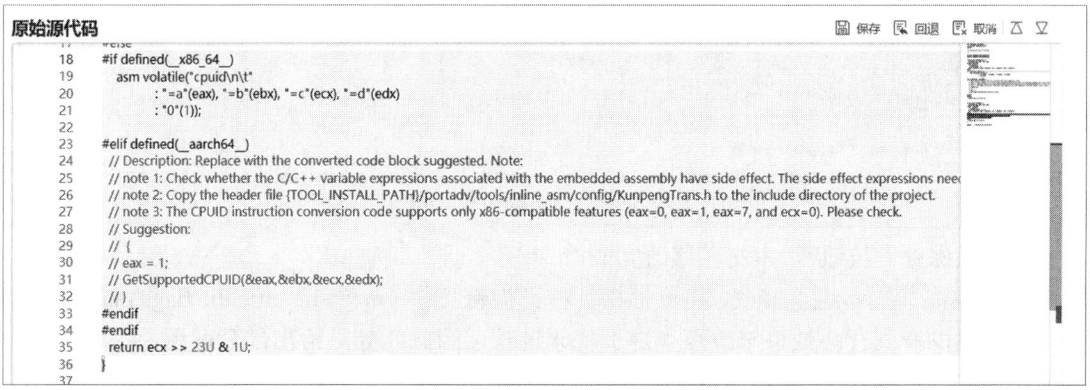

图 2-50　自动修改效果（2）

原始源代码 保存 回退 取消

```
#else
#if defined(__x86_64__)
    asm volatile("cpuid\n\t"
            : "=a"(eax), "=b"(ebx), "=c"(ecx), "=d"(edx)
            : "0"(7), "2"(0));

#elif defined(__aarch64__)
  // Description: Replace with the converted code block suggested. Note:
  // note 1: Check whether the C/C++ variable expressions associated with the embedded assembly have side effect. The side effect expressions nee
  // note 2: Copy the header file {TOOL_INSTALL_PATH}/portadv/tools/inline_asm/config/KunpengTrans.h to the include directory of the project.
  // note 3: The CPUID instruction conversion code supports only x86-compatible features (eax=0, eax=1, eax=7, and ecx=0). Please check.
  // Suggestion:
  // {
  // eax = 7;
  // ecx = 0;
  // GetSupportedCPUID(&eax,&ebx,&ecx,&edx);
  // }
#endif
#endif
  return ebx >> 8U & 1U;
}

#endif // MEGAHIT_CPU_DISPATCH_H
```

图 2-51　自动修改效果（3）

从图 2-50 和图 2-51 中可以看到，自动修改功能已经给出具体建议，且两处待修改点所给的建议准确，直接去掉注释即可，修改后的效果如图 2-52 和图 2-53 所示。

原始源代码 保存 回退 取消

```
            : "0"(1));

#elif defined(__aarch64__)
  // Description: Replace with the converted code block suggested. Note:
  // note 1: Check whether the C/C++ variable expressions associated with the embedded assembly have side effect. The side effect expressions nee
  // note 2: Copy the header file {TOOL_INSTALL_PATH}/portadv/tools/inline_asm/config/KunpengTrans.h to the include directory of the project.
  // note 3: The CPUID instruction conversion code supports only x86-compatible features (eax=0, eax=1, eax=7, and ecx=0). Please check.
  // Suggestion:
   {
    eax = 1;
    GetSupportedCPUID(&eax,&ebx,&ecx,&edx);
   }
#endif
#endif
  return ecx >> 23U & 1U;
}
```

图 2-52　修改后的效果（1）

原始源代码 保存 回退 取消

```
            : "=a"(eax), "=b"(ebx), "=c"(ecx), "=d"(edx)
            : "0"(7), "2"(0));

#elif defined(__aarch64__)
  // Description: Replace with the converted code block suggested. Note:
  // note 1: Check whether the C/C++ variable expressions associated with the embedded assembly have side effect. The side effect expressions nee
  // note 2: Copy the header file {TOOL_INSTALL_PATH}/portadv/tools/inline_asm/config/KunpengTrans.h to the include directory of the project.
  // note 3: The CPUID instruction conversion code supports only x86-compatible features (eax=0, eax=1, eax=7, and ecx=0). Please check.
  // Suggestion:
   {
   eax = 7;
   ecx = 0;
   GetSupportedCPUID(&eax,&ebx,&ecx,&edx);
   }
#endif
#endif
  return ebx >> 8U & 1U;
}

#endif // MEGAHIT_CPU_DISPATCH_H
```

图 2-53　修改后的效果（2）

单击“保存”按钮①，本文件修改完成。

② 根据系统提示进行修改，将鼠标指针移至构建文件（megahit_core.dir/flags.make）待修改点处，可以看到有两处待修改点（由于代码过长，因此此处只给出部分截图，读者可根据具体操作进行查看），如图 2-54 所示。

① 因页面过长，按钮名称未在页面中出现，读者可根据实际页面进行操作，下同。

图 2-54　待修改点（部分）

根据建议提示（Kunpeng platform 不支持 BMI2 和 POPCNT 指令），手动修改代码，删除 -mbmi2 和 -mpopcnt 指令，如图 2-55 所示。

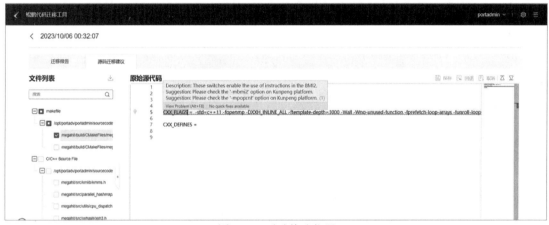

图 2-55　手动修改代码

修改后的效果如图 2-56 所示。

原始源代码 　　　　　　　　　　　　　　　　　　　　　　　　　　　　　　　　保存　回退　取消

```
1    # CMAKE generated file: DO NOT EDIT!
2    # Generated by "Unix Makefiles" Generator, CMake Version 3.27
3
4    # compile CXX with /usr/bin/c++
5    CXX_DEFINES =
6
7    CXX_INCLUDES = -I/opt/portadv/portadmin/sourcecode/megahit/src
8
9    CXX_FLAGS =  -fopenmp -DXXH_INLINE_ALL -ftemplate-depth=3000 -Wall -Wno-unused-function -fprefetch-loop-arrays -funroll-loops -D__XROOT__='"/opt/portadv/port
10
11
```

图 2-56　修改后的效果

单击"保存"按钮，本文件修改完成。

③ 根据系统提示进行修改，将鼠标指针移至构建文件（megahit_core_popcnt.dir/flags.make）待修改点处，可以看到有一处待修改点，如图 2-57 所示。

原始源代码 　　　　　　　　　　　　　　　　　　　　　　　　　　　　　　　　保存　回退　取消

```
1    # CMAKE generated file: DO NOT EDIT!
2    # Generated by "Unix Makefiles" Generator, CMake Version 3.27
3
4    # compile CXX with /usr/bin/c++
5    CXX_DEFINES =
6
7    CXX_INCLUDES = -I/opt/portadv/portadmin/sourcecode/megahit/src
8
9    CXX_FLAGS =  -fopenmp -DXXH_INLINE_ALL -ftemplate-depth=3000 -Wall -Wno-unused-function -fprefetch-loop-arrays -funroll-loops -D__XROOT__='"/opt/portadv/port
10
11
```

图 2-57　待修改点

修改建议同第②步中的文件，应用自动修改功能，修改后的效果如图 2-58 所示。

图 2-58　修改后的效果

单击"保存"按钮，本文件修改完成。

④ 根据系统提示进行修改，将鼠标指针移至构建文件（megahit/src/kmlib/kmrns.h）待修改点处，可以看到有三处待修改点，如图 2-59 所示。

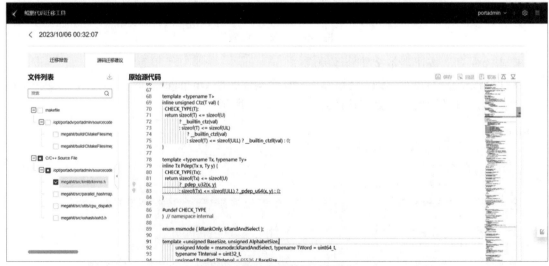

图 2-59　待修改点（部分）

修改建议同第②步中的文件，应用自动修改功能，修改后的效果如图 2-60 所示。

图 2-60　修改后的效果（部分）

单击“保存”按钮，本文件修改完成。

（5）迁移后重新编译

执行如下命令，将 KunpengTrans.h 头文件添加到/opt/portadv/portadmin/sourcecode/megahit/src/utils/目录下。

```
cp /opt/portadv/tools/inline_asm/config/KunpengTrans.h /opt/portadv/portadmin/sourcecode/megahit/src/utils/
```

执行 make 命令进行重新编辑。

```
cd /opt/portadv/portadmin/sourcecode/megahit/build/ && make
```

（6）运行程序测试

使用 MobaXterm 工具，以 root 用户身份登录鲲鹏云服务器，进入可执行文件的安装目录。

```
cd /opt/portadv/portadmin/sourcecode/megahit/build/
```

执行以下命令运行算例。

```
make simple_test
```

说明： make simple_test 中用到的.fa 文件是在 GitHub 上下载软件包时系统自带的，无须额外下载。

执行完成后命令行将回显图 2-61 所示的信息。

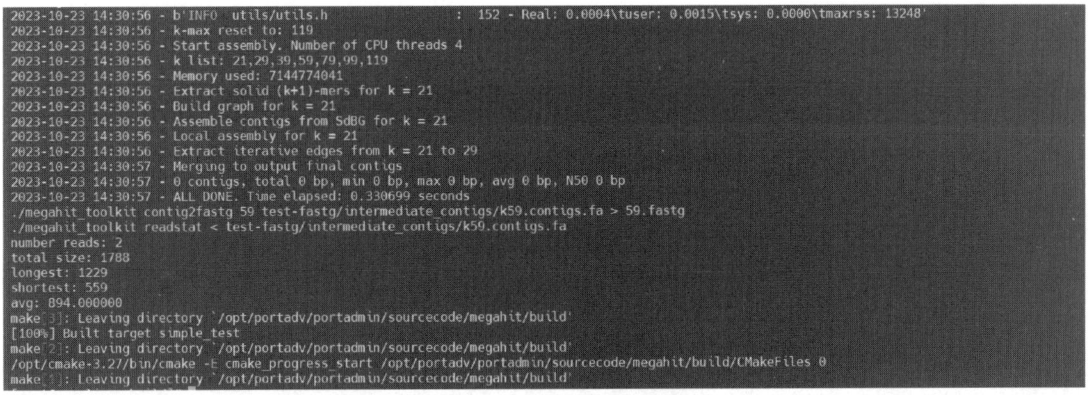

```
2023-10-23 14:30:56 - b'INFO  utils/utils.h                 :  152 - Real: 0.0004\tuser: 0.0015\tsys: 0.0000\tmaxrss: 13248'
2023-10-23 14:30:56 - k-max reset to: 119
2023-10-23 14:30:56 - Start assembly. Number of CPU threads 4
2023-10-23 14:30:56 - k list: 21,29,39,59,79,99,119
2023-10-23 14:30:56 - Memory used: 7144774041
2023-10-23 14:30:56 - Extract solid (k+1)-mers for k = 21
2023-10-23 14:30:56 - Build graph for k = 21
2023-10-23 14:30:56 - Assemble contigs from SdBG for k = 21
2023-10-23 14:30:56 - Local assembly for k = 21
2023-10-23 14:30:56 - Extract iterative edges from k = 21 to 29
2023-10-23 14:30:57 - Merging to output final contigs
2023-10-23 14:30:57 - 0 contigs, total 0 bp, min 0 bp, max 0 bp, avg 0 bp, N50 0 bp
2023-10-23 14:30:57 - ALL DONE. Time elapsed: 0.330699 seconds
./megahit_toolkit contig2fastg 59 test-fastg/intermediate_contigs/k59.contigs.fa > 59.fastg
./megahit_toolkit readstat < test-fastg/intermediate_contigs/k59.contigs.fa
number reads: 2
total size: 1788
longest: 1229
shortest: 559
avg: 894.000000
make[3]: Leaving directory `/opt/portadv/portadmin/sourcecode/megahit/build'
[100%] Built target simple_test
make[2]: Leaving directory `/opt/portadv/portadmin/sourcecode/megahit/build'
/opt/cmake-3.27/bin/cmake -E cmake_progress_start /opt/portadv/portadmin/sourcecode/megahit/build/CMakeFiles 0
make[1]: Leaving directory `/opt/portadv/portadmin/sourcecode/megahit/build'
```

图 2-61 命令行回显的信息

至此，任务实施全部完成。

任务 2.3 Knox 软件包重构

1. 任务描述

本任务旨在指导用户使用鲲鹏代码迁移工具将 x86 平台上的 Knox RPM 软件包重构成鲲鹏平台上的 RPM 软件包。

2. 任务分析

（1）基础准备

- 用户需要提前申请华为云账号，并完成实名认证。
- 华为云账号需要提前充值，如果账号欠费，则会造成资源冻结。
- 本地设备需要安装远程 SSH 登录工具，如 Xshell、MobaXterm、PuTTY 等，本任务选择安装 MobaXterm。
- 华为云上已创建鲲鹏云服务器，并安装好鲲鹏代码迁移工具。

（2）任务配置思路

- 安装 rpmbuild。
- 安装 rpmrebuild。
- 下载 x86 平台上的 Knox RPM 软件包。
- 检查依赖文件 1。
- 重构代码。
- 检查依赖文件 2。

3. 任务实施

（1）安装 rpmbuild

使用 MobaXterm 工具，以 root 用户身份登录鲲鹏云服务器，如图 2-62 所示。

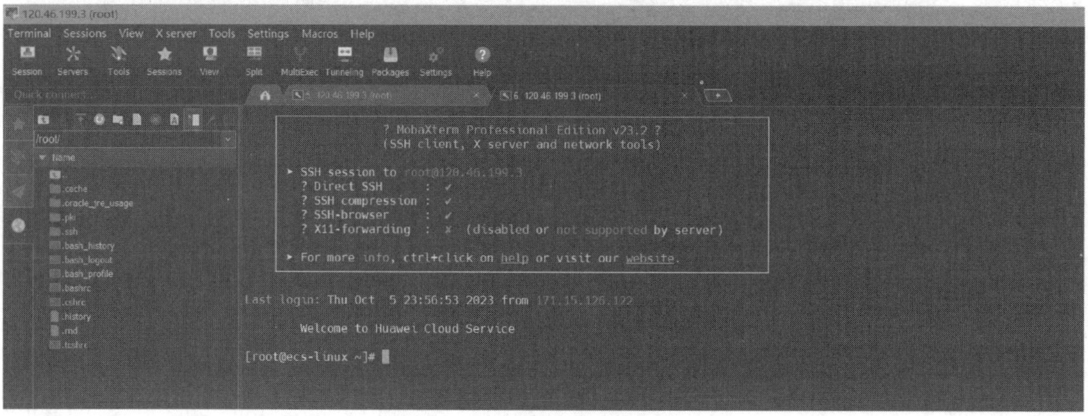

图 2-62　登录鲲鹏云服务器

进入云服务器后，执行以下命令安装 rpmdevtools，安装成功后的页面如图 2-63 所示。

```
yum install rpmdevtools -y
```

安装过程大约需要 5 分钟。

执行以下命令：

```
rpmdev-setuptree
```

rpmdev-setuptree 命令默认在当前用户的根目录下创建一个 RPM 构建根目录结构 ~/rpmbuild/。

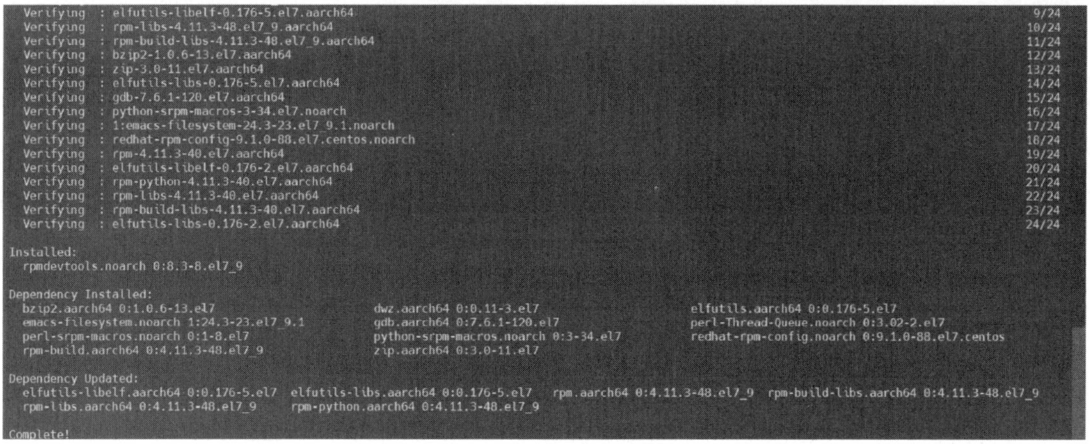

图 2-63　安装成功后的页面

（2）安装 rpmrebuild

执行以下命令下载 rpmrebuild 软件包，如图 2-64 所示。

```
mkdir rpmrebuild
cd rpmrebuild
wget https://nchc.dl.sourcefor**.net/project/rpmrebuild/rpmrebuild/2.18/rpmrebuild-2.18-1.noarch.rpm
```

图 2-64　下载 rpmrebuild 软件包

rpmrebuild 软件包下载完成后，执行以下命令解压缩该软件包。

```
tar -xvfz rpmrebuild-2.18.tar.gz
```

解压缩完成后，执行安装命令。

```
make
make install
```

安装成功后的页面如图 2-65 所示。

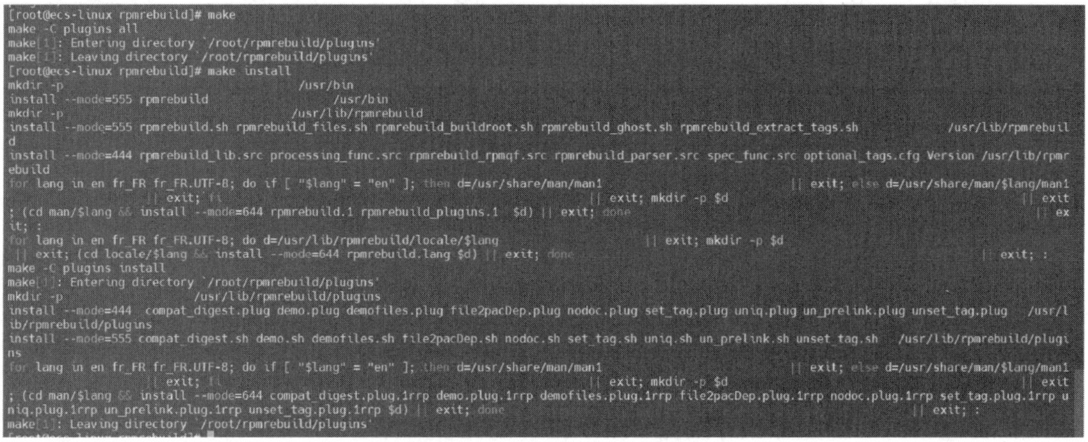

图 2-65　安装成功后的页面

（3）下载 x86 平台上的 Knox RPM 软件包

执行以下命令进入 portadmin 用户目录，下载 knox_3_1_0_0_78-1.0.0.3.1.0.0-78.noarch. rpm 软件包。

```
cd /opt/portadv/portadmin/package
wget  https://repointegrationpublic.bigstepclo**.com/hortonworks-repos/HDP/centos7/3.1.0.0/knox/knox_3_1_
0_0_78-1.0.0.3.1.0.0-78.noarch.rpm
```

（4）检查依赖文件 1

通过工具检查当前的 RPM 软件包是否包含 x86 依赖文件，以确定其是否能在鲲鹏平台上直接运行。检查方法有两种：方法一是使用 CheckSo 小工具检查；方法二是使用鲲鹏代码迁移工具检查。

① 方法一：使用 CheckSo 小工具检查。

安装 CheckSo 小工具。执行以下命令进入/home 目录，下载 checkSo 软件包。

```
cd /home
wget https://sandbox-experiment-resource-north-4.obs.cn-north-4.myhuaweiclo**.com/package-migration/
checkSo.zip
```

下载完成后，执行以下命令解压缩 checkSo 软件包。

```
unzip checkSo.zip
```

解压缩完成后，执行以下命令进入/checkSo 目录，添加执行权限。

```
cd /home/checkSo
chmod +x *.sh
```

执行以下命令进行检查。

```
cd /home/checkSo
./main.sh /opt/portadv/portadmin/package/knox_3_1_0_0_78-1.0.0.3.1.0.0-78.noarch.rpm
```

检查成功后的结果如图 2-66 所示。

图 2-66　检查成功后的结果

jar 包检查结果存放在 JarResult.log 文件中，格式为组件包名/jar 包名/缺乏 arm 版本的 SO 依赖库文件名，如图 2-67 所示。

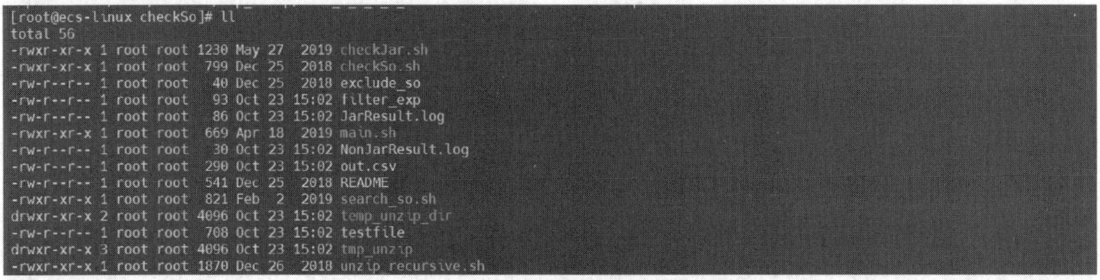

图 2-67　jar 包检查结果

非 jar 包中的 so 检查结果存放在 NonJarResult.log 文件中。

预期结果：JarResult.log 文件中包含图 2-68 所示的记录。

图 2-68　查看检查结果

JarResult.log 文件中包含的记录证明了 knox_3_1_0_0_78-1.0.0.3.1.0.0-78.noarch.rpm 包含 x86 依赖文件。

② 方法二：使用鲲鹏代码迁移工具检查。

打开本地 PC 的浏览器，在地址栏中输入"https://部署云服务器的 EIP:端口号"（如 https://120.46.199.3:8084），按"Enter"键。在登录时网页上可能出现"您的连接不是私密连接"的提示，如图 2-69 所示，单击"高级"→"继续前往"链接。

图 2-69　网页上出现"您的连接不是私密连接"的提示

首次登录需要创建管理员密码，如图 2-70 所示。

图 2-70　创建管理员密码

输入用户名和密码，按"Enter"键或单击"登录"按钮，如图 2-71 所示，进入鲲鹏代码迁移工具首页。

图 2-71　登录鲲鹏代码迁移工具

选择"软件迁移评估"选项，在输入框中输入"knox_3_1_0_0_78-1.0.0.3.1.0.0-78.noarch.rpm"，单击"开始分析"按钮，如图 2-72 所示。

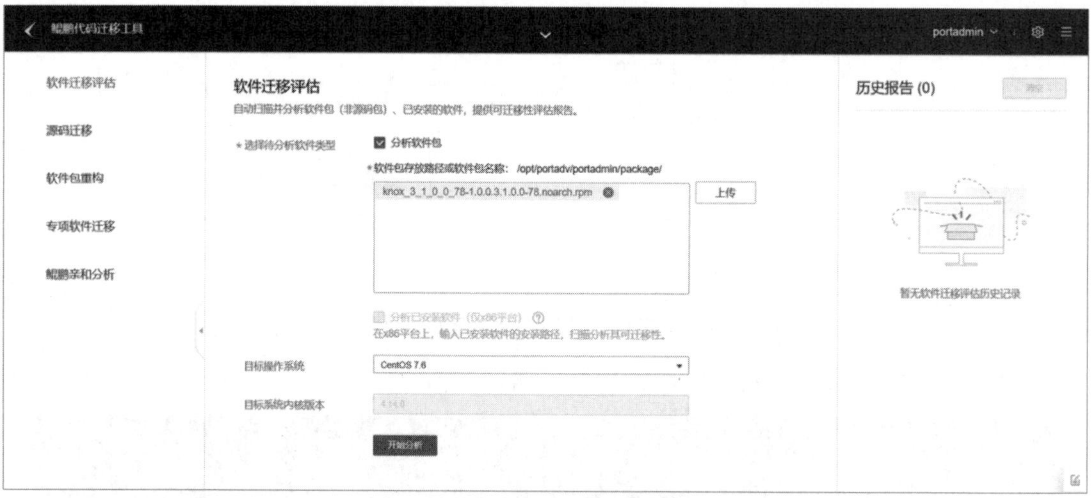

图 2-72　软件迁移评估

展开分析结果的依赖文件列表，查看分析报告，如图 2-73 所示。

（5）重构代码

在第（4）步的检查依赖文件中发现当前 RPM 软件包包含 x86 依赖文件，不能直接在鲲鹏平台上运行。下面使用鲲鹏代码迁移工具将 x86 平台上的 Knox RPM 软件包重构成鲲鹏平台上的 RPM 软件包。

在终端窗口中执行以下命令，将 knox_3_1_0_0_78-1.0.0.3.1.0.0-78.noarch.rpm 复制到 /opt/portadv/portadmin/packagerebuild/ 目录下。

```
cd /opt/portadv/portadmin/packagerebuild/
cp /opt/portadv/portadmin/package/knox_3_1_0_0_78-1.0.0.3.1.0.0-78.noarch.rpm .
```

图 2-73　查看分析报告

登录鲲鹏代码迁移工具，选择"软件包重构"选项，在输入框中输入在第（3）步中下载的软件包名称"knox_3_1_0_0_78-1.0.0.3.1.0.0-78.noarch.rpm"，单击"下一步"按钮，操作步骤如图 2-74～图 2-78 所示。

图 2-74　软件包重构

图 2-76　执行重构

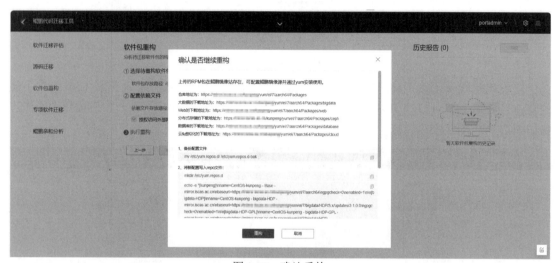

图 2-77　确认重构

图 2-78　重构完成

重构完成后会在/opt/portadv/portadmin/report/packagerebuild/20231023154041/目录下生成 knox_3_1_0_0_78-1.0.0.3.1.0.0-78.aarch64.rpm 文件。

（6）检查依赖文件 2

通过 CheckSo 小工具检查在第（5）步中生成的.rpm 文件，以确认是否残留 x86 依赖文件。进入/home/checkSo 目录，在终端窗口中执行以下命令。

```
cd /home/checkSo
rm -f JarResult.log NonJarResult.log
./main.sh   /opt/portadv/portadmin/report/packagerebuild/20231023154041/knox_3_1_0_0_78-1.0.0.3.1.0.0-78.
aarch64.rpm
```

检查成功后的结果如图 2-79 所示。

图 2-79　检查成功后的结果

jar 包检查结果存放在 JarResult.log 文件中，格式为组件包名/jar 包名/缺乏 arm 版本的 SO 依赖库文件名。

非 jar 包中的 so 检查结果存放在 NonJarResult.log 文件中。

预期结果：JarResult.log 和 NonJarResult.log 文件中不包含 x86 依赖文件，如图 2-80 所示。

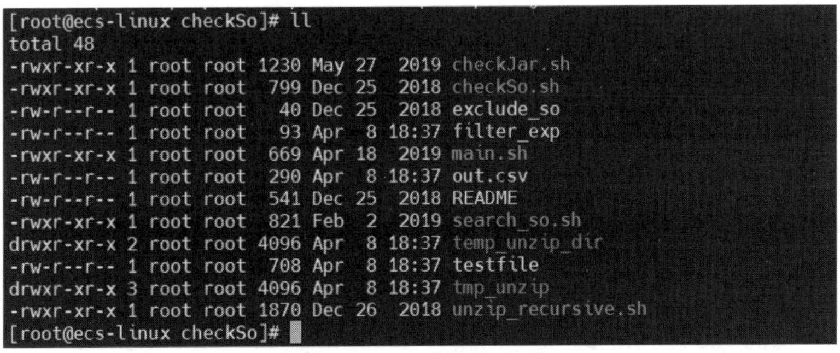

图 2-80　查看检查结果

至此，任务实施全部完成。

任务 2.4　汇编代码迁移

1. 任务描述

本任务旨在帮助用户将 x86 平台上的汇编代码迁移到鲲鹏平台上，主要涉及鲲鹏代码迁移工具的使用、SO 依赖库编译、汇编代码的迁移等内容，最终要求被迁移后的汇编代码能够正常运行。

2. 任务分析

（1）基础准备

- 用户需要提前申请华为云账号，并完成实名认证。
- 华为云账号需要提前充值，如果账号欠费，则会造成资源冻结。
- 本地设备需要安装远程 SSH 登录工具，如 Xshell、MobaXterm、PuTTY 等，本任务选择安装 MobaXterm。
- 华为云上已创建鲲鹏云服务器，并安装好鲲鹏代码迁移工具。

（2）任务配置思路

- 准备任务实施所需的代码。
- 源码迁移。
- Makefile 文件迁移。
- 汇编代码迁移。
- 迁移后编译源码。
- 运行程序进行测试。

3. 任务实施

（1）准备任务实施所需的代码

执行以下命令下载并解压缩任务实施所需的代码。

```
wget https://kungpe**-ip.obs.cn-east-3.myhuaweicloud.com:443/3.1%20%E6%B1%87%E7%BC%96%E4%B
B%A3%E7%A0%81%E8%BF%81%E7%A7%BB/2048.tar.gz?AccessKeyId=WGFMGIURW3WDCPKK98ZX&E
xpires=1642834179&Signature=VVOjGMeDfQRqP6tElSn4li97ZY0%3D
tar -zxvf 2048.tar.gz
```

执行 cp 命令将解压缩后的 2048 目录下的文件复制到/opt/portadv/portadmin/sourcecode/目录下，如图 2-81 所示。

```
cd 2048
cp -r lib /opt/portadv/portadmin/sourcecode/
cp -r Makefile /opt/portadv/portadmin/sourcecode/
cp -r so_src/ /opt/portadv/portadmin/sourcecode/
cp -r src/ /opt/portadv/portadmin/sourcecode/
```

```
[root@ecs-linux ~]# cd 2048
[root@ecs-linux 2048]# cp -r lib /opt/portadv/portadmin/sourcecode/
[root@ecs-linux 2048]# cp -r Makefile /opt/portadv/portadmin/sourcecode/
[root@ecs-linux 2048]# cp -r so_src/ /opt/portadv/portadmin/sourcecode/
[root@ecs-linux 2048]# cp -r src/ /opt/portadv/portadmin/sourcecode/
```

图 2-81 复制文件至目标目录下

备份 src 目录下的 main.c 文件，如图 2-82 所示。

```
cd /opt/portadv/portadmin/sourcecode/
cp src/main.c src/main.c.bk
```

```
[root@final sourcecode]# cp src/main.c src/main.c.bk
[root@final sourcecode]#
```

图 2-82 备份文件

由于后期在扫描源码时用户需要拥有读权限，因此修改/opt/portadv/portadmin/sourcecode/目录下所有文件的权限，如图 2-83 所示。

```
chmod -R 755 *
```

```
[root@final sourcecode]# chmod -R 755 *
[root@final sourcecode]# ll
total 16K
drwxr-xr-x 2 root root 4.0K 12月 25 16:41 lib
-rwxr-xr-x 1 root root  764 12月 25 16:42 Makefile
drwxr-xr-x 2 root root 4.0K 12月 25 16:41 so_src
drwxr-xr-x 2 root root 4.0K 12月 25 16:45 src
```

图 2-83　修改文件权限

（2）源码迁移

登录鲲鹏代码迁移工具。打开本地 PC 的浏览器，在地址栏中输入"https://部署云服务器的 EIP:端口号"（如 https://120.46.199.3:8084），按"Enter"键。在登录时网页上可能出现"您的连接不是私密连接"的提示，如图 2-84 所示，单击"高级"→"继续前往"链接。

图 2-84　网页上出现"您的连接不是私密连接"的提示

首次登录需要创建管理员密码，如图 2-85 所示。

图 2-85　创建管理员密码

输入用户名和密码,按"Enter"键或单击"登录"按钮,如图 2-86 所示。

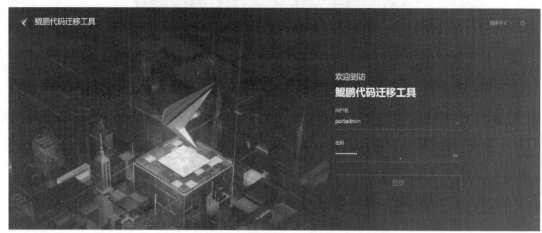

图 2-86　登录鲲鹏代码迁移工具

进入鲲鹏代码迁移工具首页,选择"源码迁移"选项,设置分析源码的参数,单击"开始分析"按钮,如图 2-87 所示。

- 源码类型:C/C++/ASM。
- 目标操作系统:openEuler 20.03。
- 编译器版本:BiSheng Compiler 2.5.0。
- 构建工具:make。
- 编译命令:make。

图 2-87　设置分析源码的参数

在"源码文件存放路径"输入框中，指定需要分析的源码——src 和 so_src（依次单击即可），如图 2-88 所示。

图 2-88　设置源码文件存放路径

设置结果如图 2-89 所示。

图 2-89　分析源码参数的设置结果

等待源码分析完成后，在页面右侧"历史报告"栏中单击以时间命名的报告，查看迁移报告，如图 2-90 所示。

图 2-90　查看迁移报告

其中，依赖库具体为 libhighscore.so 和 libcurses.so，在后面的任务实施中，这两个库需要重新进行编译。需要迁移的源码文件分别为 main.c 及两个 Makefile。

切换到"源码迁移建议"页签中，查看具体情况。

关于 Makefile 文件的迁移，系统给出了迁移建议。

具体需要迁移的源码详见"Makefile 移植"。

（3）Makefile 文件迁移

修改 Makefile 文件。在"源码迁移建议"页签中，找到 Makefile 文件所在的路径（由于两个 Makefile 文件需要修改的内容是一致的，因此此处只做一次步骤描述），如图 2-91～图 2-93 所示。

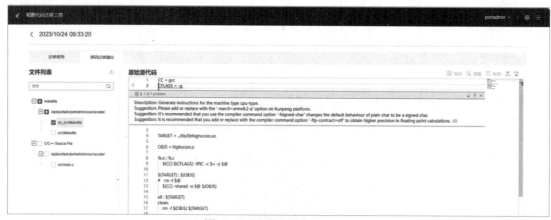

图 2-91　源码迁移建议（1）

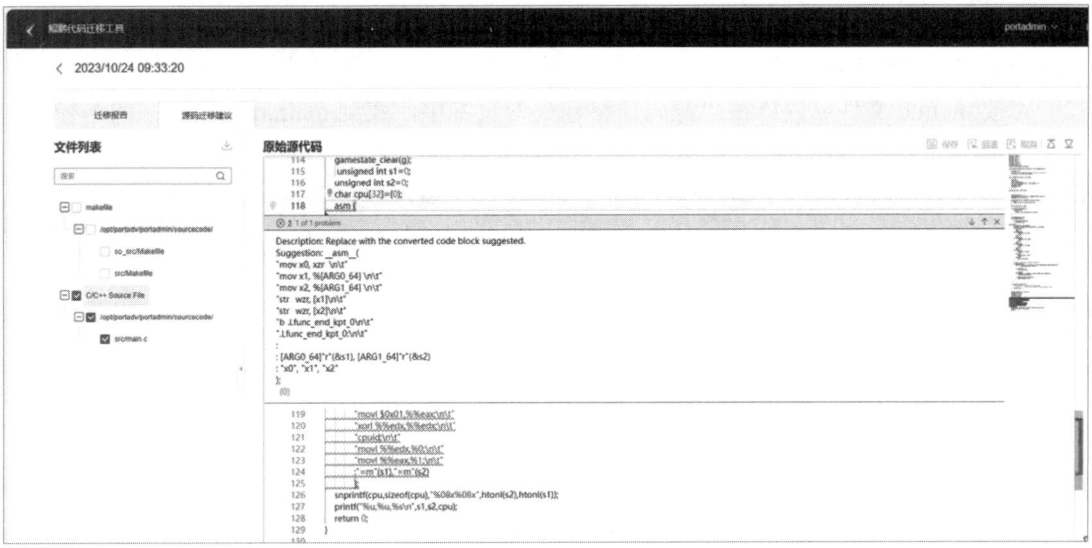

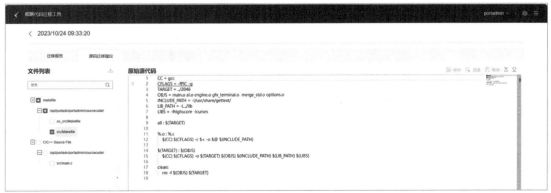

图 2-92　源码迁移建议（2）

图 2-93　源码修改

按照提示进入/opt/portadv/portadmin/sourcecode/src 目录，进行 Makefile 文件的修改，如图 2-94 所示。

```
cd /opt/portadv/portadmin/sourcecode/src
vim Makefile
```

```
[root@ecs-linux sourcecode]# cd /opt/portadv/portadmin/sourcecode/src
[root@ecs-linux src]# vim Makefile
```

图 2-94　修改 Makefile 文件

按照工具的提示，添加对应的参数，如图 2-95 所示。

```
CC = gcc
CFLAGS = -fPIC -g -march=armv8.2-1  -fsigned-char
TARGET = ../2048
OBJS = main.o ai.o engine.o gfx_terminal.o  merge_std.o options.o
INCLUDE_PATH = -I/usr/share/gettext/
LIB_PATH = -L../lib
LIBS = -lhighscore -lcurses
```

图 2-95　添加参数

修改完成后保存该文件。

重复上述步骤，修改/opt/portadv/portadmin/sourcecode/so_src 目录下的 Makefile 文件。

（4）汇编代码迁移

修改 main.c 文件。同样在"源码迁移建议"页签中，找到 main.c 文件所在的路径，如图 2-96 所示。

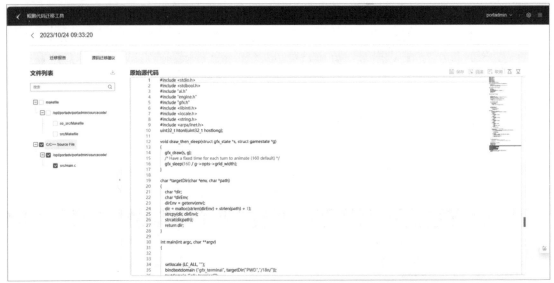

图 2-96　源码迁移建议

按照提示进入/opt/portadv/portadmin/sourcecode/src 目录，进行 main.c 文件的修改，命令如下。

```
cd /opt/portadv/portadmin/sourcecode/src
vim main.c
```

对 main.c 文件中的汇编代码进行修改，如图 2-97 所示。

```
        asm (
#               "movl $0x01,%%eax;\n\t"
#               "xorl %%edx,%%edx;\n\t"
#               "cpuid;\n\t"
#               "movl %%edx,%0;\n\t"
#               "movl %%eax,%1;\n\t"
#               :"=m"(s1),"=m"(s2)
        "mrs %0, midr_el1"
        : "=r"(s1)
        :
        :"memory"
        );
```

图 2-97　修改 main.c 文件中的汇编代码

删除#后的源码，增加适用于鲲鹏平台的、具有相同功能的汇编代码。

```
"mrs %0, midr_el1"
: "=r"(s1)
:
:"memory"
```

修改完成后 main.c 文件中的汇编代码如图 2-98 所示。

```
    asm (
                    "mrs %0, midr_el1"
                    : "=r"(s1)
                    :
                    :"memory"
                    );
    snprintf(cpu,sizeof(cpu),"%08x%08x",htonl(s2),htonl(s1));
    printf("%u,%u,%s\n",s1,s2,cpu);
    return 0;
}
```

图 2-98　修改完成后 main.c 文件中的汇编代码

（5）迁移后编译源码

重新编译依赖库。进入 so_src 目录，使用 make 命令对程序所需的依赖库进行重新编译，命令如下。

```
cd /opt/portadv/portadmin/sourcecode/so_src
make
```

编译依赖库后的结果如图 2-99 所示。

```
[root@ecs-linux src]# cd /opt/portadv/portadmin/sourcecode/so_src
[root@ecs-linux so_src]# make
gcc -shared -o ../lib/libhighscore.so highscore.o
```

图 2-99　编译依赖库后的结果

如果出现错误提示，则仔细排查后重新进行编译。

编译源码。进入源码根目录，使用 make 命令对源码进行重新编译，命令如下。

```
cd /opt/portadv/portadmin/sourcecode
make
```

编译源码后的结果如图 2-100 所示。

```
[root@ecs-linux so_src]# cd /opt/portadv/portadmin/sourcecode
[root@ecs-linux sourcecode]# make
gcc -g -Wno-visibility -Wno-incompatible-pointer-types -Wall -Wextra -DINVERT_COLORS -DVT100 -O2 src/ai.c src/options.c src/main
.c src/engine.c src/merge_std.c src/gfx_terminal.c -o 2048 -L./lib -lhighscore
```

图 2-100　编译源码后的结果

使用以下命令修改依赖库环境变量。

```
export LD_LIBRARY_PATH=/opt/portadv/portadmin/sourcecode/lib:$LD_LIBRARY_PATH
```

（6）运行程序进行测试

运行程序。在/opt/portadv/portadmin/sourcecode 目录下使用以下命令运行程序。

```
./2048
```

程序运行成功后的页面如图 2-101 所示。

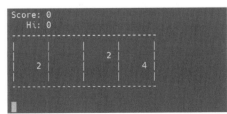

图 2-101　程序运行成功后的页面

键盘上的 W/S/D/A 键分别对应上/下/左/右，安装者通过按对应的按键来检查程序是否能正常操作，并且查看 Score 和 Hi 是否有变化，如图 2-102 所示。

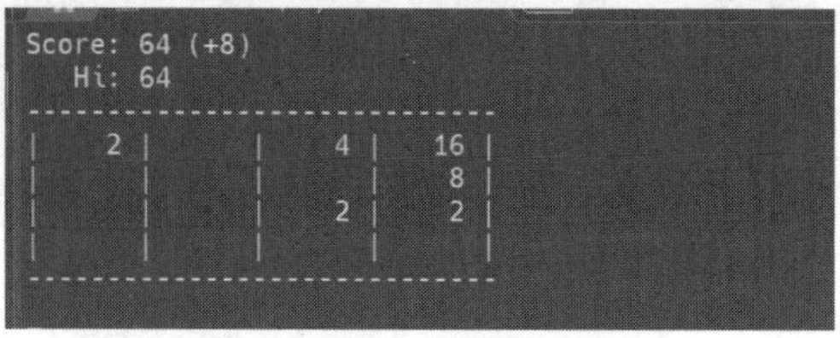

图 2-102　程序运行（1）

按"Q"键退出操作，检查是否有图 2-103 所示的提示。

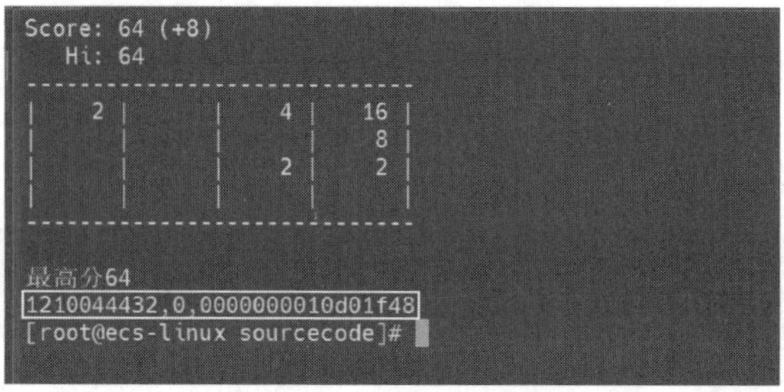

图 2-103　程序运行（2）

其中，"最高分"为 SO 依赖库运行的结果，CPU ID 为汇编代码运行的结果，如果能正常显示，则证明汇编代码迁移成功。

至此，任务实施全部完成。

任务 2.5　部署 OA 系统

1. 任务描述

本任务旨在指导用户如何实现基于鲲鹏平台应用的环境安装、源码编译、数据库对接和 OA 应用部署。

2. 任务分析

（1）基础准备

- 用户需要提前申请华为云账号，并完成实名认证。
- 华为云账号需要提前充值，如果账号欠费，则会造成资源冻结。
- 本地设备需要安装远程 SSH 登录工具，如 Xshell、MobaXterm、PuTTY 等，本任务选择安装 MobaXterm。

（2）任务配置思路

- 购买鲲鹏云服务器。
- 迁移 PostgreSQL。

- 导入数据。
- 安装 Maven。
- Maven 换源。
- 克隆项目。
- 配置 PostgreSQL 连接。
- 编译安装系统。

3. 任务实施

（1）购买鲲鹏云服务器

在浏览器上搜索"华为云"，进入华为云官方网站首页，单击"登录"按钮，如图 2-104 所示。

图 2-104　华为云官方网站首页

在华为云的登录页面中，输入手机号/邮件地址/账号名/原华为云账号、密码，单击"登录"按钮。

登录华为云后，在页面左上角，选择区域"北京四"，在左侧导航栏中选择"服务列表"→"计算"→"弹性云服务器 ECS"选项，如图 2-105 所示，进入云服务器"控制台"。

图 2-105　华为云服务列表

单击页面右上角的"购买弹性云服务器"按钮，如图 2-106 所示。

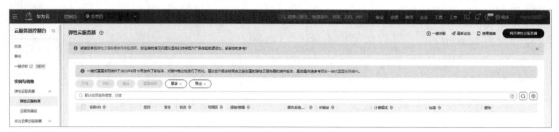

图 2-106　单击"购买弹性云服务器"按钮

进入"购买弹性云服务器"页面，进行鲲鹏云服务器基础配置，如图 2-107 和图 2-108 所示，配置参数如下。

- 计费模式：按需计费。
- CPU 架构：鲲鹏计算。
- 规格：鲲鹏通用计算增强型，鲲鹏通用计算增强型 kc1| kc1.large.2 | 2vCPUs | 4GiB。
- 镜像类型：openEuler 。
- 镜像版本：openEuler 20.03 64bit with ARM（40GiB）。

图 2-107　鲲鹏云服务器基础配置（1）

图 2-108　鲲鹏云服务器基础配置（2）

单击"下一步"按钮，进行鲲鹏云服务器网络配置，如图 2-109 所示，配置参数如下。

- 网络：vpc-default。
- 子网：subnet-default。
- 安全组：default。
- 公网带宽：按流量计费。

- 带宽大小：5Mbit/s。

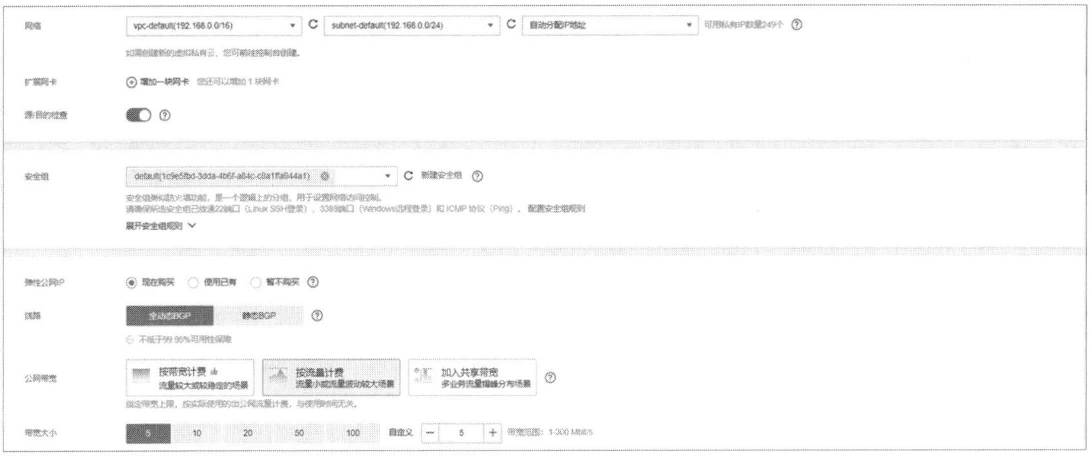

图 2-109　鲲鹏云服务器网络配置

单击"下一步"按钮，进行鲲鹏云服务器高级配置，如图 2-110 所示，配置参数如下。

- 云服务器名称：ecs-OA。
- 登录凭证：密码
- 密码：自定义，密码需大于 8 位且包含特殊字符，并输入确认密码。

图 2-110　鲲鹏云服务器高级配置

单击"下一步"按钮，进行鲲鹏云服务器确认配置，如图 2-111 所示。核对信息无误后，勾选下方的"我已经阅读并同意《镜像免责声明》"复选框，单击"立即购买"按钮，完成鲲鹏云服务器的购买。

返回鲲鹏云服务器列表，查看刚刚购买的鲲鹏云服务器 ecs-OA，等待约 30s，其状态变为"运行中"，并显示弹性公网 IP 地址。

按照上述步骤，再申请一台 ecs-PostgreSQL，操作完成后，鲲鹏云服务器列表如图 2-112 所示。

图 2-111　鲲鹏云服务器确认配置

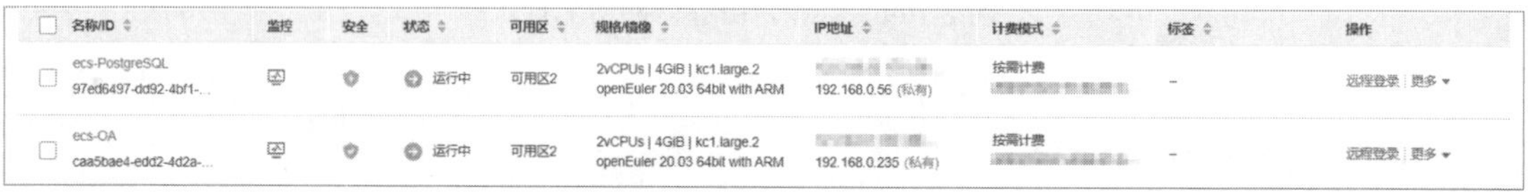

图 2-112　鲲鹏云服务器列表

（2）迁移 PostgreSQL

打开计算机中的 MobaXterm 工具，登录 ecs-PostgreSQL。

执行以下命令，安装 PostgreSQL 依赖包。

```
yum -y install gcc gcc-c++automake zlib zlib-devel bzip2 bzip2-devel bzip2-libs readline readline-devel bison ncurses ncurses-devel libaio-devel openssl openssl-devel gmp gmp-devel mpfr mpfr-devel libmpc libmpc-devel --nogpgcheck
```

如果出现图 2-113 所示的回显信息，则表示 PostgreSQL 依赖包安装成功。

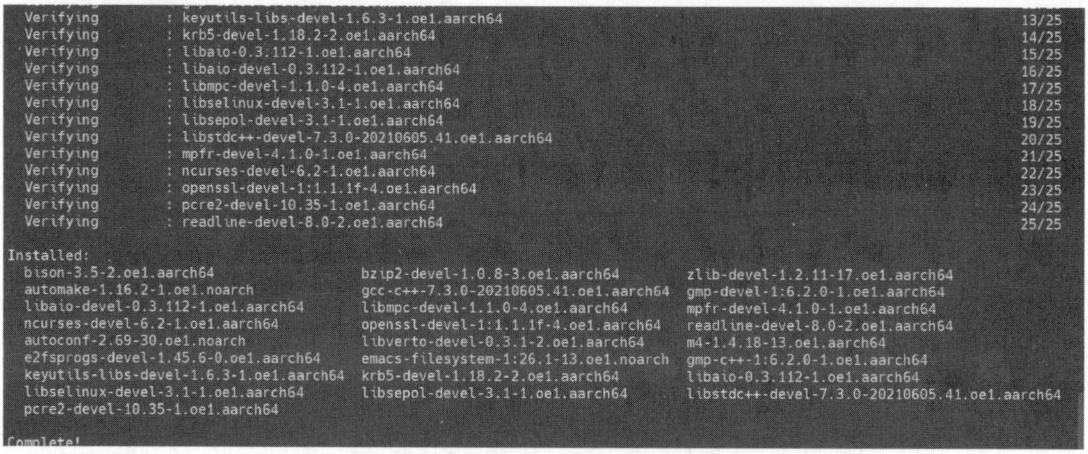

图 2-113　PostgreSQL 依赖包安装成功

执行以下命令，下载 PostgreSQL 源码包。

```
cd /home
wget https://hcia.obs.cn-north-4.myhuaweiclo**.com/v1.5/postgresql-11.3.tar.gz
```

执行以下命令，查看源码包是否存在，并解压缩该源码包。

```
ls
tar -zxvf postgresql-11.3.tar.gz
```

执行以下命令，进入解压缩后的源码目录，创建安装目录/home/pgsql。

```
cd /home/postgresql-11.3
mkdir /home/pgsql
```

执行以下命令，生成 Makefile 文件。

```
./configure -prefix=/home/pgsql
```

如果出现图 2-114 所示的回显信息，则表示 Makefile 文件生成成功。

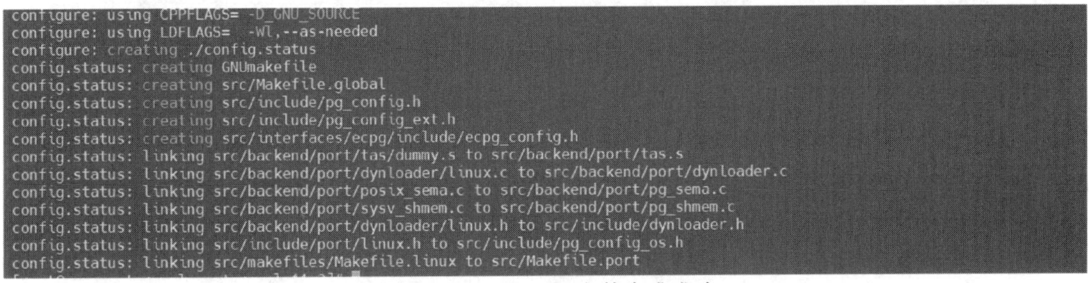

图 2-114 Makefile 文件生成成功

执行以下命令，编译并安装 PostgreSQL。

```
make -j4
make install
```

如果出现图 2-115 所示的回显信息，则表示 PostgreSQL 安装成功。

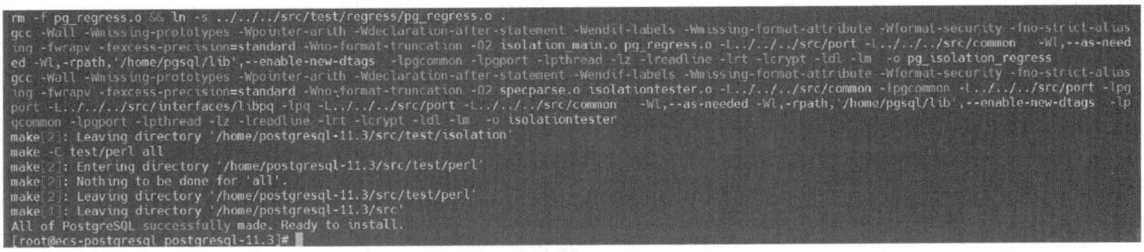

图 2-115 PostgreSQL 安装成功

执行以下命令，创建 postgres 用户和用户组。

```
/usr/sbin/groupadd -g 1001 postgres
/usr/sbin/useradd -u 1012 -m -g postgres postgres
```

执行以下命令，设置 postgres 用户的密码。

```
passwd postgres
```

按照提示输入 postgres 用户的密码，密码需大于 8 位且包含特殊字符，并再次输入确认密码，即可设置成功，如图 2-116 所示。

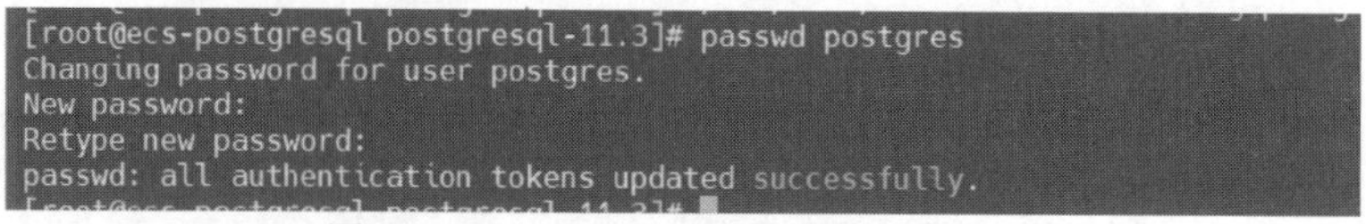

图 2-116　postgres 用户的密码设置成功

执行以下命令，切换到 postgres 用户，并初始化 PostgreSQL，初始化成功后的页面如图 2-117 所示。

```
chmod -R 777 /home/pgsql/
su - postgres
/home/pgsql/bin/initdb -D pgsql/
```

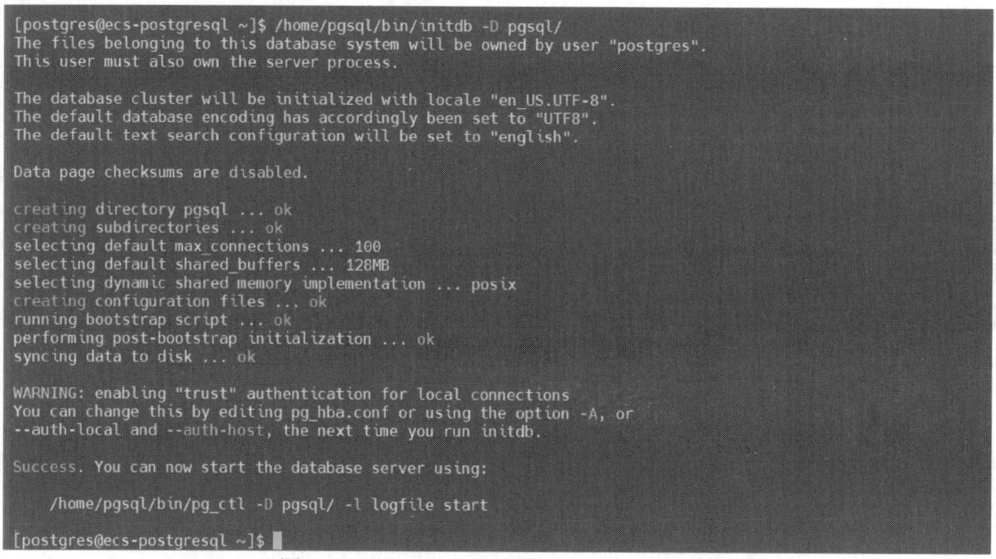

图 2-117　PostgreSQL 初始化成功后的页面

执行以下命令，启动 PostgreSQL，如图 2-118 所示。

```
/home/pgsql/bin/pg_ctl -D pgsql/-l logfile start
```

图 2-118　启动 PostgreSQL

执行以下命令，确认 PostgreSQL 进程是否已正常启动。

```
ps -ef | grep postgres
```

如果出现图 2-119 所示的信息，则表示 PostgreSQL 进程已正常启动。

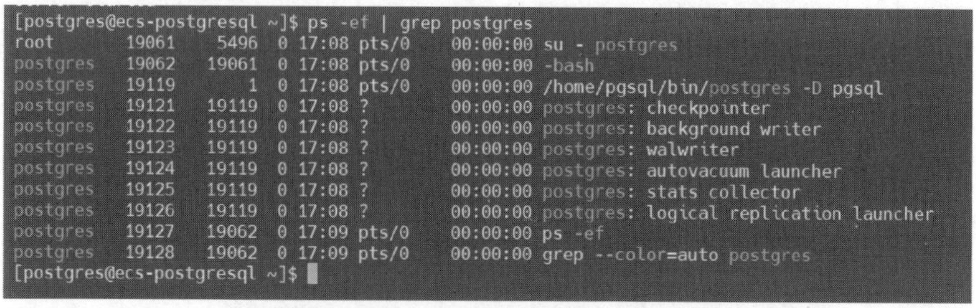

图 2-119　PostgreSQL 进程已正常启动

执行以下命令，验证是否可以正常登录 PostgreSQL。

```
/home/pgsql/bin/psql -U postgres
```

如果出现图 2-120 所示的信息，则表示可以正常登录 PostgreSQL。

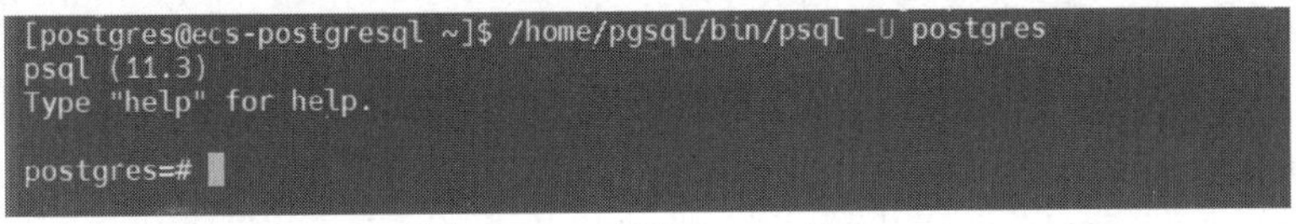

图 2-120 登录 PostgreSQL

输入“create database oasys encoding='UTF-8';”，新建数据库，其中，'为英文输入法中的单引号；输入“\q”，退出数据库，如图 2-121 所示。

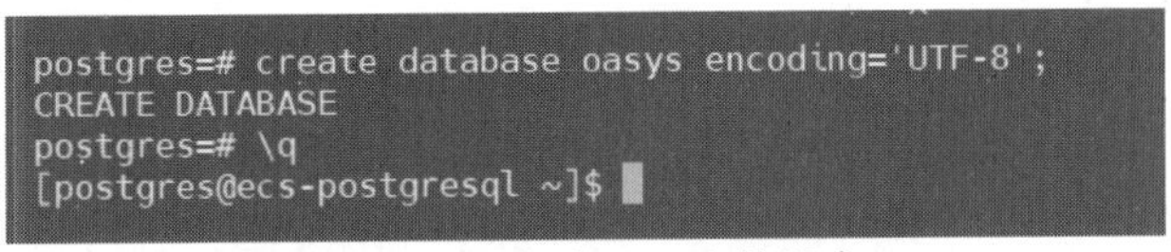

图 2-121 新建及退出数据库

执行以下命令，编辑配置文件 pg_hba.conf。

```
cd /home/postgres/pgsql/
vi pg_hba.conf
```

按“i”键进入编辑模式，输入以下内容，按“Esc”键退出编辑模式，输入“:wq!”，保存文件并退出，如图 2-122 所示。

```
host    all    all    0.0.0.0/0    trust
```

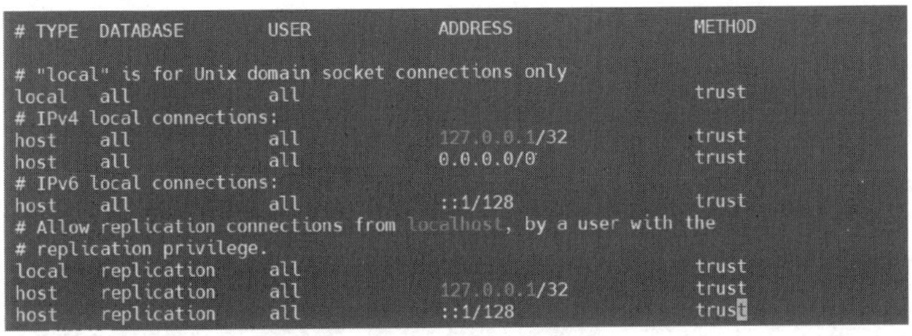

图 2-122 修改配置文件（1）

输入的内容表示允许非本地用户访问 PostgreSQL，IP 地址段表示允许非本地用户访问 PostgreSQL 的地址段，具体可按实际情况进行配置，此处可配置为“0.0.0.0/0”，表示允许所有主机访问 PostgreSQL。

执行以下命令，编辑配置文件 postgresql.conf。

```
vi postgresql.conf
```

修改配置连接信息，按“i”键进入编辑模式，将“listen_addresses=”后的“localhost”修改为“*”，并删除前面的“#”，按“Esc”键退出编辑模式，输入“:wq!”，保存文件并退出，如图 2-123 所示。

“listen_addresses ='*'”表示监听所有 IP 地址。

```
# - Connection Settings -

listen_addresses = '*'                  # what IP address(es) to listen on;
                                        # comma-separated list of addresses;
                                        # defaults to 'localhost'; use '*' for all
                                        # (change requires restart)
#port = 5432
max_connections = 100                   # (change requires restart)
#superuser_reserved_connections = 3     # (change requires restart)
#unix_socket_directories = '/tmp'       # comma-separated list of directories
                                        # (change requires restart)
#unix_socket_group = ''                 # (change requires restart)
#unix_socket_permissions = 0777         # begin with 0 to use octal notation
                                        # (change requires restart)
#bonjour = off                          # advertise server via Bonjour
                                        # (change requires restart)
#bonjour_name = ''                      # defaults to the computer name
                                        # (change requires restart)
```

图 2-123　修改配置文件（2）

配置完成后，执行以下命令，返回上级目录，重启数据库服务，使配置文件生效，如图 2-124 所示。

```
cd ..
/home/pgsql/bin/pg_ctl -D pgsql/stop
/home/pgsql/bin/pg_ctl -D pgsql/start
```

图 2-124　重启数据库服务

（3）导入数据

进入/home/目录，下载表结构和数据，如图 2-125 所示。

```
exit
cd /home/
wget https://git**.com/github-5407963/oasys_postgresql/raw/master/oasys-pgsql-table.sql
wget https://git**.com/github-5407963/oasys_postgresql/raw/master/oasys-pgsql-data.sql
```

图 2-125　下载表结构和数据

导入表结构，如图 2-126 所示。

```
/home/pgsql/bin/psql -U postgres -d oasys -a -f /home/oasys-pgsql-table.sql
```

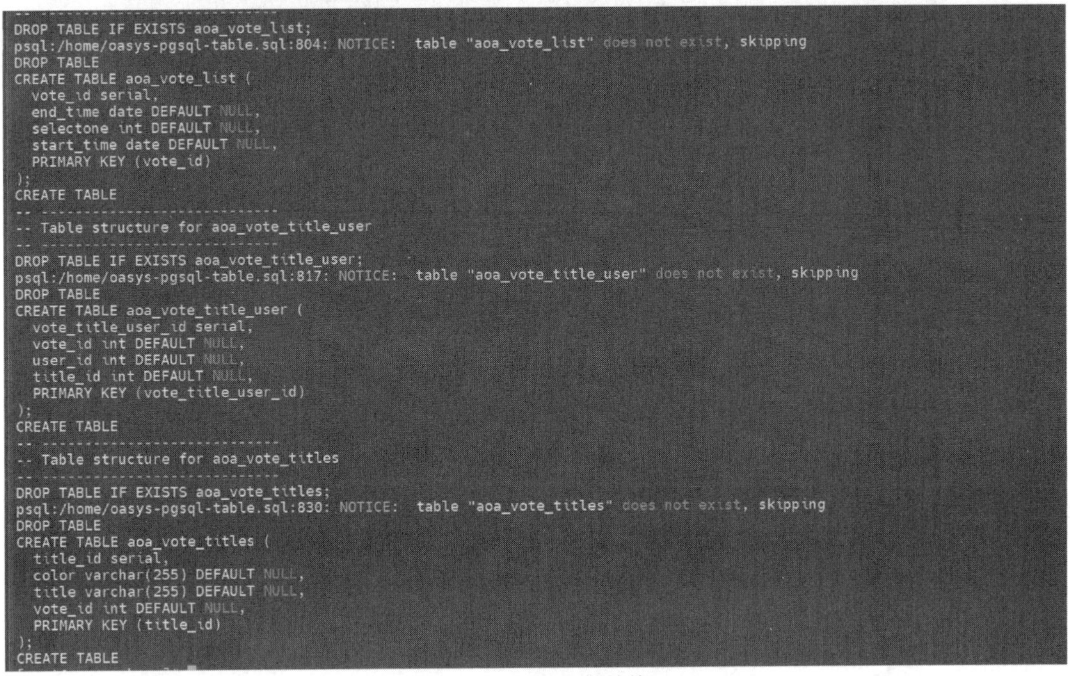

```
DROP TABLE IF EXISTS aoa_vote_list;
psql:/home/oasys-pgsql-table.sql:804: NOTICE:  table "aoa_vote_list" does not exist, skipping
DROP TABLE
CREATE TABLE aoa_vote_list (
  vote_id serial,
  end_time date DEFAULT NULL,
  selectone int DEFAULT NULL,
  start_time date DEFAULT NULL,
  PRIMARY KEY (vote_id)
);
CREATE TABLE
-- --------------------------
-- Table structure for aoa_vote_title_user
-- --------------------------
DROP TABLE IF EXISTS aoa_vote_title_user;
psql:/home/oasys-pgsql-table.sql:817: NOTICE:  table "aoa_vote_title_user" does not exist, skipping
DROP TABLE
CREATE TABLE aoa_vote_title_user (
  vote_title_user_id serial,
  vote_id int DEFAULT NULL,
  user_id int DEFAULT NULL,
  title_id int DEFAULT NULL,
  PRIMARY KEY (vote_title_user_id)
);
CREATE TABLE
-- --------------------------
-- Table structure for aoa_vote_titles
-- --------------------------
DROP TABLE IF EXISTS aoa_vote_titles;
psql:/home/oasys-pgsql-table.sql:830: NOTICE:  table "aoa_vote_titles" does not exist, skipping
DROP TABLE
CREATE TABLE aoa_vote_titles (
  title_id serial,
  color varchar(255) DEFAULT NULL,
  title varchar(255) DEFAULT NULL,
  vote_id int DEFAULT NULL,
  PRIMARY KEY (title_id)
);
CREATE TABLE
```

图 2-126　导入表结构

导入数据，如图 2-127 所示。

```
/home/pgsql/bin/psql -U postgres -d oasys -a -f /home/oasys-pgsql-data.sql
```

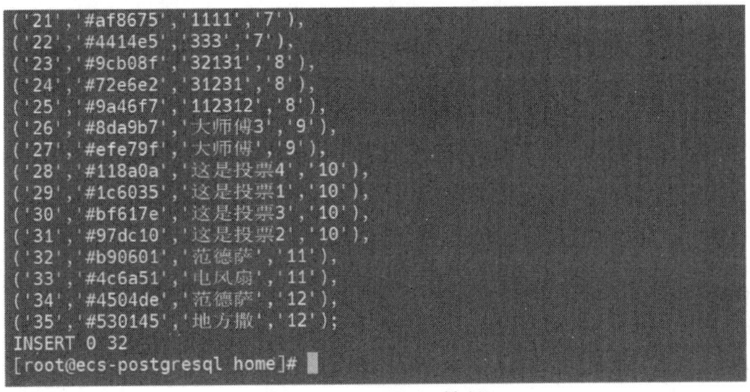

```
('21','#af8675','1111','7'),
('22','#4414e5','333','7'),
('23','#9cb08f','32131','8'),
('24','#72e6e2','31231','8'),
('25','#9a46f7','112312','8'),
('26','#8da9b7','大师傅3','9'),
('27','#efe79f','大师傅','9'),
('28','#118a0a','这是投票4','10'),
('29','#1c6035','这是投票1','10'),
('30','#bf617e','这是投票3','10'),
('31','#97dc10','这是投票2','10'),
('32','#b90601','范德萨','11'),
('33','#4c6a51','屯风扇','11'),
('34','#4504de','范德萨','12'),
('35','#530145','地方撒','12');
INSERT 0 32
[root@ecs-postgresql home]#
```

图 2-127　导入数据

（4）安装 Maven

打开计算机上的 MobaXterm 工具，登录鲲鹏云服务器 ecs-OA，如图 2-128 所示。

根据自己计算机 Linux 操作系统的位数下载相应版本的 Maven 软件包。查询自己计算机 Linux 操作系统位数的命令如下。

```
getconf LONG_BIT
```

在/usr 目录下创建 java 文件夹。

```
mkdir /usr/java
cd /usr/java
```

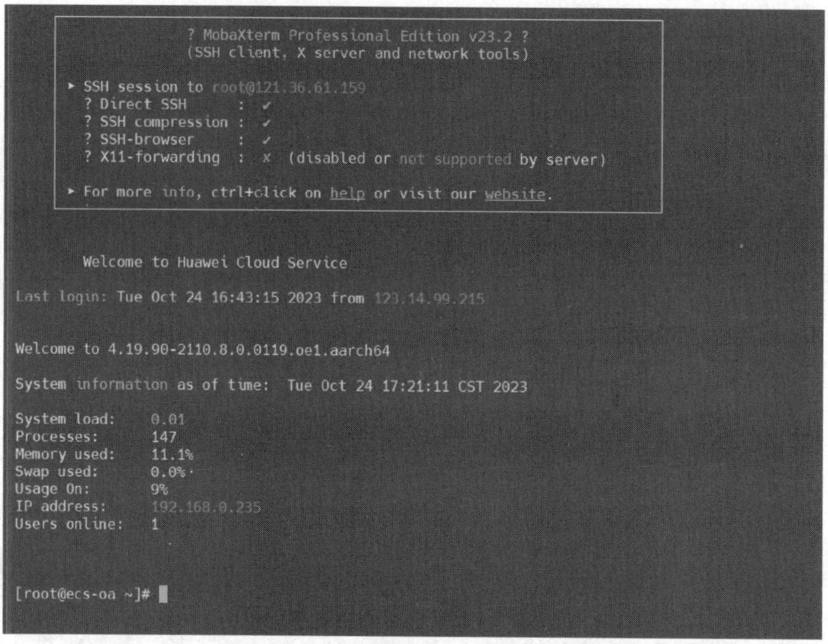

图 2-128　登录鲲鹏云服务器 ecs-OA

下载 JDK 压缩包。

```
wget  https://download.orac**.com/otn/java/jdk/8u391-b13/b291ca3e0c8548b5a51d5a5f50063037/jdk-8u391-
linux-aarch64.tar.gz?AuthParam=1698717544_aeb0149244d7d4117600e529916efea8
```

将压缩包 jdk-8u391-linux-aarch64.tar.gz 解压缩。

```
tar -zxvf  jdk-8u391-linux-aarch64.tar.gz
```

修改环境变量，即修改/etc/profile 文件。

```
vim /etc/profile
```

按"i"键进入编辑模式，在文件最后添加以下 java 配置内容，并保存。

```
JAVA_HOME=/usr/java/jdk1.8.0_391
PATH=$JAVA_HOME/bin:$PATH
CLASSPATH=.:$JAVA_HOME/lib/dt.jar:$JAVA_HOME/lib/tools.jar
export JAVA_HOME
export PATH
export CLASSPATH
```

应用环境变量，让配置生效。

```
source /etc/profile
```

验证配置信息。

```
echo $JAVA_HOME
echo $PATH
echo $CLASSPATH
```

执行 java -version 命令，查看 Java 版本，若显示图 2-129 所示的信息，则表示 Java 安装成功。

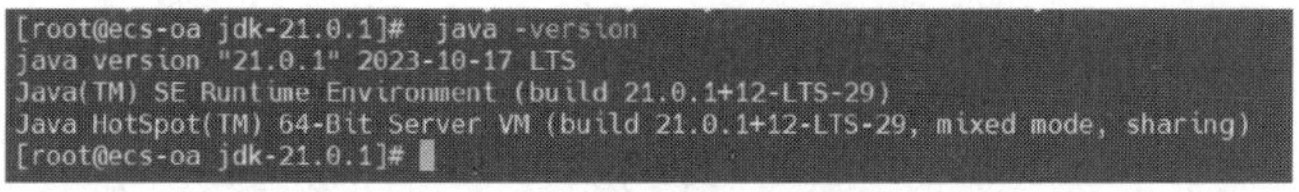

图 2-129　Java 安装成功

执行以下命令，创建 Maven 安装目录，并切换到 Maven 安装目录。

```
mkdir /usr/local/maven
cd /usr/local/maven
```

执行以下命令，获取 Maven 二进制包，如图 2-130 所示。

```
wget https://mirro**.tuna.tsinghua.edu.cn/apache/maven/maven-3/3.8.8/binaries/apache-maven-3.8.8-bin.zip
```

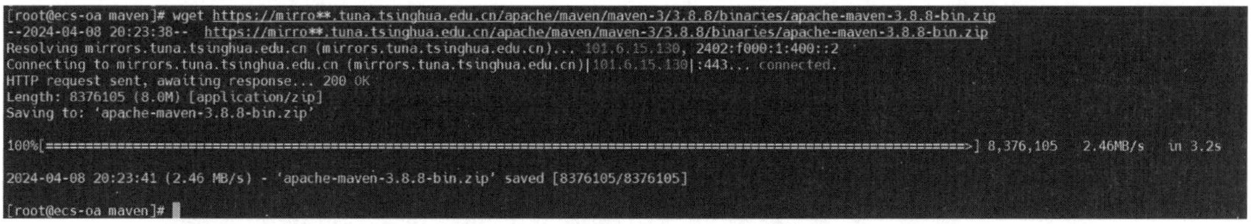

图 2-130　获取 Maven 二进制包

执行以下命令，解压缩 Maven 二进制包，如图 2-131 所示。

```
unzip    apache-maven-3.8.8-bin.tar.gz
```

图 2-131　解压缩 Maven 二进制包

执行以下命令，打开环境变量配置文件。

```
vim /etc/profile
```

按 "i" 键进入编辑模式，在文件最后添加以下代码。

```
MAVEN_HOME=/usr/local/maven/apache-maven-3.8.8
export PATH=$PATH:$MAVEN_HOME/bin
export MAVEN_HOME
```

按 "Esc" 键退出编辑模式，按 "Shift+." 快捷键，输入 ":wq!" 并按 "Enter" 键，保存文件并退出。执行以下命令，使新增配置生效，如图 2-132 和图 2-133 所示。

```
source /etc/profile
```

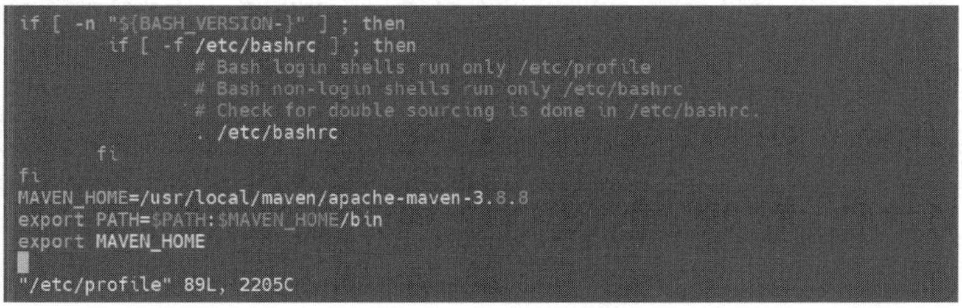

图 2-132　配置环境变量

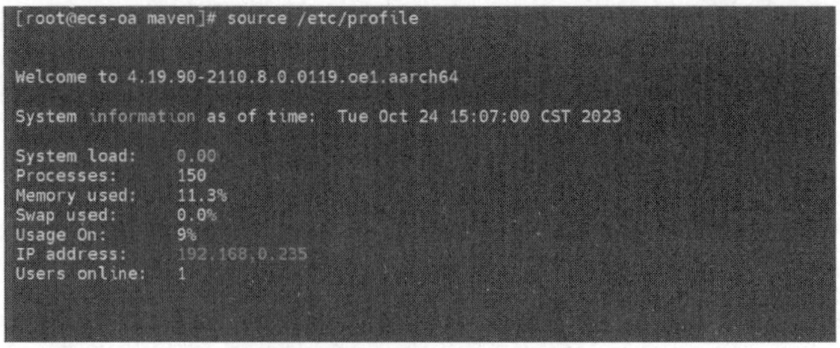

图 2-133　运行环境变量

执行以下命令，验证 Maven 是否安装成功，如果出现图 2-134 所示的信息，则表示 Maven 安装成功。

```
mvn -v
```

图 2-134　Maven 安装成功

（5）Maven 换源

执行以下命令，进入 Maven 配置文件目录。

```
cd /usr/local/maven/apache-maven-3.8.8/conf/
```

执行以下命令，打开配置文件。

```
vim settings.xml
```

在<mirrors>和</mirrors>之间，插入以下代码，如图 2-135 所示。

```
<mirror>
    <id>mirror</id>
    <mirrorOf>*</mirrorOf>
    <name>cmc-cd-mirror</name>
    <url>https://mirro**.huaweicloud.com/repository/maven/</url>
</mirror>
```

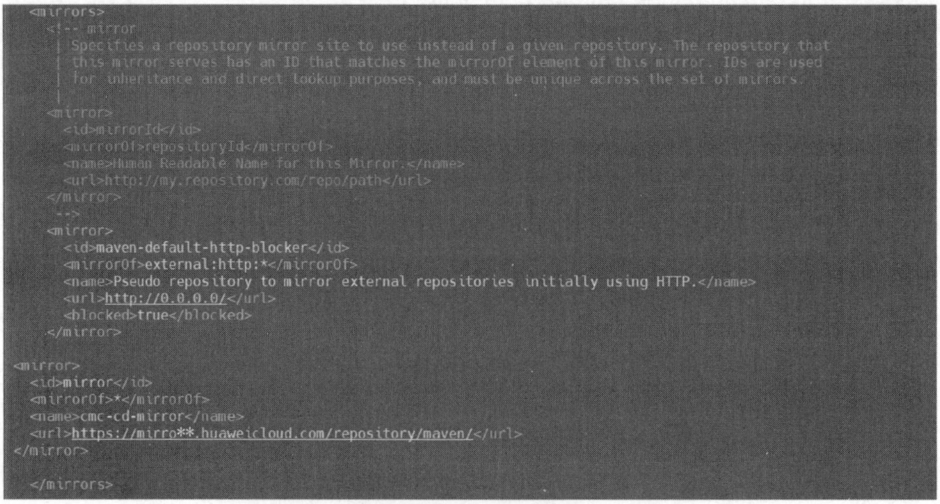

图 2-135　Maven 换源

（6）克隆项目

执行以下命令，将项目源码克隆到本地，如图 2-136 所示。

```
cd /home/
yum -y install git --nogpgcheck
git clone https://git**.com/github-5407963/oasys_postgresql.git
```

```
[root@ecs-oa home]# git clone https://git**.com/github-5407963/oasys_postgresql.git
Cloning into 'oasys_postgresql'...
remote: Enumerating objects: 11545, done.
remote: Total 11545 (delta 0), reused 0 (delta 0), pack-reused 11545
Receiving objects: 100% (11545/11545), 42.41 MiB | 1.36 MiB/s, done.
Resolving deltas: 100% (6206/6206), done.
```

图 2-136　将项目源码克隆到本地

（7）配置 PostgreSQL 连接

执行以下命令，进入 PostgreSQL 配置文件目录。

```
cd /home/oasys_postgresql/src/main/resources/
```

执行以下命令，打开配置文件。

```
vim application.properties
```

分别修改 url、username 和 password 为 ecs-PostgreSQL 的内网 IP 地址、PostgreSQL 登录用户名和密码，保存文件并退出，如图 2-137 所示。

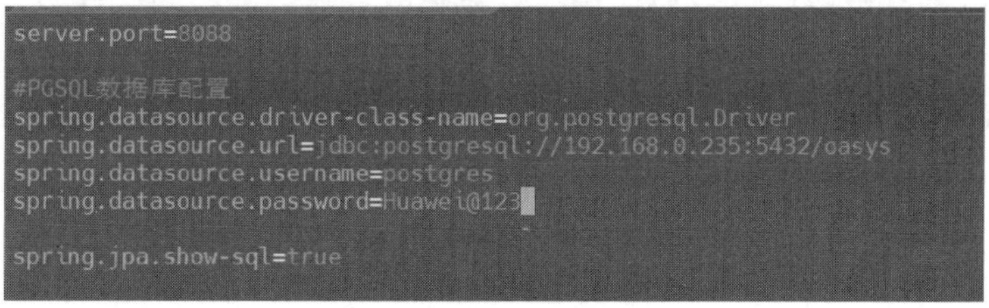

```
server.port=8088

#PGSQL数据库配置
spring.datasource.driver-class-name=org.postgresql.Driver
spring.datasource.url=jdbc:postgresql://192.168.0.235:5432/oasys
spring.datasource.username=postgres
spring.datasource.password=Huawei@123

spring.jpa.show-sql=true
```

图 2-137　修改配置文件

（8）编译安装系统

执行以下命令，获取 classpath.txt 文件。

```
wget https://hcia.o**.cn-north-4.myhuaweicloud.com/v1.5/classpath.txt
```

执行以下命令，把文件中的 CLASSPATH 内容写入配置文件/etc/profile 中。

```
cat classpath.txt >> /etc/profile
```

执行以下命令，使新增配置生效。

```
source /etc/profile
```

执行以下命令，进入项目目录，使用 Maven 本地安装系统，安装成功后的页面如图 2-138 所示。

```
cd /home/oasys_postgresql/
mvn install
```

执行以下命令，编译项目应用，如图 2-139 所示。

```
javac src/main/java/cn/gson/oasys/OasysApplication.java -d ./
```

```
Downloading from mirror: https://mirrors.huaweiclo**.com/repository/maven/org/apache/maven/shared/maven-shared-utils/0.4/maven-shared-utils-0.4.jar
Downloading from mirror: https://mirrors.huaweiclo**.com/repository/maven/org/codehaus/plexus/plexus-utils/3.0.15/plexus-utils-3.0.15.jar
Downloaded from mirror: https://mirrors.huaweiclo**.com/repository/maven/org/apache/maven/shared/maven-shared-utils/0.4/maven-shared-utils-0.4.jar (155 kB
 at 2.4 MB/s)
Downloaded from mirror: https://mirrors.huaweiclo**.com/repository/maven/org/codehaus/plexus/plexus-utils/3.0.15/plexus-utils-3.0.15.jar (239 kB at 2.9 MB
/s)
Downloaded from mirror: https://mirrors.huaweiclo**.com/repository/maven/classworlds/classworlds/1.1-alpha-2/classworlds-1.1-alpha-2.jar (38 kB at 412 kB/
s)
Downloaded from mirror: https://mirrors.huaweiclo**.com/repository/maven/commons-codec/commons-codec/1.6/commons-codec-1.6.jar (233 kB at 2.2 MB/s)
[INFO] Installing /home/oasys_postgresql/target/oasys-0.0.1-SNAPSHOT.jar to /root/.m2/repository/cn/gson/oasys/0.0.1-SNAPSHOT/oasys-0.0.1-SNAPSHOT.jar
[INFO] Installing /home/oasys_postgresql/pom.xml to /root/.m2/repository/cn/gson/oasys/0.0.1-SNAPSHOT/oasys-0.0.1-SNAPSHOT.pom
[INFO] ------------------------------------------------------------------------
[INFO] BUILD SUCCESS
[INFO] ------------------------------------------------------------------------
[INFO] Total time: 01:23 min
[INFO] Finished at: 2023-10-27T14:10:18+08:00
[INFO] ------------------------------------------------------------------------
```

图 2-138　安装成功后的页面

```
[root@ecs-oa oasys_postgresql]# javac src/main/java/cn/gson/oasys/OasysApplication.java -d ./
Note: Hibernate JPA 2 Static-Metamodel Generator 5.0.12.Final
```

图 2-139　编译项目应用

执行以下命令，运行项目，如图 2-140 所示。

```
java cn.gson.oasys.OasysApplication
```

```
2023-10-27 14:59:23.740  INFO 9747 --- [  restartedMain] o.s.w.s.handler.SimpleUrlHandlerMapping  : Mapped URL path [/webjars/**] onto handler of type [cl
ass org.springframework.web.servlet.resource.ResourceHttpRequestHandler]
2023-10-27 14:59:23.749  INFO 9747 --- [  restartedMain] o.s.w.s.handler.SimpleUrlHandlerMapping  : Mapped URL path [/**] onto handler of type [class org.
springframework.web.servlet.resource.ResourceHttpRequestHandler]
2023-10-27 14:59:23.786  INFO 9747 --- [  restartedMain] .m.m.a.ExceptionHandlerExceptionResolver  : Detected @ExceptionHandler methods in webControllerExc
eption
2023-10-27 14:59:23.837  INFO 9747 --- [  restartedMain] o.s.w.s.handler.SimpleUrlHandlerMapping  : Mapped URL path [/**/favicon.ico] onto handler of type
 [class org.springframework.web.servlet.resource.ResourceHttpRequestHandler]
2023-10-27 14:59:24.447  INFO 9747 --- [  restartedMain] o.s.w.s.v.f.FreeMarkerConfigurer  : ClassTemplateLoader for Spring macros added to FreeMar
ker configuration
2023-10-27 14:59:24.740  INFO 9747 --- [  restartedMain] o.s.b.d.a.OptionalLiveReloadServer  : LiveReload server is running on port 35729
2023-10-27 14:59:25.158  INFO 9747 --- [  restartedMain] o.s.j.e.a.AnnotationMBeanExporter  : Registering beans for JMX exposure on startup
2023-10-27 14:59:25.217  INFO 9747 --- [  restartedMain] s.b.c.e.t.TomcatEmbeddedServletContainer  : Tomcat started on port(s): 8088 (http)
2023-10-27 14:59:25.223  INFO 9747 --- [  restartedMain] cn.gson.oasys.OasysApplication  : Started OasysApplication in 16.44 seconds (JVM running
 for 16.849)
2023-10-27 15:00:18.976  INFO 9747 --- [nio-8088-exec-1] o.a.c.c.C.[Tomcat].[localhost].[/]  : Initializing Spring FrameworkServlet 'dispatcherServle
t'
2023-10-27 15:00:18.977  INFO 9747 --- [nio-8088-exec-1] o.s.web.servlet.DispatcherServlet  : FrameworkServlet 'dispatcherServlet': initialization s
tarted
2023-10-27 15:00:18.989  INFO 9747 --- [nio-8088-exec-1] o.s.web.servlet.DispatcherServlet  : FrameworkServlet 'dispatcherServlet': initialization c
ompleted in 12 ms
```

图 2-140　运行项目

使用 PC 上的浏览器访问"http://鲲鹏云服务器 ecs-OA 的弹性公网 IP 地址:8088"（如"http://119.3.219.58:8088"）打开 OA 系统登录页面，使用用户名"soli"和密码"123456"登录 OA 系统进入首页，如图 2-141 所示。

图 2-141　OA 系统首页

单元小结

　　本单元主要介绍了应用迁移的原理、交叉编译的概念和鲲鹏代码迁移工具的使用方法。在任务环节首先介绍了鲲鹏代码迁移工具的安装和使用方法，然后介绍了 Megahit 源码迁移和 Knox 软件包重构，接着介绍了汇编代码迁移，最后详细介绍了在鲲鹏云服务器上部署 OA 系统的方法。通过对本单元的学习，读者可以掌握应用迁移的原理和鲲鹏代码迁移工具的使用方法，并且熟练掌握在鲲鹏云服务器上部署 OA 系统的方法。

 单元练习

1. 什么是交叉编译？交叉编译的优势是什么？
2. 鲲鹏代码迁移工具有哪些特性？
3. 鲲鹏代码迁移工具的安装方式有哪些？它们的区别是什么？

单元3 华为云 DevCloud 开发平台的使用

 ## 单元描述

新技术的日新月异，以及竞争的不断加剧，使得产品的快速迭代、快速发布成为企业的强烈诉求。越来越多的企业意识到，传统开发模式已经不再适用，于是，DevOps 在 2009 年诞生并迅速风靡起来。DevOps 的核心理念是重视软件开发人员、软件测试人员和软件运维人员的协作，采用自动化的流程，使软件的构建、测试和发布更加高效和快捷。

虽然很多企业已经在 DevOps 的实践道路上走了很远，但是在工具选用和能力建设方面仍存在迷茫和纠结。选用合适的工具来适应企业自身交付的服务或产品，可以更好地提升交付质量，提高工作效率。在云化服务交付增多的今天，采用全云化的研发工具已成为趋势。

华为云 DevCloud 可以让开发团队基于云服务的模式按需使用，随时随地在云端上进行项目管理、代码托管、代码检查、编译构建、测试、部署、发布等，从而使软件开发变得更加简单高效，使开发人员能够专注于快速创新和应对永无止境的需求变化，大幅提升个人和团队的交付能力和效率，帮助软件企业提高竞争力。

华为云 DevCloud 是华为 30 余年研发实践和前沿理念的结晶，为开发人员提供一站式、轻量级的 DevOps 工具服务，同时，它也是帮助企业"修炼内功"的一大利器，可以有效支撑企业 DevOps 落地，实现项目的高效、高质量迭代。

1. 知识目标

（1）了解华为云 DevCloud 开发平台的概念；
（2）掌握华为云 DevCloud 开发平台的优势；
（3）了解软件开发的通用流程；
（4）认识敏捷开发模型的特点；
（5）了解华为云 DevCloud 框架和主要服务。

2. 能力目标

（1）掌握瀑布开发模型、敏捷开发模型和 DevOps 开发模型的优势和特点；
（2）掌握华为云 DevCloud 开发平台的用法。

3. 素养目标

（1）培养认真负责、严谨细致的工作态度；
（2）培养实际动手操作与团队合作的能力。

任务分解

本单元旨在让读者掌握华为云 DevCloud 开发平台的购买和使用方法。本单元的任务为通过华为云 DevCloud 开发平台实现持续规划与设计、持续开发与集成、持续部署与发布。任务分解如表 3-1 所示。

表 3-1　任务分解

任务名称	任务目标	课时安排
任务 3.1　持续规划与设计	掌握通过华为云 DevCloud 开发平台实现持续规划与设计的方法	3
任务 3.2　持续开发与集成	掌握通过华为云 DevCloud 开发平台实现持续开发与集成的方法	3
任务 3.3　持续部署与发布	掌握通过华为云 DevCloud 开发平台实现持续部署与发布的方法	4
总计		10

 知识准备

1. 瀑布开发模型

瀑布开发模型是一种顺序软件开发模型，通常按照需求分析、设计、开发、测试、维护这几个阶段依次执行，每个阶段只执行一次，它要求在前一个阶段的交付完整且成熟的基础上进行下一个阶段的开发，如图 3-1 所示。

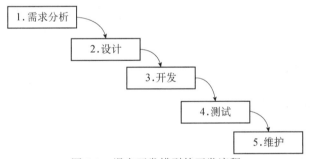

图 3-1　瀑布开发模型的开发流程

瀑布开发模型一般适用于（但不限于）需求稳定或事后变更的代价比较高的场合。

（1）瀑布开发模型的开发流程——需求分析阶段

需求分析就是回答做什么的过程。它是一个对用户的需求进行去粗取精、去伪存真、正确理解，并将该需求用软件工程开发语言（形式功能规约，即需求规格说明书）表达出来的过程。本阶段的基本任务是和用户一起确定要解决的问题，建立软件的逻辑模型，编写需求规格说明书并最终得到用户的认可。

需求分析的主要方法有结构化分析、数据流程图和数据字典等。本阶段的工作是根据需求规格说明书的要求，设计并建立相应的软件系统的体系结构，并将整个系统分解成若干个子系统或模块，定义子系统或模块间的接口关系，对各子系统或模块进行具体设计和定义，编写软件概要设计和详细设计说明书、数据库或数据结构设计说明书、组装测试计划书。

需求分析阶段主要需要解决的问题如表 3-2 所示。

表 3-2　需求分析阶段主要需要解决的问题

分析方向	解决的问题
可行性分析	● 是否具备资源； ● 是否合规； ● 是否能够解决用户问题； ● 业务逻辑是否闭环
需求分析	● 拆分大致的功能模块：权限、前台、后台； ● 按照功能模块细化需求； ● 是否有特殊要求：统一登录、前后端分离、日志格式、是否将数据接入公司的数据仓库等

（2）瀑布开发模型的开发流程——设计阶段

软件设计可以分为概要设计和详细设计两个阶段。实际上，软件设计的主要任务就是将软件分解成能够实现特定功能的模块。这些模块可以是一个函数、过程、子程序、一段带有程序说明的独立的程序和数据，也可以是可组合、可分解和可更换的功能单元。

概要设计就是结构设计，主要目标就是给出软件的模块结构，用软件结构图表示。详细设计的首要任务是设计模块的程序流程、算法和数据结构，次要任务是设计数据库，详细设计的常用方法是结构化程序设计方法。

设计阶段主要需要解决的问题如表 3-3 所示。

表 3-3　设计阶段主要需要解决的问题

设计方向	解决的问题
概要设计	● 系统性设计； ● 基本处理流程； ● 模块划分； ● 功能分配； ● 数据流图； ● ER 图； ● 软件选型等
详细设计	● 对概要设计进行细化； ● 涉及的算法； ● 采用的数据结构； ● 类的继承关系（UML）； ● 各个功能模块的接口划分； ● 公共函数的定义； ● 接口参数的定义等

（3）瀑布开发模型的开发流程——开发阶段[编码和 UT（Unit Testing，单元测试）阶段]

软件编码是指将软件设计转换成计算机可以接受的程序，即写成以某一种程序设计语言表示的"源程序清单"。开发阶段的软件开发流程如图 3-2 所示。充分了解软件开发语言、工具的特性和编程风格，有助于开发人员更好地选择开发工具，以及保证软件产品的开发质量。

在当前的软件开发中，除专用场合以外，已经很少使用 20 世纪 80 年代的面向结构化编程和数据抽象的开发语言，取而代之的是面向对象的开发语言，而且面向对象的开发语言和开发环境大都合为一体，大大提高了软件开发的速度。

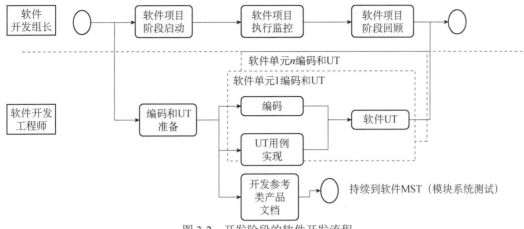

图 3-2　开发阶段的软件开发流程

（4）瀑布开发模型的开发流程——测试阶段

软件测试的目标是以较小的代价发现尽可能多的错误。实现这个目标的关键在于设计出一套出色的测试用例（测试数据和预期的输出结果组成了测试用例）。设计出一套出色的测试用例的关键在于理解测试方法。

不同的测试方法对应不同的测试用例设计方法。常用的测试方法包括白盒测试和黑盒测试。白盒测试的测试对象是源程序，其依据程序内部的逻辑结构来发现软件的编程错误、结构错误和数据错误。结构错误包括逻辑、数据流、初始化等错误。白盒测试的测试用例设计关键是用较少的测试用例覆盖尽可能多的内部程序逻辑结果。黑盒测试依据软件的功能或软件行为描述来发现软件的接口错误、功能错误和结构错误。其中，接口错误包括内部/外部接口、资源管理、集成化及系统错误。黑盒测试的测试用例设计关键是用较少的测试用例覆盖尽可能多的模块输出和输入接口。

测试是软件开发的重要阶段，如图 3-3 所示，测试工作贯穿软件开发的全过程。

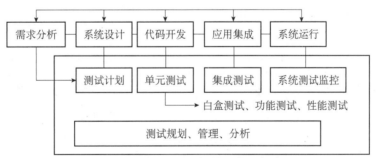

图 3-3　测试工作贯穿软件开发的全过程

（5）瀑布开发模型的开发流程——维护阶段

维护是指在完成软件的研制（需求分析、设计、开发和测试）工作并交付给用户使用以后，对软件进行的一些软件工程的活动，即根据软件运行的情况对软件进行适当修改，以适应新的要求，以及纠正软件运行中发现的错误，并编写软件问题报告、软件修改报告。

对于一个中等规模的软件，如果研制阶段需要经历一年至两年，在投入使用以后，其运行或工作时间可能持续五年至十年，那么它的维护阶段也是运行或工作的这五年至十年。在这段时间内，维护人员几乎需要着手解决研制阶段所遇到的各种问题，同时要解决某些维护工作本身特有的问题。做好软件维护工作，不仅能排除障碍，使软件正常工作，而且可以使它扩展功能，提高性能，为用户带来明显的经济效益。然而遗憾的是，人们对软件维护工作的重视程度往往远不如对软件研制工作的重视程度。事实上，和软件研制工作相比，软件维护工作的工作量和成本都要大得多。

2. 敏捷开发模型

21 世纪，各种敏捷方法如雨后春笋般蓬勃发展。自 2001 年起，"敏捷"一词在软件领域中被赋予了新的含义。"敏捷软件开发宣言"强调了对敏捷开发方法的认可，它是在 2001 年由 17 位软件开发者提出的，包括 4 项价值观和 12 条原则，如图 3-4 所示。

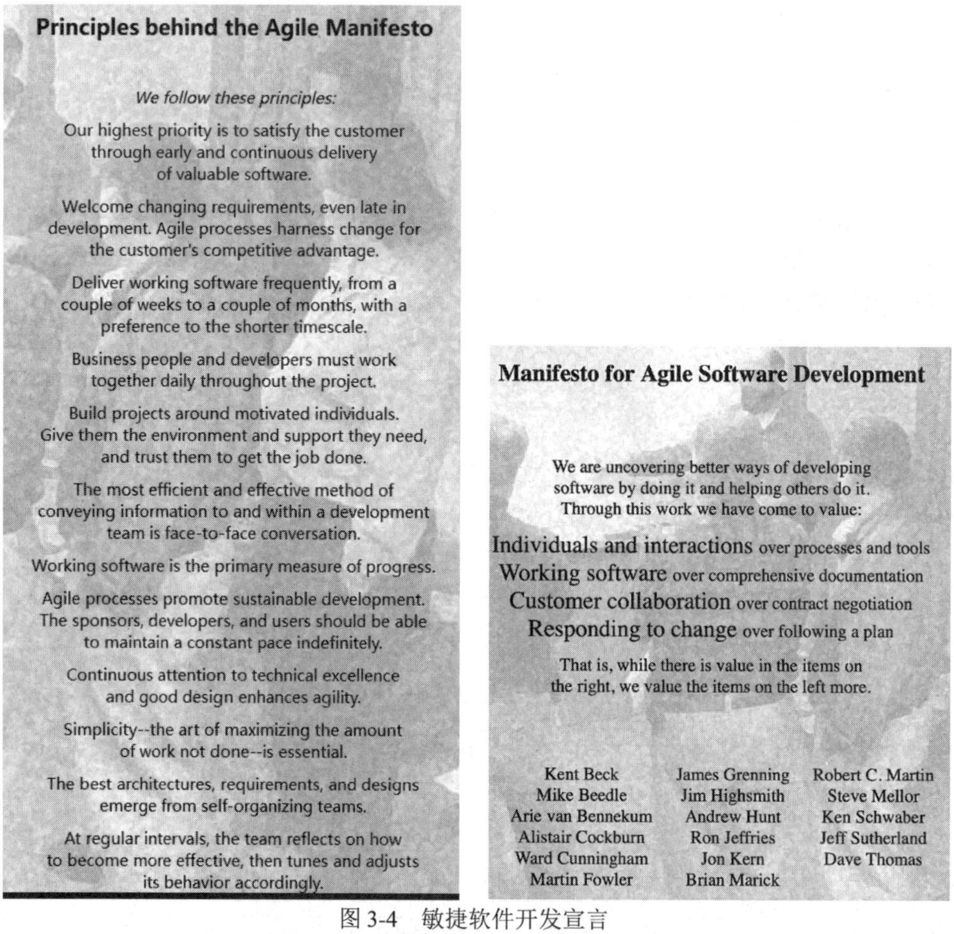

图 3-4　敏捷软件开发宣言

度量标准：瀑布开发模型是按照某个阶段是否已完成、文档是否已完成来判断进度的，但在敏捷开发模型中，只有某个软件已经可以工作甚至是已经上线运行才算有进度。

（1）可工作的软件是进度的首要度量标准

开发软件就像制造汽车一样，都是自下而上的、有序的创作过程。

敏捷开发模型遵循软件的客观规律，不断地进行迭代增量开发，最终交付符合用户价值的产品。

瀑布开发模型和敏捷开发模型的对比如图 3-5 所示。

图 3-5　瀑布开发模型和敏捷开发模型的对比

提到可工作的软件是进度的首要度量标准，最能进行形象表达的就是图 3-5 所示的这张经典图例了。其中，上图为瀑布开发模型，在最终交付软件前，我们看到的是一堆中间件，如文档、代码，不能评估其最终呈现效果，最后交付的很有可能是一个失败的产品。例如，用户本来希望得到一个小汽车，但最终得到的是一个奇形怪状的东西。

与之相对的敏捷开发模型，通过迭代增量开发，不断向用户呈现持续增长的车子，不断与用户交互并纠偏，确保最终能够交付一辆使用户满意的小汽车。

（2）价值驱动——敏捷开发模型与瀑布开发模型的最大区别

敏捷开发模型基于敏捷开发方式，可以实现研发过程的持续高可视性、高可适应性，更早且持续产出业务价值，帮助用户更早地发现和规避风险。

我们从另一个角度介绍一下敏捷开发模型的精神。

瀑布开发模型是由计划驱动的，利用估算的资源，在估算的时间内，按照计划达成假定且固定的需求；敏捷开发模型则是由价值驱动的，它强调在资源投入固定和时间投入固定的情况下，通过调节特性的选择，追求最大化的价值产出，如图 3-6 左图所示。

敏捷开发模型主打的这种价值驱动模式有什么好处呢？图 3-6 右图所示是对敏捷开发模型之价值主张的一个简要呈现：

- 敏捷开发模型能够带来全程持续的高可视性，以了解现场到底是什么情况；
- 敏捷开发模型通过短迭代的模式，在每个短迭代中均可以进行需求调整，带来高适应性；
- 通过聚焦价值来排序特性，敏捷开发模型可以从一开始就产出高业务价值，更可以在边际效益递减时帮助用户做出决策以减少投入；
- 在敏捷开发模型下，用户能够更早地发现和规避风险，以避免风险恶化。

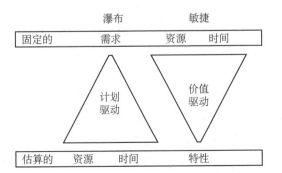

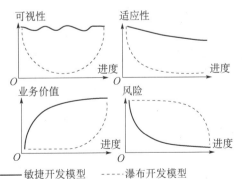

图 3-6　瀑布开发模型与敏捷开发模型的对比

（3）敏捷开发模型常用的工程方法

敏捷开发宣言记载的是敏捷的精神，根据 VersionOne 公司发布的第 13 届报告，在众多方法论当中，Scrum 及多种方法混合的方式最为普遍，其他方法论还有 Scrum/XP 混合、看板方法、迭代开发、精益创业、极限编程，以及一些没有上榜的小众方法论，如 FDD、DSDM 等，如图 3-7 所示。

- Scrum 是迭代式增量软件开发过程，通常用于敏捷软件开发。Scrum 包括一系列实践和预定义角色的过程骨架。
- Scrum/XP 混合，Scrum Extreme Programming，是一门针对业务和软件开发的规则，它的作用在于将两者的力量集中在共同的、可以达到的目标上。

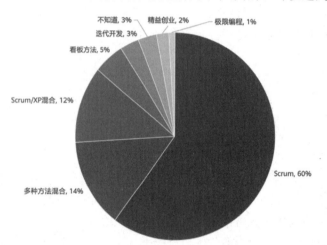

根据第 13 届 VersionOne 版年度敏捷行业状态报告（如左图），以 Scrum 为基础的方法论（包括 Scrum、Scrum/XP 混合等）体系仍然居于主流地位，使用率最高。其他还有看板方法、精益创业、极限编程等。

除此之外，还有 DSDM、FDD、RAD 等一些符合敏捷精神的小众方法论，以及一些规模化敏捷的方法论，在此未一一列出。

图 3-7　敏捷开发模型常用的工程方法

- DSDM（Dynamic Systems Development Method，动态系统开发方法）是一个敏捷项目开发交付框架。在传统开发方法中，功能是固定的，时间和人力资源是可变的，而在 DSDM 中，时间是固定的，功能和资源是可变的。
- FDD（Feature Driven Development）：Feature（特征）是一个基本的开发单位，是（FDD）项目中的一个增量，是指用户眼中最小的有用的功能，可以在很短的时间内实现（一般在两周之内）。
- RAD（Rapid Application Development，快速应用开发）：增量型的软件开发过程模型，开发周期极短。通过大量使用可复用构件，采用基于构件的建造方法，可实现快速开发。

（4）敏捷开发的管理方法——Scrum

Scrum 是一个敏捷开发项目管理框架，可帮助团队通过一系列价值观、原则和实践来组织和管理他们的工作。就像橄榄球队（其名字也源于此）为准备大型比赛而进行培训那样，Scrum 鼓励团队吸取经验，在处理问题时进行自我组织，并通过反思得失实现持续改进。

虽然 Scrum 是软件开发团队最常用的工具，但它的原则和经验教训适用于各种团队合作。这是 Scrum 如此受欢迎的原因之一。Scrum 通常被认为是一个敏捷开发项目管理框架，它定义了一组协同工作的会议、工具和角色，旨在帮助团队高效地开发和交付高质量的软件。

Scrum 最早是由日本的竹内弘高和野中郁次郎，在 1986 年发表的 *The New New Product Devlopment Game* 文章中提出来的，该文章指出，传统的接力跑模式已经不能满足灵活的市场需求，像橄榄球比赛的团队合作方式，也许可以更好地满足竞争激烈的市场需求。从 Scrum 被提出到 Scrum 联盟的创建，Scrum 经历了 6 个重要阶段，如图 3-8 所示。

- 1986 年，竹内弘高、野中郁次郎发表 *The New New Product Devlopment Game* 文章，提出了 Scrum 的概念。
- 1993 年，Jeff Sutherland 首次定义了适用于软件开发行业的 Scrum 流程。
- 1995 年，Jeff Sutherland 和 Ken Schwaber 规范了 Scrum 框架，并且对其进行了公开发布。
- 2001 年 2 月，敏捷软件开发宣言及其遵循的原则被发布，敏捷联盟成立，Scrum 是其中的一种敏捷方法。
- 2001 年 11 月，Ken Schwaber 和 Mike Beedle 联合出版了第一本 Scrum 图书 *Agile Software Development with Scrum*。
- 2002 年，Ken Schwaber 和 Mike Cohn 共同创建了 Scrum 联盟，这就是 Scrum 的起源。

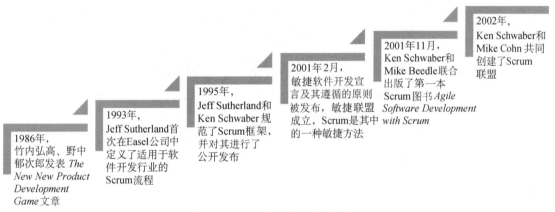

图 3-8　Scrum 经历的 6 个重要阶段

（5）Scrum 的三大特点

Scrum 的三大特点如图 3-9 所示。

（6）全视角的 Scrum 框架

Scrum 是一个轻量级的敏捷开发项目管理框架，它的核心在于迭代。

Scrum 通过迭代实现最终的产品。如图 3-10 所示，在整个 Scrum 框架中，首先要有产品待办列表，在迭代计划会议上团队从产品待办列表中选择合适的条目进入迭代待办列表，然后团队开始 2～4 周的迭代开发，在迭代开发过程中，团队会进行每日 Scrum 站会，在迭代结束后团队会提交一个潜在的可交付产品增量，给用户评审，最后团队会共同开展一次迭代回顾会议，针对本次迭代的内容进行回顾。

图 3-9　Scrum 的三大特点

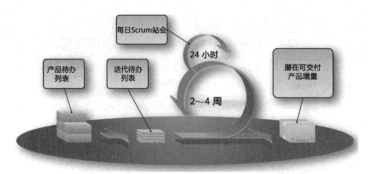

图 3-10　Scrum 框架

Scrum 框架概述了 Scrum 团队在交付产品或服务时遵循的一系列价值观。该框架详细介绍了 Scrum 团队的成员及其责任、定义产品和创建产品的"工件"，以及指导 Scrum 团队完成工作的 Scrum 事件，如图 3-11 所示。

图 3-11　Scrum 框架详情

① Scrum 团队模型（3 种角色）。

Scrum 团队是一个小而灵活的团队，致力于提供承诺的产品增量。Scrum 团队的规模通常很小，大约有 10 人，但他们足以在冲刺中完成大量工作。Scrum 团队需要有 3 种特定角色：产品负责人、Scrum 主管和开发团队。由于 Scrum 团队是跨职能部门，因此开发团队除了包括开发人员，还包括测试人员、设计人员、用户体验专家和运维工程师。

- 产品负责人：产品负责人是产品方面的佼佼者。他们负责了解业务、用户和市场需求，相应地确定开发团队需要完成的工作的先后顺序。高效的产品负责人应能构建和管理产品待办列表，与企业和开发团队密切合作，以确保所有人都能了解产品待办列表中的工作项，明确指导开发团队接下来提供哪些功能，确定何时发布产品，且倾向于更频繁地交付产品。产品负责人并不一定是产品经理。产品负责人专注于确保开发团队为企业实现最大价值。此外，产品负责人是一个个体，这一点非常重要，开发团队中不能有多个产品负责人提供混合指导。

- Scrum 主管：Scrum 主管是 Scrum 团队中 Scrum 方面的佼佼者。他们负责对开发团队、产品负责人和企业进行 Scrum 流程方面的培训，并寻找方法精确调整其在此方面的实践。高效的 Scrum 主管应深入了解开发团队正在执行的工作，并协助开发团队优化其透明度和交付流程。作为首席推动者，Scrum 主管负责安排迭代规划、每日 Scrum 站会，以及迭代评审和迭代回顾所需的资源（人力和物力）。

- 开发团队：开发团队是具体工作的执行者。他们是可持续发展实践方面的翘楚。关系紧密、相互协作的开发团队的效率最高，其成员通常为 5～7 名。确定团队规模的一种方法是遵循 Amazon 创始人 Jeff Bezos 提出的著名的"两个比萨原则"，也就是"团队规模不应过大，以便能分享两个比萨"。团队成员熟练掌握不同的技能，并且彼此之间互相锻炼，以至于没有人会成为交付工作的瓶颈。强大的开发团队能够自我组织，以明确的团队态度来处理项目。开发团队的所有成员要互相帮助，以确保成功完成迭代。
开发团队可推进每个迭代计划。他们将自己的历史速度作为指导，预测他们认为自己在迭代过程中可以完成的工作量。保持迭代长度固定可为开发团队提供有关其预估和交付流程的重要反馈，进而使其能随着时间的推移做出更加准确的预测。

② Scrum 中的 3 种工件。

Scrum 工件是 Scrum 团队的重要信息，可以帮助团队定义产品及确定需要完成的工作。

Scrum 中有 3 种工件：产品待办列表、迭代待办列表，以及符合"完成"定义的增量。Scrum 团队应在迭代期间或每隔一段时间回顾这 3 种工件。

- 产品待办列表是产品负责人或产品经理需要完成的主要工作列表。它是一个包含功能、要求、改进和修复的动态列表，随着时间的推移会被不断地更新和调整。本质上，这是 Scrum 团队的"产品待办事项"清单。
- 迭代待办列表是开发团队为实现当前迭代目标而选择的项目、用户故事或缺陷修复列表。每次迭代之前，开发团队从产品待办列表中选择为进行迭代而处理的项目。
- 增量（或迭代目标）是迭代阶段可用的最终产品。在 Atlassian 公司中，开发团队通常会在迭代结束演示期间展示"增量"，其会展示在迭代阶段完成的内容。除此领域以外，读者可能不会听到"增量"一词，因为它通常用于描述团队对"已完成"、里程碑、迭代目标，甚至是完整版本或已交付产品的定义。

③ Scrum 过程模型（5 种事件+1 个迭代合约）如图 3-12 所示。

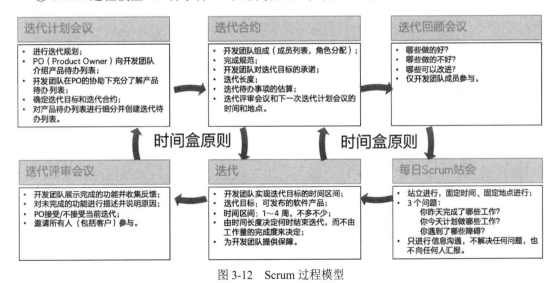

图 3-12　Scrum 过程模型

时间盒是指针对某件事或某个目标，给定一个固定的可用时间，这个时间不能被减少也不能被增加。时间盒在一般情况下是一个比较短的时间，如几小时或者几天，开发团队需要在这个给定的时间内尽全力去达成目标。

在项目管理的过程中，时间盒是用来剔除不确定性的一个工具，与传统的项目管理理念（由计划驱动结果）相反，敏捷项目开发管理是基于时间盒中应得到的结果来驱动计划的制订与更新的。

（7）Scrum、看板和敏捷开发

Scrum 是一种非常流行的敏捷开发框架，以至于 Scrum 和敏捷开发经常被误认为是一回事。此外，还有一些框架（如看板）也是敏捷开发较受欢迎的选择。某些公司甚至选择使用 Scrum 和看板的混合模式，其也被称为"Scrumban"或"Kanplan"，这是一种附带待办列表的看板。

Scrum 和看板都采用可视化方法来跟踪工作进度。两者都强调效率，并将复杂的任务分成可管理的较小任务，但它们实现目标的方法不同。

Scrum 专注于固定长度的小型迭代，一旦最终确定迭代的时间段，就可确定在此迭代周期内可实施的任务或产品待办列表。而在看板中，首先需要确定当前周期内要实施的任务数量或正在进行的工作（WIP 限制）。然后计算实施这些任务所需的时间。看板的结构化程度不如 Scrum。除 WIP 限制外，看板的解释是相当灵活的。Scrum 在实现过程中必须强制实施几个明确的概念，如迭代评审、迭代回顾、每日 Scrum 站会等。此外，它还坚持跨职能。换言之，Scrum 团队无须依赖外部成员就能够实现目标。组建跨职能团队并非易事。从这个意义上说，看板方法更容易适应多种类型的工作环境，而 Scrum 则可被视为开发团队思维过程和运作方式的根本性转变。

3. DevOps 开发模型

（1）DevOps 概述

DevOps（Development and Operations）是一组过程、方法与系统的统称，用于促进软件开发、运维和质量保障部门之间的沟通、协作与整合。DevOps 的出现是由于软件行业的人员日益清晰地认识到：为了按时交付软件产品和服务，开发和运维工作必须紧密合作。DevOps 可看作开发、运维和质量保障（QA）三者的交集。

DevOps 源自提高 IT 服务交付敏捷性的需要，早期出现在许多大型公有云服务提供商中，并被其认可。DevOps 的理念基础是敏捷软件开发宣言，它强调人和文化，致力于改善开发和运维团队之间的协作。从生命周期的角度来看，DevOps 的实施者也试图更好地利用技术，尤其是自动化工具来支撑越来越多的可编程的动态基础设施。

（2）DevOps 的运作模式

DevOps 团队包括开发人员和 IT 运维人员，他们在整个产品生命周期中进行协作，以提高软件部署的速度和质量。这是一种全新的工作模式，也是一种文化转型，对团队及其工作的组织具有重大影响。

在 DevOps 模式下，开发和运营团队不再是"孤立"的。有时，这两个团队会合并为一个团队，合并后工程师会参与整个应用生命周期中的工作（从开发和测试到部署和运营），并具备多学科的技能。

DevOps 团队使用工具实现流程自动化，并加速流程的执行，这有助于提高系统的可靠性。DevOps 工具链可帮助 DevOps 团队处理重要的 DevOps 基础事项，包括持续集成、持续交付、自动化和协作。

DevOps 的价值观有时也会被应用于除开发团队以外的团队。当安全团队采用 DevOps 模式时，安全性则成为开发过程中一个活跃的组成部分，这就是所谓的 DevSecOps。

（3）DevOps 的生命周期

如图 3-13 所示，DevOps 不仅在流程上打通了软件开发的整个生命周期，还包括以下 5 个要素。

- 文化：DevOps 与传统职能型团队不同，它的前提是建立一体化的全功能团队，打破开发（Dev）与技术运营（Ops）之间的壁垒，形成 DevOps 协同合作的文化氛围。
- 自动化：通过自动化工具或脚本实现软件工程从构建到运维过程的自动化流水线作业。
- 精益：以精益的方式小步快跑，持续改善。
- 度量：建立有效的监控与度量手段快速获得反馈，推动产品和团队的持续改进，测试驱动开发、增量式开发这些实践都是为了获得有效反馈并作用于下一次迭代周期。
- 分享：不同职能、不同产品之间的经验分享能够实现 DevOps 的文化沉淀，促进产品的迭代和更新。

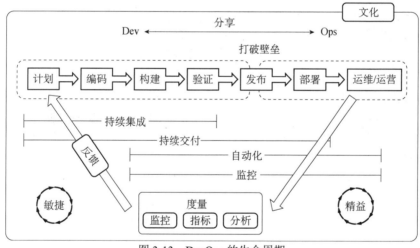

图 3-13　DevOps 的生命周期

DevOps 是敏捷开发理念从开发领域向运维领域的延伸。

- 计划阶段：运维人员为开发人员提供需求，并制订发布计划。
- 编码/构建/验证阶段：Scrum、极限编程和精益生产中的实践，包括持续集成、自动化测试等。
- 部署阶段：开发团队负责部署项目，并监控部署过程，以及部署后的运行情况。

（4）敏捷与 DevOps 的关系——知识体系

EXIN DevOps Master 白皮书由 EXIN（国际信息科学考试学会）推出，图 3-14 展示的是 EXIN 的 EXIN DevOps Master 白皮书，从中可以看到它将 DevOps 诠释为如下 4 个部分。

- 规范敏捷：包括计划、需求、设计、开发。

- 持续交付：包括开发、部署。
- IT 服务管理：包括部署、运营、周期终止。
- 精益管理：从计划到周期终止的全过程。

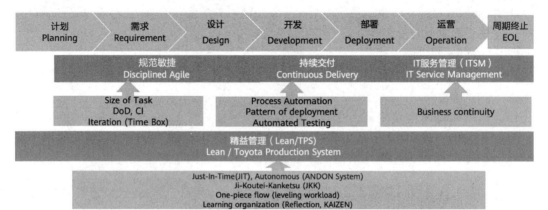

图 3-14 EXIN DevOps Master 白皮书

从图 3-14 中可以看出，DevOps 不是对敏捷的否定，而是融合了敏捷和精益的思想和方法，并在其基础上的进一步发展。

（5）持续集成

持续集成（Continuous Integration，CI）是一种软件开发实践，即团队的成员经常集成他们的工作，通常每个成员每天至少集成一次——导致每天发生多次集成。每次集成都通过自动化构建（包括测试）来验证，以便尽快检测出集成的错误。

持续集成（见图 3-15）的目的就是让产品可以快速迭代，同时能保持高质量。它的核心措施是，代码在集成到主干中之前，必须通过自动化测试，只要有一个 UI 用例失败，就不能集成。在图 3-15 中，虚线箭头表示开发人员和反馈机制之间的关系是间接的。反馈机制通过自动化工具或系统生成反馈，而不是直接由个人或团队提供。实线箭头则表示开发人员可以直接修改一些信息。

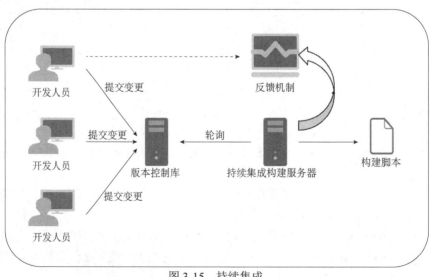

图 3-15 持续集成

持续集成过程中的角色及其职责如表 3-4 所示。

表 3-4　持续集成过程中的角色及其职责

角色	职责
开发人员	● 完成开发任务，并在向版本控制库提交变更之前，先在本地环境中完成一次私有构建； ● 修改反馈回来的代码中存在的问题，保持集成构建的绿灯状态
测试人员	根据项目进展随时更新自动化测试脚本，并保证代码覆盖率达到团队要求
运维人员	● 根据开发人员的需求，及时更新并维护自动化构建脚本； ● 维护整个持续集成流水线的正常运行

持续集成的两大优点如下。

● 快速发现错误。每完成一次更新，就将其集成到主干中，这样可以快速发现错误，并且比较容易定位错误。

● 防止分支大幅偏离主干。如果不经常集成，主干又在不断更新，则会导致以后集成的难度变大，甚至难以集成。

（6）持续交付

持续交付（Continuous Delivery，CD）是指频繁地将软件的新版本交付给质量团队或用户，以供其评审。如果评审通过，代码就进入生产阶段。

持续交付可以看作持续集成的下一步。它强调的是，不管怎么更新，软件都是随时随地可以交付的。

持续交付描述的是软件开发从原始需求识别到最终产品部署再到生产环境运行这个过程中，需求以小批量形式在团队的各个角色间顺畅流动，能够以较短的周期完成需求的小粒度频繁交付。

持续交付的优点如下。

● 快速发布，能够应对业务的需求，更快地实现软件价值。

● 编码、测试、上线、交付的频繁迭代周期被缩短，同时可以获得快速反馈。

● 高质量的软件发布标准，整个交付过程标准化、可重复化、可靠性高。

● 整个交付过程的进度是可视化的，方便团队成员了解项目成熟度。

● 更先进的团队协作方式，从需求分析、产品的用户体验到交互设计、开发、测试、运维等密切协作，相比传统的瀑布式软件团队，浪费更少。

（7）持续部署

持续部署是指当交付的代码通过评审之后，被自动部署到生产环境中。持续部署是持续交付的最高阶段，这意味着所有通过了一系列自动化测试的改动都将被自动部署到生产环境中。

持续部署的工作流程：开发人员提交代码，持续集成构建服务器获取代码，并执行单元测试，根据测试结果决定是否将其部署到预演环境中；如果将其成功部署到预演环境中，则进行整体验收测试；如果测试通过，则将其自动部署到生产环境中，全程自动化高效运转，如图 3-16 所示。

图 3-16　持续部署的工作流程

持续部署的优点是可以相对独立地部署新的功能，并能快速地收集真实用户的反馈。

持续集成、持续交付和持续部署提供了一个优秀的 DevOps 环境，对于整个团队来说，好处与挑战并行，无论如何，频繁部署、快速交付及开发流程自动化都将成为未来软件工程重要的组成部分。

（8）敏捷与 DevOps 的关系——DevOps 覆盖端到端交付周期

如图 3-17 所示，从交付全流程的覆盖范围看，交付全流程经历了敏捷开发、持续集成和持续交付三个重要阶段，而 DevOps 则贯穿了整个流程，促进了团队间的协作、自动化和持续改进。

- 敏捷开发让开发团队拥抱变化、快速迭代，覆盖了计划、编码、软件生成阶段。
- 持续集成在开发团队提交新代码后，可以立刻自动进行构建和单元测试，快速验证提交代码的正确性。
- 持续交付则在持续集成的基础上，将集成后的代码部署到更贴近真实运行环境中进行验证，让开发团队可以不断发布可用的软件版本。
- DevOps 则贯穿了整个流程，加入了运维环节，用于促进开发、运维和质量保障部门之间的沟通、协作与整合，实现了工程效率最大化。

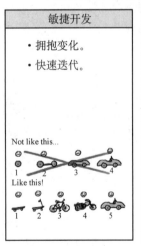
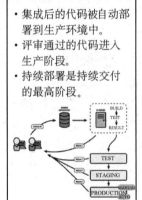

图 3-17　交付全流程

任务 3.1　持续规划与设计

1. 任务描述

本任务基于一个模拟案例项目——凤凰汽车零部件网上商城（以下简称凤凰商城）展开

介绍,所有故事及操作均以此模拟案例项目为背景。凤凰商城项目采用 Scrum 模式进行迭代开发,每个迭代周期为两周,前 3 个迭代周期已经完成"凤凰商城 1.0"版本的开发,当前正在进行"迭代 4"的规划。

当前状态:月初接到业务部门的最后通知,要求月底必须上线"门店网络查询功能",使用户可以在凤凰商城中查询到各个门店的相关信息。

2.任务分析

(1)基础准备

• 用户需要提前申请华为云账号,并完成实名认证。

• 华为云账号需要提前充值,如果账号欠费,则会造成资源冻结。

• 开通 CodeArts 服务。

• 按照单元 1 中的操作步骤创建虚拟私有云(vpc-deploy)。

(2)任务配置思路

• 登录华为云。

• 创建鲲鹏云服务器(CentOS)。

• 搭建华为云 CodeArts 凤凰商城项目。

• 使用 Scrum 项目模板管理 Backlog 并进行迭代开发。

• 使用效率工具监测和跟踪项目状态。

• 项目管理配置。

3.任务实施

(1)登录华为云

在浏览器上搜索"华为云",进入华为云官方网站首页,单击"登录"按钮,如图 3-18 所示。

图 3-18 华为云官方网站首页

如图 3-19 所示,在华为云的登录页面中,输入手机号/邮件地址/账号名/原华为云账号、密码,单击"登录"按钮。

图 3-19 华为云的登录页面

（2）创建鲲鹏云服务器（CentOS）

该步骤将创建并配置一台鲲鹏云服务器，用于后续部署凤凰商城项目。进入华为云"控制台"，将鼠标指针移动到页面左侧的导航栏上，选择"服务列表"→"计算"→"弹性云服务器 ECS"选项，进入弹性云服务器"控制台"，单击"购买弹性云服务器"按钮，进入"购买弹性云服务器"页面，进行鲲鹏云服务器基础配置，如图 3-20 所示，配置参数如下。

- 区域：华北-北京四。
- 计费模式：按需计费。
- 可用区：随机分配。

图 3-20 鲲鹏云服务器基础配置

进行鲲鹏云服务器规格类型选型，如图 3-21 所示，配置参数如下。

- CPU 架构：x86 计算。
- 规格：通用计算增强型 c7 | c7.large.4 |2vCPUs|8GiB。

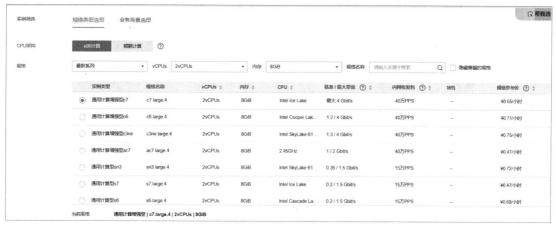

图 3-21 鲲鹏云服务器规格类型选型

进行鲲鹏云服务器操作系统配置，如图 3-22 所示，配置参数如下。
- 镜像：公共镜像。
- 镜像类型：CentOS。
- 镜像版本：CentOS 7.6 64bit（40GiB）。
- 安全防护：免费试用一个月主机安全基础防护。
- 系统盘：通用型 SSD，40GiB。

图 3-22 鲲鹏云服务器操作系统配置

单击"下一步"按钮，进行鲲鹏云服务器网络配置，如图 3-23 所示，配置参数如下。
- 网络：选择基础准备中预置的虚拟私有云（vpc-deploy）。
- 扩展网卡：默认。
- 安全组：选择预置的安全组（Sys-FullAccess）。

进行鲲鹏云服务器弹性公网 IP 地址配置，如图 3-24 所示，配置参数如下。
- 弹性公网 IP：现在购买。
- 线路：全动态 BGP。
- 公网带宽：按流量计费。
- 带宽大小：5Mbit/s。

图 3-23　鲲鹏云服务器网络配置

图 3-24　鲲鹏云服务器弹性公网 IP 地址配置

单击"下一步"按钮，进行鲲鹏云服务器高级配置，如图 3-25 所示，配置参数如下。

- 云服务器名称：自定义（建议设置为 ecs-deploy，以便后续进行区分）。
- 用户名：root。
- 密码：自定义，如 1234@com。
- 云备份：暂不购买。

图 3-25　鲲鹏云服务器高级配置

单击"下一步"按钮，进行鲲鹏云服务器确认配置，如图 3-26 所示，配置参数如下。

- 购买数量：1。
- 协议：勾选"我已经阅读并同意《镜像免责声明》"复选框。

图 3-26　鲲鹏云服务器确认配置

单击"立即购买"按钮，进入鲲鹏云服务器列表页面。等待 1～3 分钟，购买成功后显示的鲲鹏云服务器列表如图 3-27 所示。

图 3-27　购买成功后显示的鲲鹏云服务器列表

（3）搭建华为云 CodeArts 凤凰商城项目

本任务将在华为云 CodeArts 平台上搭建一个凤凰商城项目，并完成需求管理的软件开发操作。

① 开通 CodeArts 服务（若已开通，则跳过此步骤）。进入华为云"控制台"，将鼠标指针移动到页面左侧的导航栏上，选择"服务列表"→"开发与运维"→"需求管理 CodeArts Req"选项，如图 3-28 所示。

单击"立即使用"按钮（若无此按钮，则需开通 CodeArts 服务），如图 3-29 所示，进入 CodeArts 服务。

若弹出"重要变更通知"弹窗，则先勾选"我已经阅读并同意以上使用声明"复选框，再单击"确定"按钮。

在 CodeArts "控制台"中，将导航栏切换到"总览"，单击 CodeArts 体验版的"免费开通"按钮，如图 3-30 所示。

图 3-28   选择"需求管理 CodeArts Req"选项

图 3-29   单击"立即使用"按钮

图 3-30   开通 CodeArts 体验版

在"购买 CodeArts 套餐"页面中选择产品规格，如图 3-31 所示，具体配置参数如下。

- 区域：华北-北京四。

- 协议：勾选"我已经阅读并同意《CodeArts 服务使用声明》"复选框。
- 其他参数保持默认设置。

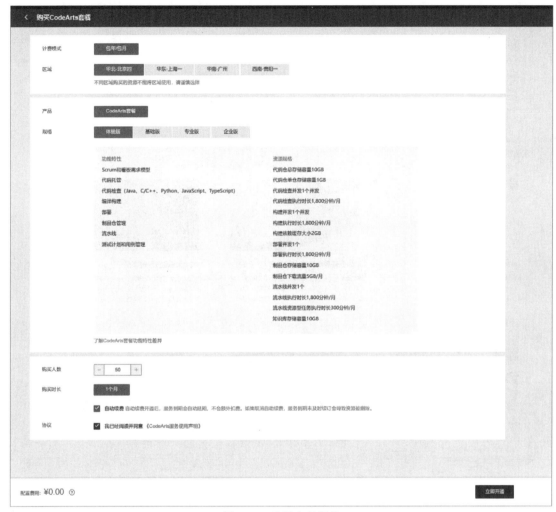

图 3-31　选择产品规格

确认产品规格无误后，单击"立即开通"按钮。

开通完成后，单击"返回软件开发平台控制台"按钮，当订单状态从"处理中"变成"正常"后，进行后续操作，如图 3-32 所示。

图 3-32　查看订单状态

② 创建凤凰商城项目。单击"立即使用"按钮,创建项目,下拉页面,选择"示例项目"中的"DevOps 全流程示例项目"模板,如图 3-33 和图 3-34 所示。

图 3-33　立即使用 CodeArts 服务

图 3-34　选择"DevOps 全流程示例项目"模板

创建凤凰商城项目,如图 3-35 所示,配置参数如下,配置完成后单击"确定"按钮。

- 项目设置模板:DevOps 全流程示例项目。
- 项目名称:自定义(如凤凰商城)。
- 其他参数保持默认设置。

注意:如图 3-36 所示,若提示权限不足,则先单击"返回"按钮,返回 CodeArts 首页,并按照步骤③设置创建项目者后再进行操作。

创建项目后,会跳转到"工作项"列表管理页面,如图 3-37 所示,该示例项目中已预制项目开发所需的任务,用户根据基础环境稍做修改即可使用,单击提示操作页面的"×",将其关掉。

图 3-35　创建凤凰商城项目

图 3-36　提示权限不足

图 3-37　"工作项"列表管理页面

③ 设置创建项目者（若可创建凤凰商城项目，则跳过此步骤）。单击用户头像，在弹出的下拉列表中单击"租户设置"按钮。在左侧导航栏中选择"通用设置"→"设置项目创建者"选项，选中"设置所有成员都可以创建项目"单选按钮，并单击"首页"按钮，返回 CodeArts 首页，即可开始创建项目，如图 3-38 和图 3-39 所示。

图 3-38　租户设置

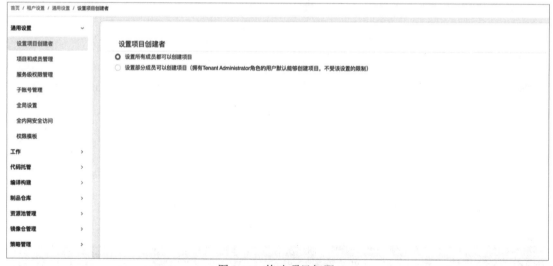

图 3-39　修改项目权限

④ 新增一个需求。本任务采用的主题风格是"无限-经典"，若在任务实施过程中发现后续步骤采用的主题风格不是"无限-经典"，则可按照如下操作步骤切换主题。

单击用户头像，在弹出的下拉列表中单击"外观设置"按钮，如图 3-40 所示。

图 3-40 外观设置入口

主题选择"无限",布局选择"经典",如图 3-41 所示。

图 3-41 外观设置

⑤ 添加思维导图。单击"规划"页签,若其中有凤凰商城思维导图,则直接打开即可,如图 3-42 所示;若无,则进行下面的操作,创建一个新的规划。

单击"规划"页签,并单击"+规划"按钮,在弹出的下拉列表中选择"思维导图规划"选项,如图 3-43 所示。

图 3-42　选择凤凰商城思维导图

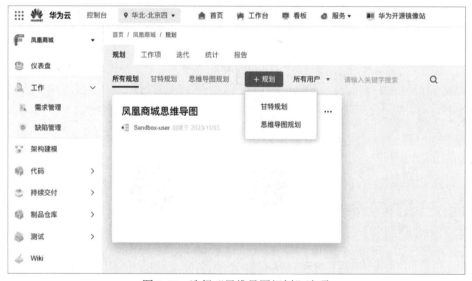

图 3-43　选择"思维导图规划"选项

在弹窗中输入名称"思维导图",单击"确定"按钮,如图 3-44 所示,跳转至"思维导图"详情页面。

图 3-44　创建思维导图

在"规划"页签中单击"添加 Epic"按钮,如图 3-45 所示。

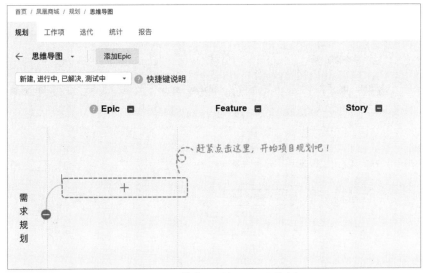

图 3-45　单击"添加 Epic"按钮

在弹窗中勾选已创建的凤凰商城项目，单击"添加（1）"按钮，如图 3-46 所示。

图 3-46　添加 Epic

⑥ 添加节点。在 Epic "凤凰商城"下方单击"插入子节点"图标，输入标题"门店网络"，如图 3-47 所示。

在 Feature "门店网络"下方单击"插入子节点"图标，添加 Story "作为用户应该可以查询所有门店网络"，如图 3-48 所示。

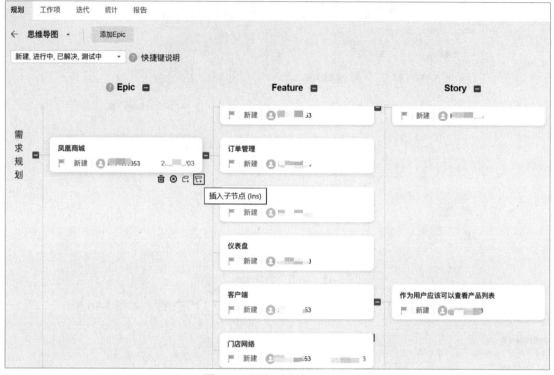

图 3-47　插入子节点 Feature

图 3-48　添加 Story

在 Story "作为用户应该可以查询所有门店网络"下方单击"插入子节点"图标,添加 Task "前端展示-添加门店网络菜单",如图 3-49 所示。

导出项目规划。用户可以将项目规划导出到 Excel 中,以条目化的方式进行查看及管理。单击当前规划右上角的图标⋯,在弹出的下拉列表中选择导出方式即可。

(4)使用 Scrum 项目模板管理 Backlog 并进行迭代开发

本部分将学习如何使用 Scrum 项目模板来快速制订团队计划,从而管理和追踪相关工作进度。

① Backlog 管理。在市场部门的施压下,Story "作为用户应该可以查询所有门店网络" 被指定为处理工作中的最高优先级,因为许多用户需要通过它来查询最近的门店网络地址,从而获取服务。

② 选择 "工作项" → "Backlog" 选项,进入 "Backlog" 列表管理页面。

③ 单击 Story 标题 "作为用户应该可以查询所有门店网络",编辑 Story。

图 3-49　添加 Task

④ 可输入用户故事描述信息，以及预计开始日期、预计结束日期、优先级、重要程度、预计工时等字段信息，如图 3-50 所示。

- 可将本地文件拖曳到"附件"框中，作为工作项的附件。
- 完成编辑后，单击"保存"按钮。

图 3-50　Backlog 管理

⑤ 在"Backlog"列表管理页面中，可以设置自己关注的用户故事，以方便查询。拖动"Backlog"列表管理页面下方的滚动条到最右方，单击 ☆ 图标即可关注，当图标变成黄色后，则表示关注成功。

⑥ Backlog 高级管理。用户可以通过快速过滤器方便地查询特定的工作项，也可以使用"高级过滤"实现特定字段指定条件的过滤。

- 自定义过滤器。单击"过滤"按钮，选择"增加过滤字段"选项，在弹窗中勾选"优先级"复选框，单击"确定"按钮，如图 3-51 所示。

图 3-51　增加过滤字段

- 保存过滤器。在"优先级"字段右侧勾选"高"复选框，单击"保存为过滤器"按钮，在弹窗中输入过滤器名称"高优先级"，单击"确定"按钮进行保存，如图 3-52 所示。此时可在"所有工作项"下拉列表中选择"高优先级"过滤工作项。

图 3-52　保存过滤器

⑦ 我关注的：在"Backlog"列表管理页面中，单击列表上方的"临时过滤"下拉按钮，在弹出的下拉列表中选择"我关注的"选项，即可过滤出已关注的工作项列表，如图 3-53 所示。

⑧ 迭代创建。单击"迭代"按钮，进入"迭代"管理页面。单击"+"按钮，创建迭代，在弹窗中输入迭代名称"迭代 4"，设置计划时间，单击"确定"按钮。在本任务中，设置迭代的开始日期为 2023/10/28，结束日期为 2023/11/03，如图 3-54 所示。按照同样的方法创建迭代 5，并设置迭代周期为下一个周期。

图 3-53　选择"我关注的"选项

图 3-54　创建迭代

⑨ 迭代规划。接下来我们需要对当前迭代（近两周）的工作进行规划，其中最重要的工作"作为用户应该可以查询所有门店网络"需要在本次迭代中完成并上线。在"迭代"管理页面中，选择"未规划的工作项"选项，找到 Story"作为用户应该可以查询所有门店网络"，将其拖曳到"迭代 4"中。单击"迭代 4"的 Story"作为用户应该可以查询所有门店网络"，可以设置 Story 的预计开始日期与预计结束日期。按照同样的方法添加以下两个Story 并将其添加至迭代 4 中：作为管理员应该可以添加限时打折，作为管理员应该可以添加团购活动。

⑩ Story 分解。接下来我们需要将 Story"作为用户应该可以查询所有门店网络"拆分到开发任务级别，并指派给对应的负责人。单击工作项列表最右侧"操作"列中的图标，添加子工作项，输入 Task"前端展示–添加门店网络菜单"，并选择处理人，单击"确定"按钮完成操作。按照同样的方法添加 Task"后台管理–添加门店网络管理维护模块"。

⑪ 看板视图使用。在"Backlog"列表管理页面中单击右上角的▦图标，切换视图为"卡片模式"。在此模式下，用户可通过拖曳修改工作项状态。

⑫ 在每日 Scrum 站会中，用户可以通过电子白板报告和更新任务进度。

在"迭代"管理页面中单击右上角的▦图标，切换视图为"成员模式"。通过"成员模式"视图可以查看当前团队每个成员的工作饱和度，以及每个需求预估的完成时间点，如图 3-55 所示。

图 3-55　查看迭代信息

（5）使用效率工具监测和跟踪项目状态

通过迭代图表，团队可以方便地统计当前迭代的进度情况，包括需求完成情况、迭代燃尽图、工作量等。

① 在"迭代"管理页面中，单击工作项列表上方的 ▽ 图标，即可展开迭代进度视图。如果是新创建的项目，则在项目创建后的第二天可看到迭代图表，如图 3-56 所示。

图 3-56　查看迭代图表

② 项目仪表盘提供了强大的项目进度跟进功能，包括 Story 统计、燃尽图、工作完成度、工时统计等。选择导航栏中的"仪表盘"选项，进入"默认仪表盘"页面，如图 3-57 所示。

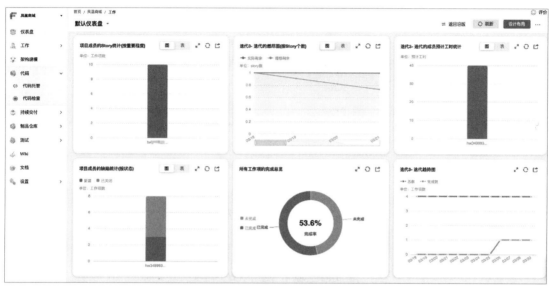

图 3-57 "默认仪表盘"页面

③ 单击页面右上角的"设计布局"按钮，进入编辑模式。单击任意组件右上角的 🗑 图标，即可将此组件移除。通过鼠标拖曳，可改变组件在仪表盘中的位置。单击页面右上角的"添加卡片"按钮，在页面右侧滑框中可拖曳新组件至仪表盘中。完成编辑后，单击页面下方的"保存"按钮。

④ 以上操作基于新版仪表盘。若读者看到的页面与图 3-57 不同，则可单击页面右上角的"切至新版"按钮。

（6）项目管理配置

① 任务介绍。通过本部分的学习，读者将了解并掌握针对具体项目可以进行哪些维度的配置和自定义修改，从而将项目配置得更接近真实场景及应用方式。

② 任务目的。通过本部分的学习，读者可以熟练掌握如何维护项目基本信息、定制项目工作流程。

③ 维护项目基本信息。通过本部分的学习，读者将了解如何对凤凰商城项目进行基本信息的维护，以及对团队成员进行管理，并了解如何通过定制站内通知及邮件通知来跟进项目进度。

设置项目基本信息。进入凤凰商城项目，选择页面左侧导航栏中的"设置"→"通用设置"选项，如图 3-58 所示。

在弹出的页面中选择左侧导航栏中的"基本信息"选项，进入"基本信息"页面。管理员可根据具体情况修改项目名称、项目描述，移交创建人，以及删除项目，如图 3-59 所示。

图 3-58　选择"通用设置"选项

首页 / 凤凰商城 / 设置 / 基本信息

基本信息	**基本信息**
服务权限管理	项目名称
服务菜单管理	凤凰商城
服务扩展点管理	项目代号
基础资源管理	只能输入数字、英文大小写、连字符和下划线

项目描述

项目模板
Scrum

创建时间
16 GMT+08:00

创建人 ⓘ

保存　删除项目　归档

图 3-59　"基本信息"页面

设置站内通知及邮件通知。进入凤凰商城项目，选择页面左侧导航栏中的"设置"→"项目设置"选项。在弹出的页面中选择左侧导航栏中的"通知设置"选项，进入"通知设置"页面。根据需要勾选"处理人"、"创建人"和"抄送人"对应的复选框即可，系统将自动保存，如图 3-60 所示。

图 3-60 通知设置

　　添加与管理模块。进入凤凰商城项目，选择页面左侧导航栏中的"设置"→"项目设置"选项。在弹出的页面中选择左侧导航栏中的"模块设置"选项，进入"模块设置"页面，单击"添加"按钮，输入名称、描述，选择负责人，单击"确定"按钮进行保存。

　　④ 定制项目工作流程。通过本部分，读者将学习如何使用"自定义工作项模板"功能来定制个性化的工作项表单，以及工作流程。

　　添加工作项字段。进入凤凰商城项目，选择页面左侧导航栏中的"设置"→"项目设置"选项。在弹出的页面中选择左侧导航栏中的"Story 设置"→"字段与模板"选项，进入"工作项模板"页面，单击页面右上角的"编辑模板"按钮，并单击"新建字段"按钮。在弹窗中输入字段名称"验收标准"，选择字段类型为"多行文本"，单击"确定"按钮进行保存，如图 3-61 所示。

图 3-61 添加工作项字段

将"验收标准"拖曳到"以下为查看更多的内容"上方，并勾选为必填字段，单击"保存"按钮，如图 3-62 所示。

图 3-62 添加验收标准

添加工作项状态。进入凤凰商城项目，选择页面左侧导航栏中的"设置"→"项目设置"选项。在弹出的页面中选择左侧导航栏中的"公共状态设置"选项，进入"状态管理"页面，单击右上角的"添加状态"按钮，在弹窗中输入状态"验收中"，选择状态属性为"进行态"，单击"添加"按钮进行保存，如图 3-63 所示。

图 3-63 添加工作项状态

选择页面左侧导航栏中的"Story 设置"→"状态与流转"选项，进入"工作项状态"页面，单击"添加已有状态"按钮，在弹窗中选择"验收中"选项，单击"确定"按钮进行保存，如图 3-64 所示。

图 3-64　添加已有状态

通过拖曳将该状态置于"测试中"状态之后，如图 3-65 所示。

名称	状态属性⑦
新建	开始态
⠿ 进行中	进行态
⠿ 已解决	进行态
⠿ 测试中	进行态
⠿ 验收中	进行态
⠿ 已拒绝	结束态
已关闭	结束态

图 3-65　拖曳"验收中"状态至"测试中"状态之后

任务 3.2　持续开发与集成

1. 任务描述

本任务旨在帮助读者掌握如何创建"编译构建任务"，并完成应用的 Docker 镜像打包及推送；如何启动持续集成，实现代码变更后自动触发应用的 Docker 镜像打包及推送；如何使用华为云提供的"开源镜像站"服务提高依赖包的获取速度及自动化编译效率。

编译构建是基于云端的大规模并发加速编译和构建的工具，为用户提供了高速、低成本、配置简单的混合语言构建功能，可帮助用户缩短任务构建时间，提高任务构建效率。

2. 任务分析

（1）基础准备

完成任务 3.1 中的所有操作。

（2）任务配置思路

- 修改"store-network.html"文件。
- 修改"index.html"文件。
- 代码检查。
- 构建应用。

3. 任务实施

假设"作为用户应该可以查询所有门店网络"是凤凰商城项目目前高优先级的 Story，本任务将以此为背景，介绍如何使用代码托管服务进行源码的管理与开发。

（1）修改"store-network.html"文件

在凤凰商城项目管理页面中，选择左侧导航栏中的"代码"→"代码托管"选项，进入"代码托管"页面，选择仓库"phoenix-sample"，如图 3-66 所示，进入该仓库。

图 3-66　选择仓库"phoenix-sample"

在左侧导航栏中选择"vote/templates/store-network.html"文件，如图 3-67 所示。

图 3-67　选择"store-network.html"文件

　　单击图 3-67 中右上角的"…"图标，在弹出的下拉列表中选择"编辑"选项，删除文件中的全部原有代码，并添加以下代码，以根据需求规划添加门店地址。

```
<ul>
    <li>北京分店：首都机场 1 号航站楼出发层靠右直行 888 米右侧</li>
    <li>天津分店：经济技术开发区黄海路 888 号</li>
    <li>上海分店：静安区大统路 888 号</li>
    <li>重庆分店：涪陵区桥南大道电信局西侧</li>
</ul>
```

　　修改后，单击"确定"按钮，完成"store-network.html"文件的修改，如图 3-68 所示。

图 3-68　完成"store-network.html"文件的修改

　　（2）修改"index.html"文件

　　在左侧导航栏中选择"vote/templates/index.html"文件，如图 3-69 所示。

　　单击图 3-69 中右上角的"…"图标，在弹出的下拉列表中选择"编辑"选项，在文件的第 179 行添加代码，以增加菜单"门店网络"信息。

　　按照如下步骤编写第 179 行代码。

- 复制第 178 行代码。
- 粘贴至第 179 行。
- 修改文字"招商加盟"为"门店网络"。
- 修改 href="#"为 href="store-network"。

　　修改后的"index.html"文件内容如图 3-70 所示。

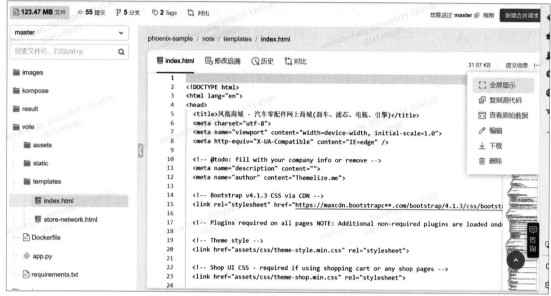

图 3-69 选择"index.html"文件

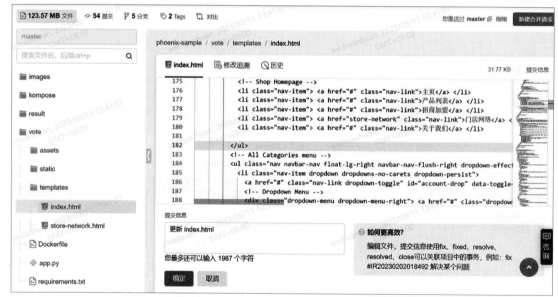

图 3-70 修改后的"index.html"文件内容

单击"确定"按钮,完成"index.html"文件的修改。

(3)代码检查

随着凤凰商城项目的规模越来越大,线上出现的漏洞及安全问题也越来越多,导致修复成本大大增加,而且开发人员编写代码也比较随意,没有统一标准,因此项目经理建议制定一些基本的标准,并对代码进行持续的静态扫描,一旦发现问题,就立即在迭代内修复。

通过本部分的学习,读者将了解开发人员如何使用代码检查服务完成针对不同技术栈的代码静态扫描、问题收集与修复工作。

① 配置并执行代码检查任务。

在凤凰商城项目管理页面中，选择左侧导航栏中的"代码"→"代码检查"选项，若页面提示开通服务，则单击 CodeArts 体验版的"免费开通"按钮，如图 3-71 所示。

图 3-71 开通 CodeArts 体验版服务

页面将显示样例项目自动创建的 4 个代码检查任务，在列表中找到任务"phoenix-codecheck-worker"，单击任务右侧"操作"列中的"更多操作"图标，在弹出的下拉列表中选择"设置"选项，如图 3-72 所示。

图 3-72 选择"设置"选项

在"设置"页签中，选择导航栏中的"规则集"选项，规则集中默认包含的语言是 Java。单击"刷新" ↻ 图标重新获取代码仓库语言，并打开"PYTHON"对应的开关，如图 3-73 所示。

单击"开始检查"按钮，启动"phoenix-codecheck-worker"代码检查任务，如图 3-74 所示。

图 3-73　添加规则集

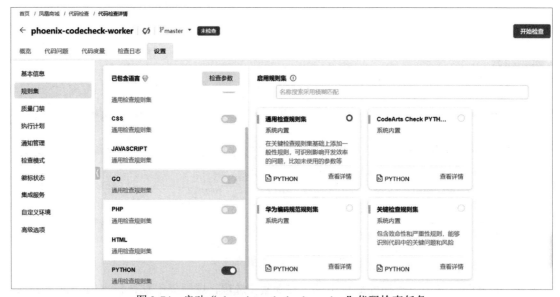

图 3-74　启动"phoenix-codecheck-worker"代码检查任务

在页面中可以看到代码检查任务当前的执行进度，如图 3-75 所示。

等待 5～10 分钟，代码检查任务即可执行完成，如图 3-76 所示。

② 查看代码检查结果。

切换至"代码检查详情"页面中的"概览"页签，即可查看代码检查结果。

图 3-75　查看任务执行进度

图 3-76　代码检查任务执行完成

在"代码检查详情"页面的"概览"页签中,任务级门禁结果显示为"不通过"的原因是代码检查结果不符合门禁要求。代码检查任务的质量门禁默认配置为致命问题数和严重问题数均小于或等于 0(可在"设置"→"质量门禁"中查看配置),而代码检查任务的执行结果为致命问题数大于 0,严重问题数等于 0,如图 3-77 所示。

切换至"代码问题"页签,即可看到问题列表,可根据"问题帮助"对代码进行修改,如图 3-78 所示。

(4)构建应用

在前面的步骤中,我们根据项目规划,通过修改"index.html"文件和代码检查操作,实现了门店查询功能中前端展示代码开发及代码检查操作,接下来进入代码编译构建环节。通过本部分的学习,读者将了解如何使用编译构建功能构建环境镜像,将代码编译打包成软件包,以及通过代码变更触发自动构建来实现持续集成。

图 3-77　查看代码检查结果

图 3-78　查看问题列表

什么是编译构建？

编译构建是指将软件的源码编译成目标文件，并将其与配置文件、资源文件等一起打包的过程。

① 配置容器镜像服务 SWR。

本项目使用容器镜像服务 SWR 来保存环境镜像，在使用该服务之前需要先对其进行配置。

进入华为云"控制台"，将鼠标指针移动到页面左侧的导航栏上，选择"服务列表"选项，在右侧的搜索框中搜索"SWR"，选择"容器镜像服务 SWR"选项，如图 3-79 所示，进入"容器镜像服务"页面。

若出现"授权说明"弹窗，则单击"确认"按钮即可，如图 3-80 所示。

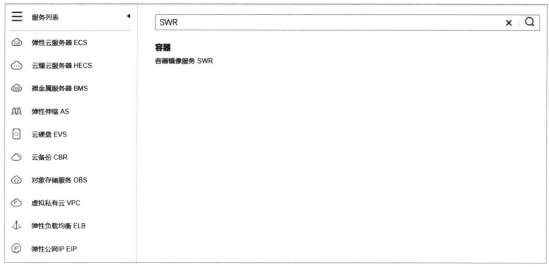

图 3-79　选择"容器镜像服务 SWR"选项

图 3-80　"授权说明"弹窗

在左侧导航栏中选择"组织管理"选项，单击页面右上角的"创建组织"按钮，如图 3-81 所示。

图 3-81　单击"创建组织"按钮

在"创建组织"弹窗中输入任意组织名称，如"phoenix-hub"（此名称全局唯一，若页面提示"组织已存在"，则要使用其他名称），单击"确定"按钮进行保存，如图 3-82 所示。

记录此处输入的组织名称，它将成为后续编译构建任务中参数"dockerOrg"的配置信息。

图 3-82　输入组织名称

② 配置并执行编译构建任务。

回到凤凰商城项目管理页面，选择左侧导航栏中的"持续交付"→"编译构建"选项，在右侧列表中找到任务"phoenix-sample-ci"，单击任务右侧"操作"列中的"更多操作"图标，在弹出的下拉列表中选择"编辑"选项，如图 3-83 所示，进入编辑页面。

图 3-83　编译构建

切换至"参数设置"页签，在"默认值"列中输入各参数信息。

本案例的参数设置如下。

- codeBranch：master。
- dockerOrg：输入在步骤①配置的容器镜像服务 SWR 中创建的组织名称。
- dockerServer：swr.cn-north-4.myhuaweicloud.com（SWR 服务器地址）。

关闭所有参数的"运行时设置"开关。

参数设置完成后的页面如图 3-84 所示。

务必确保参数"dockerOrg"和"dockerServer"的默认值设置正确，否则会导致任务执行失败。

单击"保存并执行"按钮，开始执行编译构建任务，自动跳转至任务执行详情页面，如图 3-85 所示。

图 3-84　参数设置完成后的页面

图 3-85　开始执行编译构建任务

初次执行编译构建任务的时间较长，后续一般执行时长为 4～6 分钟。若出现图 3-86 所示的信息，则表示任务执行成功。

图 3-86　编译构建任务执行成功

若构建失败，则仔细检查参数"dockerOrg"和"dockerServer"的默认值是否设置正确。

任务 3.3　持续部署与发布

1. 任务描述

本任务主要介绍了如何创建主机集群；如何在目标主机上安装相应的依赖环境；如何配置并执行部署任务；如何验证部署结果。完成任务后，释放鲲鹏云服务器资源。

2. 任务分析

（1）基础准备

- 完成任务 3.1 和任务 3.2 中的所有操作。
- 购买鲲鹏云服务器资源。

（2）任务配置思路

- 应用部署。
- 资源释放。

3. 任务实施

（1）应用部署

为了更快地、更稳定地、持续地交付软件，开发团队需要掌握一些自助化部署服务的功能，以减少部分后续维护工作。

① 创建主机集群。

在凤凰商城项目管理页面中，选择左侧导航栏中的"设置"→"通用设置"→"基础资源管理"选项，并单击"新建主机集群"按钮，如图 3-87 所示。

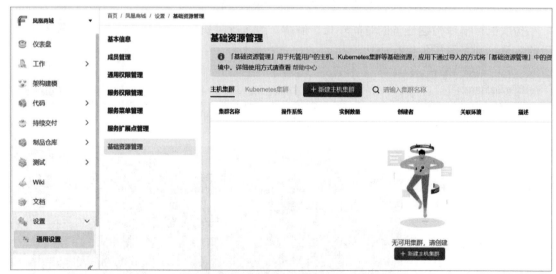

图 3-87　单击"新建主机集群"按钮

在"新建主机集群"页面中切换到"基本信息"页签，按照如下参数进行配置，单击"保存"按钮，创建主机集群，如图 3-88 所示。

- 集群名称：Phoenix-Mall-Cluster。
- 操作系统：Linux。

● 其他参数保持默认设置。

图 3-88　配置主机集群参数

切换到"目标主机"页签，单击"导入 ECS"按钮，如图 3-89 所示。

单击在任务 3.1 中购买的云服务器 esc-deploy 对应的"导入"按钮，如图 3-90 所示。

自动导入主机信息，按照如下参数配置主机授信信息，如图 3-91 所示。

● 用户名：root。

● 密码：在创建主机时设置的密码（如 hC8iUA0UAs7V%hcj）。

● ssh 端口：22。

● 勾选"免费启用应用运维服务（AOM），提供指标监控、日志查询、告警功能"复选框。

● 勾选"我已阅读并同意《隐私政策声明》《软件开发服务使用声明》，允许 CodeArts 使用相关信息进行主机业务的操作"复选框。

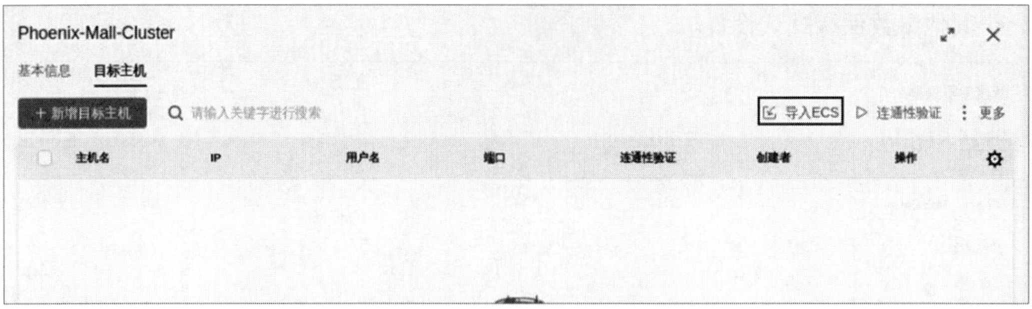

图 3-89　单击"导入 ECS"按钮

弹性云服务器　　　　　　　　　　　　　　　　　　　　　　　　　　×

🔍 请输入实例名称　　　　　　　　　　　　　　　　　　🔄 刷新　　ECS控制台

实例名称	实例ID	IP地址	状态	操作
ecs-deploy	f4420fc4cf414f6fa5af...	▓▓▓▓▓▓▓	未导入	导入

图 3-90　单击"导入"按钮

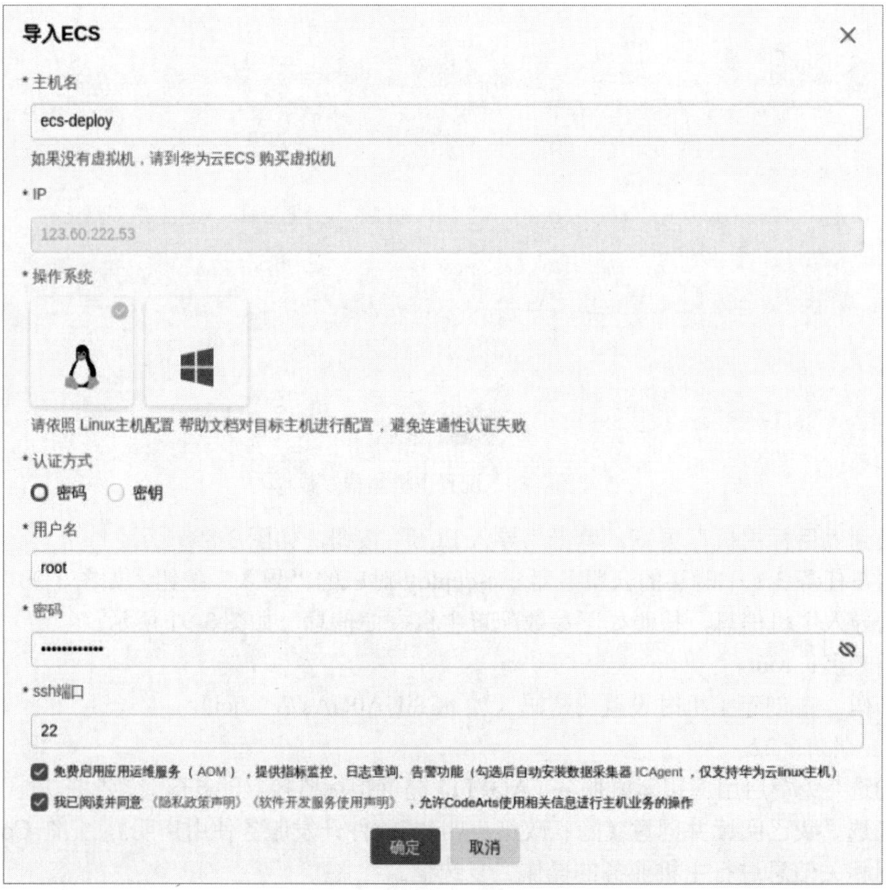

导入ECS　　　　　　　　　　　　　　　　　　　　　　　　　　　　×

* 主机名

ecs-deploy

如果没有虚拟机，请到华为云ECS 购买虚拟机

* IP

123.60.222.53

* 操作系统

请依照 Linux主机配置 帮助文档对目标主机进行配置，避免连通性认证失败

* 认证方式

◉ 密码　　○ 密钥

* 用户名

root

* 密码

•••••••••••••　　　　　　　　　　　　　　　　　　　　　　　　🚫

* ssh端口

22

☑ 免费启用应用运维服务（AOM），提供指标监控、日志查询、告警功能 (勾选后自动安装数据采集器 ICAgent，仅支持华为云linux主机)

☑ 我已阅读并同意《隐私政策声明》《软件开发服务使用声明》，允许CodeArts使用相关信息进行主机业务的操作

确定　　取消

图 3-91　配置主机授信信息

单击"确定"按钮，可以看到，创建的鲲鹏云服务器的导入状态为"已导入为主机"，关闭当前弹窗，如图 3-92 所示。

图 3-92　查看导入状态

等待连通性验证变为"成功"后，完成主机集群的创建，关闭当前弹窗，如图 3-93 所示。

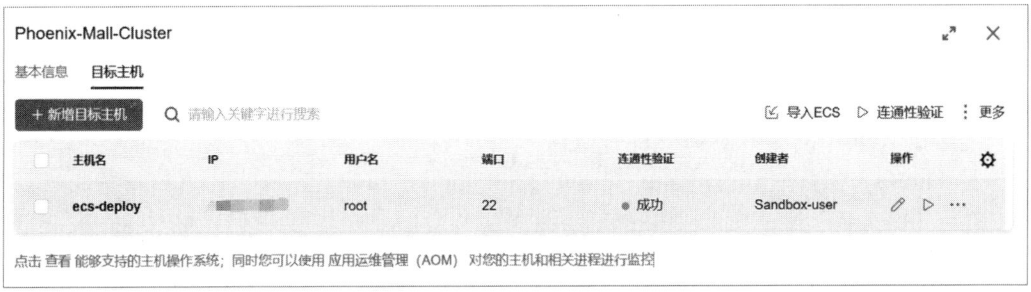

图 3-93　完成主机集群的创建

② 在目标主机中安装依赖环境。

说明： 因为示例程序的运行需要 Docker 及 Docker-Compose 环境，所以需要将依赖环境安装到目标主机中。

在凤凰商城项目管理页面中，选择左侧导航栏中的"持续交付"→"部署"选项，单击"新建应用"按钮，如图 3-94 所示。

图 3-94　单击"新建应用"按钮

在"基本信息"页面中，输入应用名称"phoenix-predeploy"，单击"下一步"按钮，如图 3-95 所示。

在左侧导航栏中选择"使用空白模板"选项，如图 3-96 所示。

图 3-95　输入应用名称

图 3-96　选择"使用空白模板"选项

进入部署任务配置页面，切换至"环境管理"页签，单击"新建环境"按钮，如图 3-97 所示。

图 3-97 单击"新建环境"按钮

在"新建环境"页面中切换到"基本信息"页签，按照如下参数进行配置，单击"保存"按钮，创建环境，如图 3-98 所示。

- 环境名称：phoenix-hostgroup。
- 资源类型：主机。
- 操作系统：Linux。

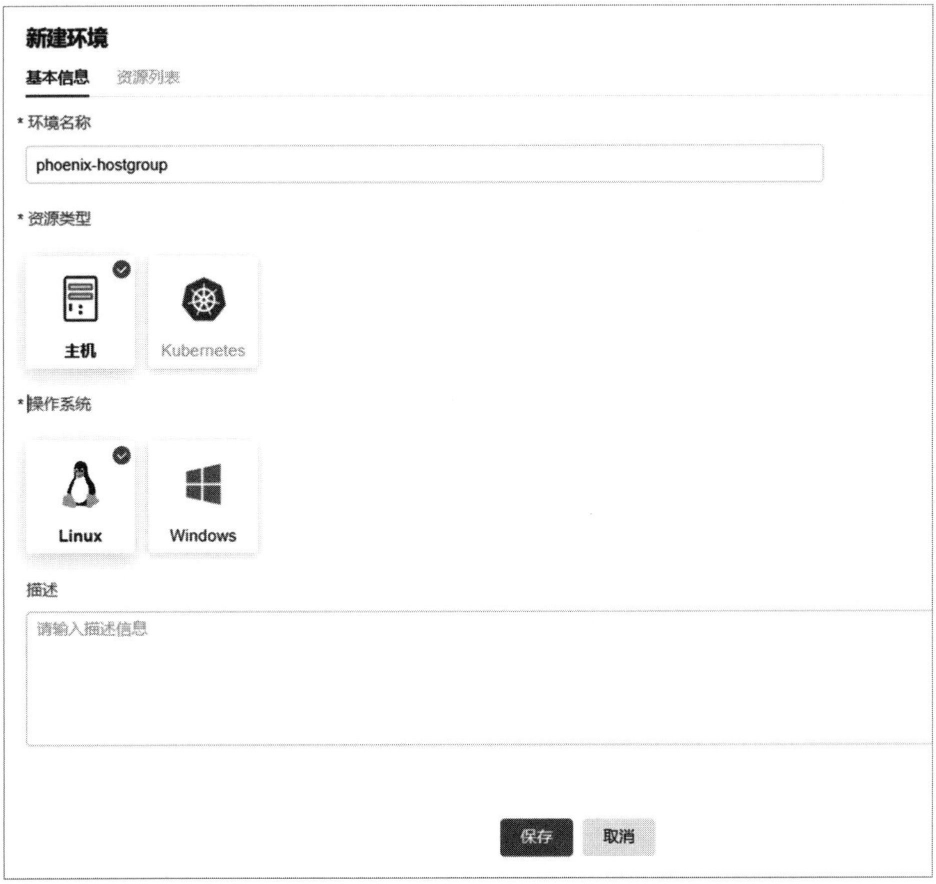

图 3-98 配置环境参数

切换到"资源列表"页签，单击"导入主机"按钮，如图 3-99 所示。

图 3-99　单击"导入主机"按钮

在"导入主机"弹窗中，按照如下参数进行配置，单击"导入"按钮，导入主机，如图 3-100 所示。

- 主机集群：Phoenix-Mall-Cluster。
- 勾选在任务 3.1 中购买的鲲鹏云服务器。

图 3-100　导入主机

如图 3-101 所示，在任务 3.1 中购买的鲲鹏云服务器已经被导入环境，关闭当前弹窗。

图 3-101 连通性验证

切换至"部署步骤"页签，在"所有步骤"页签右侧的搜索框中输入"docker"，选择"安装/卸载 Docker"步骤进行添加，如图 3-102 所示。

图 3-102 添加"安装/卸载 Docker"步骤

选择"安装/卸载 Docker"步骤，在"环境"下拉列表中选择"phoenix-hostgroup"，如图 3-103 所示。

图 3-103 配置"安装/卸载 Docker"步骤

单击"安装/卸载 Docker"步骤上的"+"图标，在"所有步骤"页签中选择"执行 shell 命令"步骤进行添加，如图 3-104 所示。

图 3-104　添加"执行 shell 命令"步骤

按照如下操作配置"执行 shell 命令"步骤。

在"环境"下拉列表中选择"phoenix-hostgroup",并在"shell 命令"代码框中删除原有内容,并输入以下内容,如图 3-105 所示。

```
yum install libssl-dev libffi-dev python-dev build-essential libxml2-dev libxslt1-dev -y
pip3 install six --user -U
pip3 install -i https://repo.huaweiclo**.com/repository/pypi/simple docker-compose==1.17.1
```

图 3-105　配置"执行 shell 命令"步骤

配置完成后,单击"保存并部署"按钮,启动部署任务。若出现图 3-106 所示的页面,则表示任务部署成功。

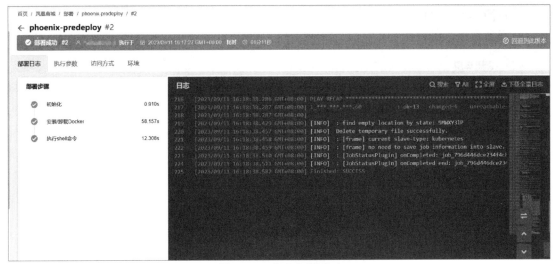

图 3-106　任务部署成功

③ 配置并执行部署任务。

选择左侧导航栏中的"持续交付"→"部署"选项，在"应用列表"页签中找到任务"phoenix-sample-standalone"，单击其右侧的"更多操作"图标，在弹出的下拉列表中选择"编辑"选项，如图 3-107 所示。

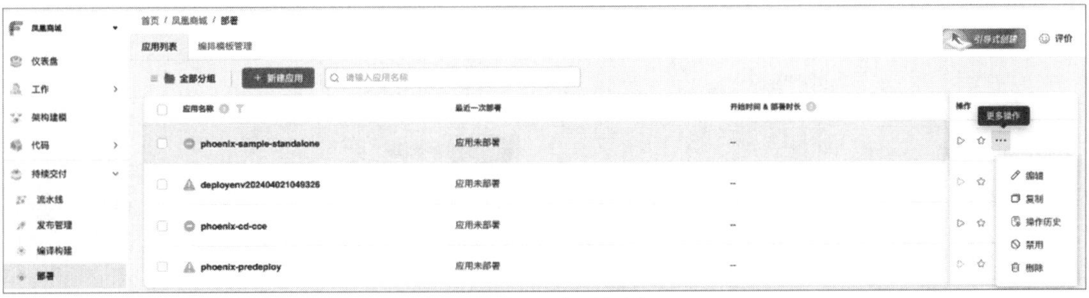

图 3-107　应用部署

进入该部署任务的编辑页面，切换到"环境管理"页签，单击"新建环境"按钮，如图 3-108 所示。

图 3-108　单击"新建环境"按钮

在"新建环境"页面中切换到"基本信息"页签，按照如下参数进行配置，单击"保存"按钮，创建环境，如图 3-109 所示。

- 环境名称：phoenix-hostgroup。

- 资源类型：主机。
- 操作系统：Linux。

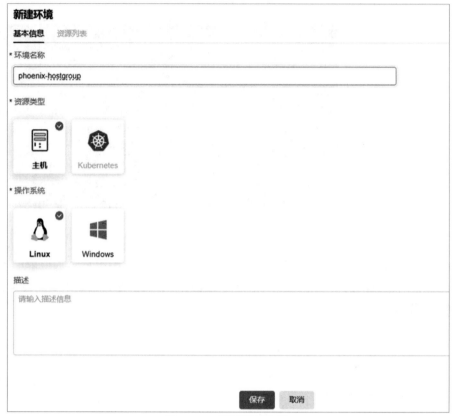

图 3-109　配置环境参数

切换到"资源列表"页签，单击"导入主机"按钮，如图 3-110 所示。

图 3-110　单击"导入主机"按钮

在"导入主机"弹窗中，按照如下参数进行配置，单击"导入"按钮，导入主机，如图 3-111 所示。

- 主机集群：Phoenix-Mall-Cluster。
- 勾选在任务 3.1 中购买的鲲鹏云服务器。

图 3-111　导入主机

如图 3-112 所示，在任务 3.1 中购买的鲲鹏云服务器已经被导入环境，关闭当前弹窗。

图 3-112　连通性验证

切换至"部署步骤"页签，"解压文件"与"执行 shell 命令"步骤保持默认配置即可。
按照如下参数配置"选择部署来源"步骤，如图 3-113 所示。

- 选择源类型：构建任务。
- 环境：phoenix-hostgroup（弹窗会提示"是否将后续步骤的环境也修改为 phoenix-hostgroup"，单击"确定"按钮即可）。
- 请选择构建任务：phoenix-sample-standalone。

图 3-113　配置"选择部署来源"步骤

在华为云"控制台"中，搜索"swr"，找到容器镜像服务 SWR，如图 3-114 所示。

图 3-114　找到容器镜像服务 SWR

进入"容器镜像服务"页面，在左侧导航栏中选择"总览"选项，单击"登录指令"按钮，系统将生成登录指令，并弹窗显示"docker login"指令，如图 3-115 所示。

图 3-115　显示"docker login"指令

登录指令解释如图 3-116 所示。

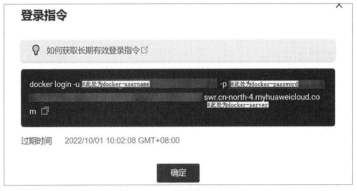

图 3-116　登录指令解释

按照如下提示设置部署任务的参数，如图 3-117 所示。

- docker_username：图 3-116 中-u 之后的字符串。
- docker_password：图 3-116 中-p 之后的字符串。
- docker_server：图 3-116 中最后的字符串。

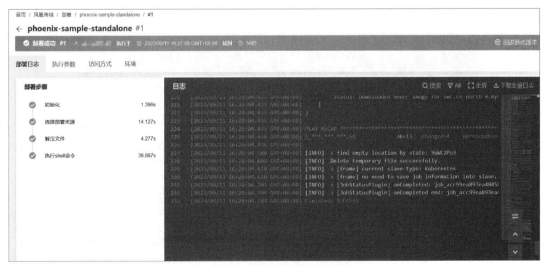

图 3-117　参数设置

注意：在设置参数的默认值时，需要删除原有空格，否则会导致任务部署失败。

单击"保存并部署"按钮，启动部署任务。若出现图 3-118 所示的页面，则表示任务部署成功。

图 3-118　任务部署成功

④ 验证部署结果。

进入鲲鹏云服务器"控制台",找到鲲鹏云服务器 ecs-deploy 并复制其弹性公网 IP 地址,如图 3-119 和图 3-120 所示。

图 3-119　鲲鹏云服务器"控制台"

图 3-120　复制 ecs-deploy 的弹性公网 IP 地址

打开浏览器新页签,在地址栏中输入"http://IP 地址:5000"(IP 地址为步骤④开头复制的 ecs-deploy 的弹性公网 IP 地址,5000 为用户端 UI 端口),将出现图 3-121 所示的页面,且在菜单栏中可看到"门店网络"菜单。

图 3-121　凤凰汽车零部件网上商城

打开浏览器新页签，在地址栏中输入"http://IP 地址:5001"（IP 地址为步骤④开头复制的 ecs-deploy 的弹性公网 IP 地址，5001 为管理端 UI 端口），将出现图 3-122 所示的页面。

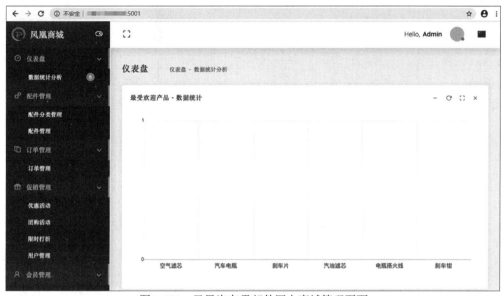

图 3-122　凤凰汽车零部件网上商城管理页面

（2）资源释放

为了避免产生不必要的费用，如果在项目任务实施完成后，无须再使用这些资源，则建议读者参考以下操作步骤释放鲲鹏云服务器资源。

① 删除任务资源——凤凰商城项目。

在凤凰商城项目管理页面中，选择左侧导航栏中的"设置"→"通用设置"→"基本信息"选项，在"通用设置"页面中单击最下面的"删除项目"按钮，如图 3-123 所示。

图 3-123　删除凤凰商城项目入口

在"警告"弹窗中输入"凤凰商城"项目名称，单击"删除"按钮，如图 3-124 所示。

图 3-124 输入项目名称

② 删除在任务实施过程中用到的鲲鹏云服务器。

返回鲲鹏云服务器"控制台"，选择 ecs-deploy（自定义主机名）鲲鹏云服务器，单击"更多"下拉按钮，在弹出的下拉列表中选择"删除"选项，如图 3-125 所示。

图 3-125 删除 ecs-deploy 鲲鹏云服务器入口

在弹出的页面中勾选"删除云服务器绑定的弹性公网 IP 地址"和"删除云服务器挂载的数据盘"复选框，单击"下一步"按钮，删除鲲鹏云服务器，释放鲲鹏云服务器资源，如图 3-126 所示。

删除

① 删除设置 —— ② 资源明细 —— ③ 完成

以下1台云服务器，可直接删除

⚠ 已开启云备份的云服务器在删除后，云备份会保留并继续计费，您可以前往云备份页面进行删除操作。

名称 ⇕	ID ⇕
ecs-deploy	f34d810e-e9d4-4f05-83fd-8d4c4d012989

删除方式　　⦿ 立即删除　　○ 定时删除

是否同步删除关联资源

⚠ 未勾选的弹性公网IP和数据盘不会随云服务器同步删除，会继续计费。

☑ 删除云服务器绑定的弹性公网IP地址　☑ 删除云服务器挂载的数据盘

下一步　　取消

图 3-126　确定删除鲲鹏云服务器

 单元小结

　　本单元主要介绍了软件开发的通用流程并着重介绍了华为云 DevCloud 软件开发平台的相关操作。本单元的任务基于一个模拟案例项目——凤凰商城，所有故事及操作均以此模拟案例项目为背景。通过还原软件开发不同阶段的场景，让读者置身软件项目开发中，并利用华为云 DevCloud 软件开发平台中的便捷工具帮助读者快速掌握使用敏捷的方法和 DevOps 思想完成软件项目的迭代规划，以及软件的开发、测试、部署的流程。

 单元练习

1. 瀑布开发模型的开发流程是什么？每个流程对应的概念是什么？
2. 敏捷开发模型中 Scrum 的三大特点是什么？
3. DevOps 开发模型的概念是什么？DevOps 知识体系由哪些部分组成？

单元 4 鲲鹏应用性能测试

 单元描述

性能测试是评估计算机系统、应用或服务在特定条件下的性能、稳定性和可扩展性的关键步骤。在云计算时代，企业越来越依赖于使用云基础设施来支持其关键业务应用。而在云中，鲲鹏云服务器作为一种强大的计算资源，扮演着关键的角色。

为了确保在鲲鹏云服务器上运行的应用能够在不同负载和条件下表现出色，性能测试变得尤为重要。无论是开发人员、系统管理员还是云架构师，都需要了解如何有效地测试和优化在鲲鹏云服务器上运行的应用的性能。

1. 知识目标

（1）了解性能测试的基本概念和重要性；
（2）掌握不同类型的性能测试方法及其应用场景；
（3）熟悉常用的 Linux 性能监控和分析工具，能实时监测系统应用性能；
（4）学会分析性能测试数据，包括性能瓶颈的识别和改进建议；
（5）掌握常见的性能测试工具的用法，能够创建和运行性能测试脚本。

2. 能力目标

（1）能够识别和分析性能瓶颈，制定性能优化策略；
（2）具备使用常见的性能测试工具创建和运行性能测试脚本的能力；
（3）能够实时监测和评估鲲鹏云服务器实例的性能，以确保应用能够在不同负载条件下具有高可靠性且表现出色。

3. 素养目标

（1）培养以科学思维方式审视专业问题的能力；
（2）培养实际动手操作与团队合作的能力。

 任务分解

本单元旨在让读者掌握鲲鹏应用性能测试的方法，任务分解如表 4-1 所示。

表 4-1　任务分解

任务名称	任务目标	课时安排
任务 4.1　基于 Wrk 工具测试 Nginx 应用	掌握如何使用 Wrk 工具改善 Nginx 应用的性能	3
任务 4.2　基于 JMeter 工具测试 Web 应用	掌握如何使用 JMeter 工具优化 Web 性能	3
任务 4.3　基于 sysbench 工具测试 MySQL 应用	掌握如何使用 sysbench 工具测试 MySQL 性能	4
总计		10

 知识准备

1. 性能测试

性能测试是确保应用能够在不同负载和条件下稳定、高效运行的关键环节。它的重要性体现在多个方面。首先，性能测试有助于保障用户体验良好，因为用户期望应用能够快速响应其请求。一个快速响应的应用可提高用户满意度，从而提高用户忠诚度和企业品牌声誉。其次，性能测试有助于减少潜在的商业损失。性能问题可能会导致交易失败、网站崩溃或服务不可用，这将直接影响企业的收入。通过性能测试，企业可以及早发现和解决问题，降低可能出现的损失。再次，性能测试有助于应对用户量增加的情况，确保应用能够扩展以满足更高的负载。它还可以优化资源、降低成本并提高效率。最后，性能测试有助于确保应用的合规性和安全性，使应用满足法律法规的要求，同时帮助企业发现潜在的安全漏洞。综合而言，性能测试不仅关系到用户满意度，还涉及企业的声誉、收入和市场竞争力，因此在现代软件开发中，其具有不可或缺的地位。

性能测试是一种软件测试类型，它的主要目标是确保系统能够在预期的负载下提供满足性能要求的服务。这种类型的测试有助于确定系统在不同情况下的性能水平，并帮助用户识别潜在的性能瓶颈或问题。

性能测试通常涉及以下几个方面的评估。

- 响应时间：性能测试可以测量应用对用户请求的响应时间，包括请求到达系统后的处理时间等。这有助于确定系统是否能够在合理的时间内响应用户的请求。
- 吞吐量：吞吐量指的是系统每秒可以处理的请求或事务数量。性能测试可以确定系统的最大吞吐量，以及观察在不同负载条件下吞吐量的变化。
- 资源利用率：性能测试可以监测系统的资源使用情况，包括 CPU、内存、磁盘和网络带宽的利用率。这有助于用户识别资源瓶颈和资源不足的问题。
- 稳定性：性能测试可以通过逐渐增加负载来评估系统的稳定性。这有助于用户确定系统的极限负载程度和性能崩溃点。
- 可扩展性：性能测试可以帮助用户确定系统在增加负载时是否能够有效地扩展，以及是否需要增加硬件资源或优化代码。

性能测试通常包括负载测试、压力测试、容量规划测试等不同类型的测试，每种类型专注于不同方面的性能评估和测试，以确保系统在各种情况下都能正常运行。通过性能测试，企业可以识别和解决潜在的性能问题，提高系统的可用性、可靠性和用户体验。以下是常见的性能测试类型。

- 负载测试（Load Testing）：负载测试旨在模拟预期负载条件下的系统性能。通过逐渐增加负载，测试人员来评估系统在不同负载下的性能表现，包括响应时间、吞吐量和资源利用率。这有助于确定系统的性能极限和性能瓶颈。

- 压力测试（Stress Testing）：压力测试是在系统达到极限负载的情况下进行的测试，以评估系统在极端条件下的稳定性和鲁棒性。它的目标是查看系统是否能够正常运行、如何处理异常情况，以及是否能够在负载超负荷时稳定运行。

- 容量规划测试（Capacity Planning Testing）：容量规划测试旨在确定系统在预期负载下的性能需求。通过模拟未来不同的负载场景，企业可以规划所需的资源，以确保系统能够应对未来的需求。

- 稳定性测试（Stability Testing）：稳定性测试用于评估系统在连续运行情况下的稳定性和可靠性。测试人员会持续运行系统，并监测是否出现内存泄漏、资源耗尽或系统崩溃等问题。

- 并发性测试（Concurrency Testing）：并发性测试用于观察系统在多个用户并发访问时的性能。它可以帮助测试人员确定系统是否能够有效处理多个用户同时访问的情况，且不会减少响应时间或降低性能。

- 冲击测试（Spike Testing）：冲击测试用于模拟系统在短时间内突然增加负载的情况（如特定事件或促销期间）。它的目的是评估系统在意外增加负载时的表现。

- 逐渐增加负载测试（Ramp Testing）：逐渐增加负载测试通过逐渐增加用户或负载，模拟系统逐渐增加更多负载的情况。这有助于识别系统在不同负载下的性能极限。

- 断开测试（Isolation Testing）：断开测试用于评估系统中不同组件之间的性能，以识别潜在的瓶颈或问题。这有助于测试人员找到出现性能问题的根本原因。

选择哪种性能测试类型取决于测试目标和应用的性质。通常，在性能测试过程中，测试人员会结合使用多种测试类型以全面评估系统的性能。性能测试流程是一系列步骤，用于规划、设计、执行、分析和优化性能测试。以下是典型的性能测试流程。

- 需求分析。
  - 确定性能测试的目标和范围。
  - 确定性能测试的基准性能指标，如响应时间、吞吐量和并发用户数。
  - 定义性能测试的负载模型，包括预期的用户行为和负载模式。
- 制订测试计划。
  - 制订详细的测试计划，包括测试目标、测试用例、测试环境和时间表。
  - 确定性能测试的资源需求，包括硬件、软件和人力资源。
  - 确定数据生成和加载策略，以准备测试数据。
- 测试设计。
  - 创建性能测试脚本，这些脚本描述了模拟用户行为和负载的步骤。
  - 配置测试工具，以模拟用户请求、记录性能数据和生成报告。
  - 准备测试环境，包括应用、数据库、网络和服务器。
- 测试执行。
  - 执行性能测试，根据测试计划和性能测试脚本模拟用户活动。
  - 实时监测和记录性能数据，包括响应时间、吞吐量、资源利用率等。

> ➢ 根据负载模型逐步增加负载，进行逐渐增加负载测试。
- 分析性能数据。
  - ➢ 分析性能数据，检查是否达到预期的性能指标。
  - ➢ 识别性能瓶颈和潜在问题，如响应时间过长、资源不足或内存泄漏。
  - ➢ 提出性能改进建议，以改进应用的性能。
- 撰写报告并总结。
  - ➢ 撰写性能测试报告，包括测试结果、分析和优化建议。
  - ➢ 向团队和利益相关者传达性能测试的主要结果和建议。
  - ➢ 确定是否满足了性能测试的目标，是否需要进行进一步的测试或优化。
- 优化和重复测试。
  - ➢ 根据测试结果进行性能优化，解决性能瓶颈和潜在问题。
  - ➢ 重复进行性能测试，以验证优化措施的效果。
  - ➢ 如果有需要，则可以进行周期性的性能测试，以确保应用在不同负载下能保持良好的性能。
- 结束和存档。
  - ➢ 完成性能测试项目，并进行总结。
  - ➢ 保存测试数据、报告和相关文档以供将来参考。

性能测试流程的关键是系统性地计划、执行和分析测试，以便发现和解决性能问题，从而提高应用的性能和可用性。

2. 常用的 Linux 性能监控和分析工具

在 Linux 操作系统中，有多种常用的性能监控和分析工具，用于监控系统性能、收集性能数据和分析系统性能问题。以下是常用的 Linux 性能监控和分析工具。

- top。
  - ➢ 描述：top 是一个命令行工具，用于提供实时的系统性能信息。它显示了 CPU 利用率、内存使用情况、运行中的进程列表和系统负载。
  - ➢ 案例：在 Linux 操作系统中可以使用 top 工具来查看哪些进程占用了最多的 CPU 和内存资源，并了解系统的总体性能。例如，在运行 top 命令后，可以使用 "Shift+P" 快捷键来按照 CPU 利用率排序进程列表。
- vmstat。
  - ➢ 描述：vmstat 工具提供了有关虚拟内存、CPU 和磁盘 I/O 性能的统计信息。它显示了每秒的上下文切换、内存交换、CPU 利用率等。
  - ➢ 案例：运行 vmstat 1 命令以每秒更新一次的频率监控系统性能。在 Linux 操作系统中可以使用 vmstat 工具来检查系统是否存在内存交换问题或 CPU 瓶颈。
- iostat。
  - ➢ 描述：iostat 工具用于监控磁盘 I/O 性能。它描述了每块磁盘的读/写操作、响应时间和吞吐量。
  - ➢ 案例：运行 iostat -x 1 命令以每秒更新一次的频率监控磁盘 I/O 性能。在 Linux 操作系统中可以使用 iostat 工具来查找磁盘 I/O 问题，如磁盘瓶颈或高 I/O 等待时间。

- sar。
  - ➤ 描述：sar 是一个全面的性能监控和分析工具，可记录和报告系统（包括 CPU、内存、磁盘和网络）性能数据。通常，sar 命令以批处理模式运行，并生成性能报告。
  - ➤ 案例：使用 sar 命令可以生成历史性能数据报告。例如，使用 sar -u 命令可以显示 CPU 利用率的历史数据，该结果有助于识别系统性能趋势和峰值负载。
- htop。
  - ➤ 描述：htop 是 top 的改进版本，提供了更多交互性和可视化选项。它以颜色区分进程，并允许用户交互式地杀死进程或设置进程的优先级。
  - ➤ 案例：在运行 htop 命令后，可以使用键盘上的方向键浏览进程列表，并使用 "F9" 键选择要终止的进程。这使用户在识别和处理问题进程时变得更加方便。
- iftop。
  - ➤ 描述：iftop 工具用于实时监控网络流量。它描述了当前网络连接的数据传输速率和方向，并按照流量排序。
  - ➤ 案例：在运行 iftop 命令后，可以实时监控哪些网络连接占用了网络带宽，该结果有助于识别网络性能问题或流量峰值。

这些工具提供了针对不同领域的性能监控和分析功能，用户可以根据具体的需求和问题进行选择。通过使用这些工具，系统管理员和开发人员可以更好地了解系统的运行情况，及时发现问题并采取适当的措施。

3. 常见的性能测试工具

以下是一些常见的性能测试工具，它们用于模拟负载、收集性能数据，以帮助用户评估应用或系统的性能。

- Apache JMeter。

Apache JMeter 是一款开源的 Java 应用程序，专注于进行性能测试和负载测试。它支持多种协议，包括 HTTP、FTP、JDBC、SOAP 和其他自定义协议。Apache JMeter 允许用户创建测试计划，模拟多用户并发访问，并收集性能数据以分析应用的性能。它具有用户友好的图形用户界面（GUI，Graphical User Interface）和强大的脚本编写功能。

- Locust。

Locust 是一个开源的 Python 性能测试工具，用于模拟大规模用户负载。它的特点是易于编写和维护测试脚本（因为测试场景是使用 Python 代码编写的）。Locust 工具支持通过分布式方式扩展负载，允许用户模拟高并发和复杂用户行为。

- Gatling。

Gatling 是一个基于 Scala 的开源性能测试工具，旨在模拟真实用户行为和高并发。它支持 HTTP、WebSocket、JMS 等协议，并提供了用于编写测试脚本的 DSL（领域特定语言）。Gatling 工具具有强大的报告生成功能，可生成详细的性能分析报告。

- Wrk。

Wrk 是一个高性能的 HTTP 性能测试工具，专注于评估 Web 服务器的性能。它以高并发方式发送 HTTP 请求，测试服务器的响应时间和吞吐量。Wrk 工具使用 Lua 脚本编写测试场景，允许用户模拟各种负载条件。

- Siege。

Siege 是一个命令行 HTTP 负载测试工具，用于模拟大规模用户负载以评估 Web 应用的性能。Siege 工具支持多种高级特性，如并发连接数限制、随机延迟和定时测试。它既可以测试单个 URL，也可以测试多个 URL。

- Apache Benchmark（ab）。

Apache Benchmark 是一个轻量级的命令行工具，用于快速评估 Web 服务器的性能。它通过发送一组 HTTP 请求来测试服务器的响应时间、吞吐量和请求成功率。Apache Benchmark 工具适用于快速的基本性能测试。

- Tsung。

Tsung 是一个多协议负载测试工具，用于模拟高并发和大规模负载条件下的应用的性能。它支持 HTTP、WebSocket、XMPP、SMTP 等协议，并具有灵活的配置选项和报告生成功能。

- LoadRunner。

LoadRunner 是由 Micro Focus 公司开发的企业级性能测试工具，支持多种协议，包括 HTTP、FTP、JDBC、SOAP 等。它具有强大的脚本录制和回放功能，支持分布式测试，允许模拟大规模用户负载以评估企业应用的性能。LoadRunner 工具还提供了详尽的性能分析报告。

这些性能测试工具具有不同的特性和适用场景，读者可以根据项目需求和应用类型进行选择。它们有助于评估应用的性能、发现潜在的性能问题并支持性能优化。

任务 4.1　基于 Wrk 工具测试 Nginx 应用

1. 任务描述

本任务的目标是基于 Wrk 工具测试在鲲鹏云服务器的 Linux 实例上运行的 Nginx 应用的性能。通过本任务，读者将学会如何评估 Nginx 服务器的响应能力，以便在需要时进行性能优化。

任务准备如下。

- 创建一台鲲鹏云服务器实例。
- 在其上安装 Nginx 应用，确保 Nginx 应用已正确设置和运行。
- 具有鲲鹏云服务器访问权限的 SSH 客户端。
- 安装 Wrk 工具，可以使用包管理器安装或从官方 GitHub 仓库中获取其安装包。

2. 任务分析

（1）基础准备

- 用户需要提前申请华为云账号，并完成实名认证。
- 华为云账号需要提前充值，如果账号欠费，则会造成资源冻结。

（2）任务配置思路

- 准备鲲鹏云服务器和 Nginx 应用。

- 安装 Wrk 工具。
- 进行性能测试。
- 分析测试结果。

3. 任务实施

（1）准备鲲鹏云服务器和 Nginx 应用

登录鲲鹏云服务器。

关于购买鲲鹏云服务器的步骤详见单元 1，此处不再赘述。鲲鹏云服务器配置如表 4-2 所示，操作系统要求如表 4-3 所示。

表 4-2　鲲鹏云服务器配置

项目	说明
规格	kc1.xlarge.2	4vCPUs	8GiB
磁盘	系统盘：高 IO（100GiB）

表 4-3　操作系统要求

项目	版本	下载地址
CentOS	7.6	在公共镜像中已提供
Kernel	4.14.0-115	在公共镜像中已提供

确定配置后，下面在鲲鹏云服务器的 Linux 实例上安装 Nginx 应用。

① 登录华为云，进入"弹性云服务器"页面，选择已经购买的鲲鹏云服务器，如图 4-1 所示，此处选择名为"ecs-nginx"的云服务器，单击"远程登录"按钮，建议使用 CloudShell 方式，输入账号与密码登录云服务器。

图 4-1　"弹性云服务器"页面

登录成功后的页面如图 4-2 所示。

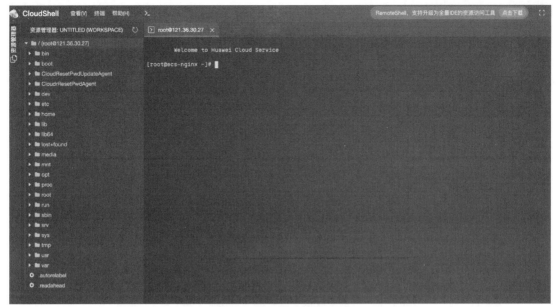

图 4-2　登录成功后的页面

② 安装 Nginx 应用。

Nginx 是一台轻量级的 Web 服务器/反向代理服务器及电子邮件（IMAP/POP3）代理服务器，在 BSD-like 协议下发行。其特点是占用内存少，并发能力强（事实上 Nginx 的并发能力在同类型的网页服务器中表现较好）。在 Linux 操作系统中输入如下命令，安装 Nginx 应用。

```
yum install -y nginx
```

Nginx 应用安装成功后的页面如图 4-3 所示。

```
Total                                                              1.9 MB/s | 751 kB  00:00:00
Running transaction check
Running transaction test
Transaction test succeeded
Running transaction
  Installing : 1:nginx-mod-http-perl-1.12.2-3.el7.aarch64                               1/8
  Installing : 1:nginx-mod-http-xslt-filter-1.12.2-3.el7.aarch64                        2/8
  Installing : 1:nginx-mod-stream-1.12.2-3.el7.aarch64                                  3/8
  Installing : 1:nginx-mod-mail-1.12.2-3.el7.aarch64                                    4/8
  Installing : 1:nginx-mod-http-geoip-1.12.2-3.el7.aarch64                              5/8
  Installing : 1:nginx-mod-http-image-filter-1.12.2-3.el7.aarch64                       6/8
  Installing : 1:nginx-all-modules-1.12.2-3.el7.noarch                                  7/8
  Installing : 1:nginx-1.12.2-3.el7.aarch64                                             8/8
  Verifying  : 1:nginx-all-modules-1.12.2-3.el7.noarch                                  1/8
  Verifying  : 1:nginx-mod-http-perl-1.12.2-3.el7.aarch64                               2/8
  Verifying  : 1:nginx-mod-http-xslt-filter-1.12.2-3.el7.aarch64                        3/8
  Verifying  : 1:nginx-1.12.2-3.el7.aarch64                                             4/8
  Verifying  : 1:nginx-mod-stream-1.12.2-3.el7.aarch64                                  5/8
  Verifying  : 1:nginx-mod-mail-1.12.2-3.el7.aarch64                                    6/8
  Verifying  : 1:nginx-mod-http-geoip-1.12.2-3.el7.aarch64                              7/8
  Verifying  : 1:nginx-mod-http-image-filter-1.12.2-3.el7.aarch64                       8/8

Installed:
  nginx.aarch64 1:1.12.2-3.el7

Dependency Installed:
  nginx-all-modules.noarch 1:1.12.2-3.el7       nginx-mod-http-geoip.aarch64 1:1.12.2-3.el7       nginx-mod-http-image-filter.aarch64 1:1.12.2-3.el7
  nginx-mod-http-perl.aarch64 1:1.12.2-3.el7    nginx-mod-http-xslt-filter.aarch64 1:1.12.2-3.el7  nginx-mod-mail.aarch64 1:1.12.2-3.el7
  nginx-mod-stream.aarch64 1:1.12.2-3.el7

Complete!
```

图 4-3　Nginx 应用安装成功后的页面

输入如下命令，测试 Nginx 应用是否安装成功，如果显示 Nginx 版本，则表示安装成功。

```
nginx -v
```

③ 启动 Nginx 应用。

安装成功后，需要启动 Nginx 应用，并且设置其开机自启动，命令如下。

```
systemctl start nginx   # 启动 Nginx 应用
systemctl enable nginx # 设置 Nginx 应用开机自启动
```

④ 验证 Nginx 应用是否已安装。

在浏览器中访问鲲鹏云服务器实例的公网 IP 地址或域名，将会看到 Nginx 应用的欢迎页面。在默认情况下，Nginx 应用的网页目录为/usr/share/nginx/html。如果看到 Nginx 应用的欢迎页面，则表示 Nginx 应用已成功安装并可以运行，如图 4-4 所示。

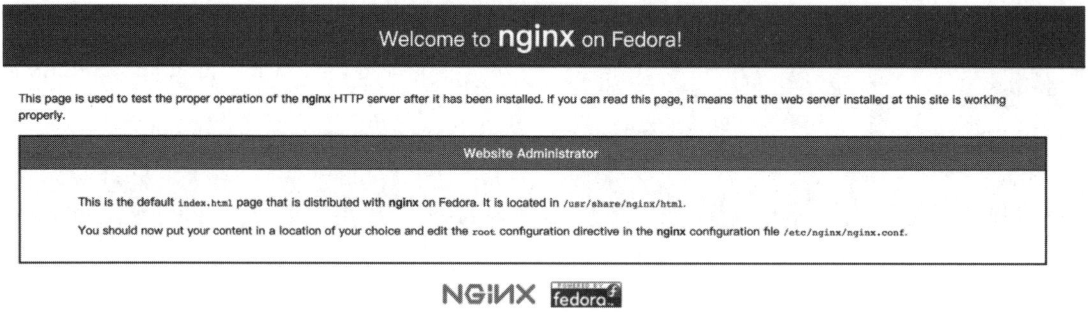

Welcome to nginx on Fedora!

This page is used to test the proper operation of the **nginx** HTTP server after it has been installed. If you can read this page, it means that the web server installed at this site is working properly.

Website Administrator

This is the default `index.html` page that is distributed with **nginx** on Fedora. It is located in `/usr/share/nginx/html`.

You should now put your content in a location of your choice and edit the `root` configuration directive in the **nginx** configuration file `/etc/nginx/nginx.conf`.

图 4-4   Nginx 应用的欢迎页面

现在，已经成功在鲲鹏云服务器的 Linux 实例上安装并运行了 Nginx 应用，下面可以根据需要进一步配置和管理 Nginx 应用以满足网站或应用的需求。

（2）安装 Wrk 工具

此处把 Wrk 和 Nginx 部署在同一台鲲鹏云服务器上，当然，读者也可以将其部署在不同的鲲鹏云服务器上。Wrk 需要通过一些依赖项来实现构建和运行，可以使用如下命令安装它们。

```
yum install -y git make gcc
```

以上命令分别安装了 git、make、gcc 依赖项，接下来使用 git 依赖项克隆 Wrk 的工具包，命令如下。

```
git clone https://gith**.com/wg/wrk.git
```

命令执行成功后的结果如图 4-5 所示。

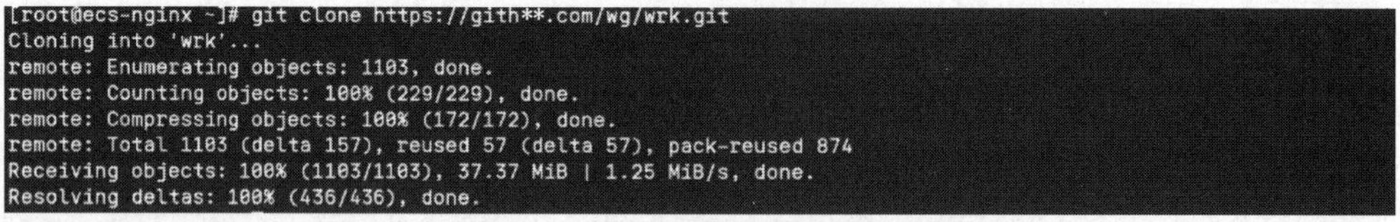

```
[root@ecs-nginx ~]# git clone https://gith**.com/wg/wrk.git
Cloning into 'wrk'...
remote: Enumerating objects: 1103, done.
remote: Counting objects: 100% (229/229), done.
remote: Compressing objects: 100% (172/172), done.
remote: Total 1103 (delta 157), reused 57 (delta 57), pack-reused 874
Receiving objects: 100% (1103/1103), 37.37 MiB | 1.25 MiB/s, done.
Resolving deltas: 100% (436/436), done.
```

图 4-5   命令执行成功后的结果

命令执行成功后，可以使用 ls 命令查看当前目录中是否已存在 wrk 目录，即上面使用 git 依赖项克隆的 Wrk 工具包。进入 Wrk 存储库的目录，首先执行如下命令。

```
cd wrk
```

然后执行 make 命令编译 Wrk。

```
make
```

这将生成可执行文件 wrk。为了能够在任何位置运行 Wrk 工具，可以将可执行文件移动到一个系统 PATH 的目录中。通常，可以将它移动到/usr/local/bin 目录中，命令如下。

```
cp wrk /usr/local/bin
```

现在，可以验证 Wrk 工具是否已正确安装。在终端窗口中执行如下命令。

```
wrk --version
```

如果一切正常，则将看到 Wrk 工具的版本信息，如图 4-6 所示。

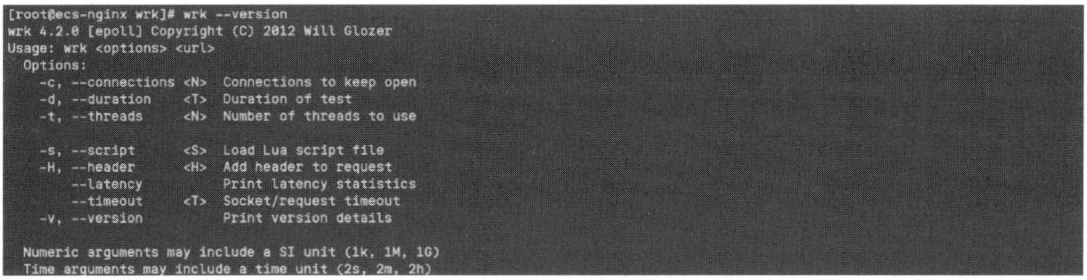

```
[root@ecs-nginx wrk]# wrk --version
wrk 4.2.0 [epoll] Copyright (C) 2012 Will Glozer
Usage: wrk <options> <url>
  Options:
    -c, --connections <N>  Connections to keep open
    -d, --duration    <T>  Duration of test
    -t, --threads     <N>  Number of threads to use

    -s, --script      <S>  Load Lua script file
    -H, --header      <H>  Add header to request
        --latency          Print latency statistics
        --timeout     <T>  Socket/request timeout
    -v, --version          Print version details

  Numeric arguments may include a SI unit (1k, 1M, 1G)
  Time arguments may include a time unit (2s, 2m, 2h)
```

图 4-6　Wrk 工具的版本信息

现在，已经成功在 CentOS 7.6 上安装 Wrk 工具，并可以使用它来进行性能测试。请记住，Wrk 是一个用于 HTTP 性能测试的工具，我们可以使用它来模拟并测试 Web 服务器的负载和性能。

（3）进行性能测试

编写如下测试命令。

```
wrk -t12 -c100 -d30s http://127.0.0.1
#或者
wrk -t12 -c100 -d30s http://云服务器公网 IP 地址
```

通过模拟 12 个线程、100 次连接、压力测试持续 30s 的场景来测试地址"http://127.0.0.1"，端口默认为 80，可不写，使用 Wrk 工具对本地安装的 Web 服务器进行性能测试。测试结果如图 4-7 所示。

```
[root@ecs-nginx ~]# wrk -t12 -c100 -d30s http://127.0.0.1
Running 30s test @ http://127.0.0.1
  12 threads and 100 connections
  Thread Stats   Avg      Stdev     Max   +/- Stdev
    Latency     2.24ms    3.98ms  86.51ms   88.95%
    Req/Sec     9.13k     4.16k   23.54k    65.51%
  3270450 requests in 30.10s, 12.00GB read
Requests/sec: 108635.02
Transfer/sec:    408.08MB
```

图 4-7　使用 Wrk 工具测试 Web 服务器性能的结果

（4）分析测试结果

- 测试配置。

测试运行时间：30s。

目标 URL：http://127.0.0.1。

线程数：12。

连接数：100。

- Thread Stats（线程统计）。

  ➢ Avg Latency（平均延迟）：2.24ms。

平均延迟表示每个请求的平均响应时间，也就是从发送请求到收到响应的时间。在这里，平均延迟为 2.24ms，表明在平均情况下，请求的响应时间很快。

  ➢ Stdev Latency（延迟标准差）：3.98ms。

延迟标准差表示延迟数据的分散程度。较高的延迟标准差表示一些请求的响应时间相对较慢。在这里，延迟标准差为 3.98ms，表示延迟数据相对分散。

  ➢ Max Latency（最大延迟）：86.51ms。

最大延迟表示所有请求中的最长响应时间。在这里，最大延迟为 86.51ms，说明某个请求的响应时间较长。

  ➢ +/- Stdev Latency（标准差百分比）：88.95%。

标准差百分比是相对于平均延迟的标准差的百分比。在这里，标准差百分比为 88.95%，说明大多数请求的响应时间相对稳定，但仍有一些离散较大的请求。

• 请求数。

  ➢ Avg Req/Sec（平均每秒请求数）：9.13k（即每秒约 9130 个请求）。

  ➢ Max Req/Sec（最高每秒请求数）：23.54k。

  ➢ +/- Stdev Req/Sec（标准差百分比）：65.51%。

这里的标准差百分比表示请求数的变化范围。在这里，标准差百分比为 65.51%，说明请求数在测试期间有一些波动，但总体上是相对稳定的。

• 总请求数：在 30.10s 内共发送了 3 270 450 个请求，总数据传输量为 12.00GB。

• 性能摘要。

  ➢ Requests/sec（每秒请求数）：108635.02。

这是测试期间云服务器每秒处理的平均请求数。在这里，云服务器每秒能够处理约 108635 个请求，这是一个相当高的数字，表明云服务器的性能很好。

  ➢ Transfer/sec（数据传输速率）：408.08MB。

这是测试期间的平均数据传输速率，云服务器每秒传输 408.08MB 的数据。

总体来说，这个测试结果表明 Web 服务器在给定的配置下表现良好。平均延迟较低，每秒处理的请求数高，响应时间相对稳定，这些都是良好的性能指标。但需要注意的是，最大延迟相对较高，根据应用的具体需求，开发人员需要对服务器进行进一步优化以减少这些潜在的高延迟请求。

任务 4.2　基于 JMeter 工具测试 Web 应用

1. 任务描述

本任务的目标是评估和验证 Web 应用的性能、稳定性和可靠性，以便发现性能瓶颈、确定负载能力，以支持应用的优化和改进。

任务准备如下。

• 创建一台鲲鹏云服务器实例。

• 具有鲲鹏云服务器访问权限的 SSH 客户端。

- 下载和安装 Apache JMeter 工具。
- 安装 Tomcat。

2. 任务分析

（1）基础准备

- 用户需要提前申请华为云账号，并完成实名认证。
- 华为云账号需要提前充值，如果账号欠费，则会造成资源冻结。

（2）任务配置思路

- 准备鲲鹏云服务器并安装 Tomcat。
- 安装 JMeter。
- 使用 JMeter 进行测试。
- 分析测试结果。

3. 任务实施

（1）准备鲲鹏云服务器并安装 Tomcat

关于购买鲲鹏云服务器的步骤详见单元 1，此处不再赘述，鲲鹏云服务器配置如表 4-1 所示，操作系统要求如表 4-2 所示。登录华为云，进入"弹性云服务器"页面，选择已经购买的鲲鹏云服务器，单击"远程登录"按钮，建议使用 CloudShell 方式，输入账号与密码登录云服务器。

① 下载 Tomcat 软件包。进入/usr/local/src 目录，使用 wget 命令下载"apache-tomcat-8.5.41.tar.gz"软件包。

```
cd /usr/local/src
wget https://archive.apac**.org/dist/tomcat/tomcat-8/v8.5.41/bin/apache-tomcat-8.5.41.tar.gz
```

② 解压缩 Tomcat 软件包。执行如下命令解压缩"apache-tomcat-8.5.41.tar.gz"软件包。

```
tar -xvf apache-tomcat-8.5.41.tar.gz
```

解压缩完成后，使用 ls 命令查看解压缩后的文件，结果如图 4-8 所示。

```
[root@ecs-nginx src]# ls
apache-tomcat-8.5.41  apache-tomcat-8.5.41.tar.gz
```

图 4-8　查看解压缩后的文件

③ 安装 JDK。输入如下命令安装 JDK。

```
yum install -y java-1.8.0-openjdk
```

安装成功后的结果如图 4-9 所示。

```
Updated:
  java-1.8.0-openjdk.aarch64 1:1.8.0.382.b05-1.el7_9

Dependency Updated:
  java-1.8.0-openjdk-devel.aarch64 1:1.8.0.382.b05-1.el7_9          java-1.8.0-openjdk-headless.aarch64 1:1.8.0.382.b05-1.el7_9
  tzdata-java.noarch 0:2023c-1.el7

Complete!
```

图 4-9　安装成功后的结果

④ 运行 Tomcat。

```
sh /usr/local/src/apache-tomcat-8.5.41/bin/startup.sh
```

运行成功后的效果如图 4-10 所示。

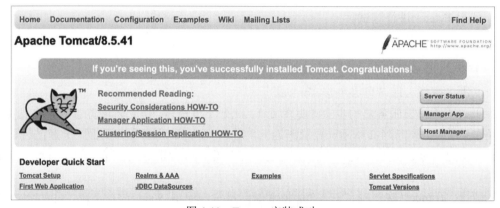

```
[root@ecs-nginx src]# sh /usr/local/src/apache-tomcat-8.5.41/bin/startup.sh
Using CATALINA_BASE:   /usr/local/src/apache-tomcat-8.5.41
Using CATALINA_HOME:   /usr/local/src/apache-tomcat-8.5.41
Using CATALINA_TMPDIR: /usr/local/src/apache-tomcat-8.5.41/temp
Using JRE_HOME:        /usr
Using CLASSPATH:       /usr/local/src/apache-tomcat-8.5.41/bin/bootstrap.jar:/usr/local/src/apache-tomcat-8.5.41/bin/tomcat-juli.jar
Tomcat started.
```

图 4-10　运行成功后的效果

⑤ 验证 Tomcat 是否安装成功。

打开本地 PC 的 Chrome 浏览器，在地址栏中输入"https://弹性云服务器的 IP 地址:端口号"（如 http://36.37.101.243:8080），此处的 IP 地址为部署工具主机的 IP 地址，按"Enter"键，若出现图 4-11 所示的页面，则说明 Tomcat 安装成功。

图 4-11　Tomcat 安装成功

进入/usr/local /src/apache-tomcat-8.5.41/webapps 目录，使用 wget 命令下载"primetest.war"软件包（若通过软件链接无法找到资源，则读者可自行搜索 primetest 进行下载）。

```
cd /usr/local/src/apache-tomcat-8.5.41/webapps
wget https://hcia.obs.cn-north-4.myhuaweiclo**.com/v1.5/primetest.war
```

（2）安装 JMeter

进入/usr/local/src 目录，使用 wget 命令下载"apache-jmeter-5.6.2.tgz"软件包。

```
cd /usr/local/src
wget https://dlcdn.apac**.org//jmeter/binaries/apache-jmeter-5.6.2.tgz   --no-check-certificate
--no-check-certificate 是为了跳过身份验证
```

解压缩"apache-jmeter-5.6.2.tgz"软件包。

```
tar -xvf apache-jmeter-5.6.2.tgz
```

配置 JDK 和 JMeter 环境变量。

```
vi /etc/profile
```

按"i"键进入编辑模式，在 profile 文件倒数第 3 行插入如下 4 行代码，按"Esc"键并输入":wq!"保存文件后退出。

```
export JAVA_HOME=/usr/lib/jvm/java-openjdk
export CLASSPATH=.:$JAVA_HOME/lib/dt.jar:$JAVA_HOME/lib/tools.jar
export PATH=$JAVA_HOME/bin:$JAVA_HOME/jre/bin:$PATH
export PATH=$PATH:/usr/local/src/apache-jmeter-5.6.2/bin
```

执行如下命令使环境变量配置生效。

```
source /etc/profile
```

进入 JMeter 的测试文件所在目录，并进行单元测试。

```
cd /usr/local/src/apache-jmeter-5.6.2/extras/
jmeter -n -t Test.jmx -l test.jtl
```

命令参数说明如下。

- "-n"：表示非 GUI 模式，即在非 GUI 模式下运行 JMeter。
- "-t"：用于指定测试文件，即要运行的 JMeter 测试脚本文件。
- "-l"：用于指定日志文件，即记录结果的文件。

若出现图 4-12 所示的回显信息，则表示 JMeter 单元测试执行成功。

```
[root@ecs-nginx extras]# jmeter -n -t Test.jmx -l test.jtl
WARN StatusConsoleListener The use of package scanning to locate plugins is deprecated and will be removed in a future release
WARN StatusConsoleListener The use of package scanning to locate plugins is deprecated and will be removed in a future release
WARN StatusConsoleListener The use of package scanning to locate plugins is deprecated and will be removed in a future release
WARN StatusConsoleListener The use of package scanning to locate plugins is deprecated and will be removed in a future release
Oct 09, 2023 4:58:05 PM java.util.prefs.FileSystemPreferences$1 run
INFO: Created user preferences directory.
Creating summariser <summary>
Created the tree successfully using Test.jmx
Starting standalone test @ October 9, 2023 4:58:05 PM CST (1696841885926)
Waiting for possible Shutdown/StopTestNow/HeapDump/ThreadDump message on port 4445
summary =     30 in 00:00:03 =    9.1/s Avg:    240 Min:    110 Max:    352 Err:     2 (6.67%)
Tidying up ...    @ October 9, 2023 4:58:09 PM CST (1696841889552)
```

图 4-12　回显信息（1）

（3）使用 JMeter 进行测试

切换至/usr/local/src/apache-jmeter-5.6.2/extras 目录，新建一个 test_01.jmx 文件。

```
cd /usr/local/src/apache-jmeter-5.6.2/extras
vi test_01.jmx
```

按 "i" 键进入编辑模式，复制如下内容。

```
<?xml version="1.0" encoding="UTF-8"?>
<jmeterTestPlan version="1.2" properties="5.0" jmeter="5.2">
  <hashTree>
    <TestPlan guiclass="TestPlanGui" testclass="TestPlan" testname="Test Plan" enabled="true">
      <stringProp name="TestPlan.comments"></stringProp>
      <boolProp name="TestPlan.functional_mode">false</boolProp>
      <boolProp name="TestPlan.tearDown_on_shutdown">true</boolProp>
      <boolProp name="TestPlan.serialize_threadgroups">false</boolProp>
      <elementProp name="TestPlan.user_defined_variables" elementType="Arguments" guiclass="ArgumentsPanel"
testclass="Arguments" testname="User Defined Variables" enabled="true">
        <collectionProp name="Arguments.arguments"/>
      </elementProp>
      <stringProp name="TestPlan.user_define_classpath"></stringProp>
    </TestPlan>
    <hashTree>
      <ThreadGroup  guiclass="ThreadGroupGui"  testclass="ThreadGroup"  testname="Thread  Group"
enabled="true">
        <stringProp name="ThreadGroup.on_sample_error">continue</stringProp>
        <elementProp  name="ThreadGroup.main_controller"  elementType="LoopController"  guiclass=
"LoopControlPanel" testclass="LoopController" testname="Loop Controller" enabled="true">
          <boolProp name="LoopController.continue_forever">false</boolProp>
          <stringProp name="LoopController.loops">2</stringProp>
        </elementProp>
        <stringProp name="ThreadGroup.num_threads">1000</stringProp>
```

```
                <stringProp name="ThreadGroup.ramp_time">1</stringProp>
                <boolProp name="ThreadGroup.scheduler">false</boolProp>
                <stringProp name="ThreadGroup.duration"></stringProp>
                <stringProp name="ThreadGroup.delay"></stringProp>
                <boolProp name="ThreadGroup.same_user_on_next_iteration">true</boolProp>
        </ThreadGroup>
        <hashTree>
        <HTTPSamplerProxy guiclass="HttpTestSampleGui" testclass="HTTPSamplerProxy" testname=
"HTTP" enabled="true">
                <elementProp name="HTTPsampler.Arguments" elementType="Arguments" guiclass=
"HTTPArgumentsPanel" testclass="Arguments" testname="用户定义的变量" enabled="true">
                    <collectionProp name="Arguments.arguments"/>
                </elementProp>
                <stringProp name="HTTPSampler.domain">192.168.101.243</stringProp>
                <stringProp name="HTTPSampler.port">8080</stringProp>
                <stringProp name="HTTPSampler.protocol">http</stringProp>
                <stringProp name="HTTPSampler.contentEncoding"></stringProp>
                <stringProp name="HTTPSampler.path">/primetest/49851651</stringProp>
                <stringProp name="HTTPSampler.method">GET</stringProp>
                <boolProp name="HTTPSampler.follow_redirects">true</boolProp>
                <boolProp name="HTTPSampler.auto_redirects">false</boolProp>
                <boolProp name="HTTPSampler.use_keepalive">true</boolProp>
                <boolProp name="HTTPSampler.DO_MULTIPART_POST">false</boolProp>
                <stringProp name="HTTPSampler.embedded_url_re"></stringProp>
                <stringProp name="HTTPSampler.connect_timeout"></stringProp>
                <stringProp name="HTTPSampler.response_timeout"></stringProp>
        </HTTPSamplerProxy>
        <hashTree>
        <ResultCollector guiclass="ViewResultsFullVisualizer" testclass="ResultCollector" testname=
"result" enabled="true">
                <boolProp name="ResultCollector.error_logging">false</boolProp>
                <objProp>
                  <name>saveConfig</name>
                  <value class="SampleSaveConfiguration">
                    <time>true</time>
                    <latency>true</latency>
                    <timestamp>true</timestamp>
                    <success>true</success>
                    <label>true</label>
                    <code>true</code>
                    <message>true</message>
                    <threadName>true</threadName>
                    <dataType>true</dataType>
                    <encoding>false</encoding>
                    <assertions>true</assertions>
                    <subresults>true</subresults>
                    <responseData>false</responseData>
                    <samplerData>false</samplerData>
                    <xml>false</xml>
                    <fieldNames>true</fieldNames>
                    <responseHeaders>false</responseHeaders>
                    <requestHeaders>false</requestHeaders>
                    <responseDataOnError>false</responseDataOnError>
                    <saveAssertionResultsFailureMessage>true</saveAssertionResultsFailureMessage>
                    <assertionsResultsToSave>0</assertionsResultsToSave>
                    <bytes>true</bytes>
                    <sentBytes>true</sentBytes>
```

```
                    <url>true</url>
                    <threadCounts>true</threadCounts>
                    <idleTime>true</idleTime>
                    <connectTime>true</connectTime>
                  </value>
                </objProp>
                <stringProp name="filename"></stringProp>
              </ResultCollector>
              <hashTree/>
            </hashTree>
          </hashTree>
        </hashTree>
      </hashTree>
    </jmeterTestPlan>
```

注意： test_01.jmx 文件中指定的 IP 地址必须为安装了 Tomcat 弹性云服务器的 IP 地址。可以在 vi 编辑器命令模式（按“Esc”键进入）下输入:set nu 显示行号。

```
:set nu
```

找到第 33 行代码，更改 IP 地址（修改为自己购买的 Tomcat 弹性云服务器的 IP 地址），结果如图 4-13 所示。

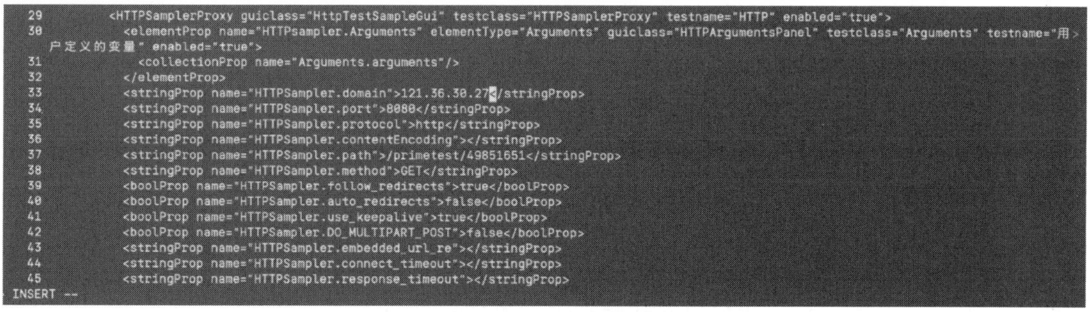

```
 29         <HTTPSamplerProxy guiclass="HttpTestSampleGui" testclass="HTTPSamplerProxy" testname="HTTP" enabled="true">
 30           <elementProp name="HTTPsampler.Arguments" elementType="Arguments" guiclass="HTTPArgumentsPanel" testclass="Arguments" testname="用>
户定义的变量" enabled="true">
 31             <collectionProp name="Arguments.arguments"/>
 32           </elementProp>
 33           <stringProp name="HTTPSampler.domain">121.36.30.27</stringProp>
 34           <stringProp name="HTTPSampler.port">8080</stringProp>
 35           <stringProp name="HTTPSampler.protocol">http</stringProp>
 36           <stringProp name="HTTPSampler.contentEncoding"></stringProp>
 37           <stringProp name="HTTPSampler.path">/primetest/49851651</stringProp>
 38           <stringProp name="HTTPSampler.method">GET</stringProp>
 39           <boolProp name="HTTPSampler.follow_redirects">true</boolProp>
 40           <boolProp name="HTTPSampler.auto_redirects">false</boolProp>
 41           <boolProp name="HTTPSampler.use_keepalive">true</boolProp>
 42           <boolProp name="HTTPSampler.DO_MULTIPART_POST">false</boolProp>
 43           <stringProp name="HTTPSampler.embedded_url_re"></stringProp>
 44           <stringProp name="HTTPSampler.connect_timeout"></stringProp>
 45           <stringProp name="HTTPSampler.response_timeout"></stringProp>
-- INSERT --
```

图 4-13　更改 IP 地址

更改后按“Esc”键并输入“:wq!”退出编辑器，随后执行如下命令进入 JMeter 的测试文件所在目录，并进行单元测试。

```
cd /usr/local/src/apache-jmeter-5.6.2/extras/
jmeter -n -t test_01.jmx -l test1.jtl
```

若出现图 4-14 所示的回显信息，则表示单元测试执行成功。

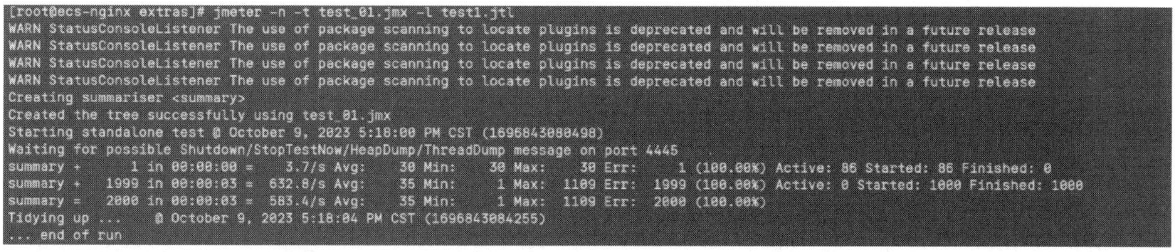

```
[root@ecs-nginx extras]# jmeter -n -t test_01.jmx -l test1.jtl
WARN StatusConsoleListener The use of package scanning to locate plugins is deprecated and will be removed in a future release
WARN StatusConsoleListener The use of package scanning to locate plugins is deprecated and will be removed in a future release
WARN StatusConsoleListener The use of package scanning to locate plugins is deprecated and will be removed in a future release
WARN StatusConsoleListener The use of package scanning to locate plugins is deprecated and will be removed in a future release
Creating summariser <summary>
Created the tree successfully using test_01.jmx
Starting standalone test @ October 9, 2023 5:18:00 PM CST (1696843080498)
Waiting for possible Shutdown/StopTestNow/HeapDump/ThreadDump message on port 4445
summary +      1 in 00:00:00 =    3.7/s Avg:    30 Min:    30 Max:    30 Err:     1 (100.00%) Active: 86 Started: 86 Finished: 0
summary +   1999 in 00:00:03 =  632.8/s Avg:    35 Min:     1 Max:  1109 Err:  1999 (100.00%) Active: 0 Started: 1000 Finished: 1000
summary =   2000 in 00:00:03 =  583.4/s Avg:    35 Min:     1 Max:  1109 Err:  2000 (100.00%)
Tidying up ...    @ October 9, 2023 5:18:04 PM CST (1696843084255)
... end of run
```

图 4-14　回显信息（2）

执行 vi test1.jtl 命令查看测试结果，部分结果如图 4-15 所示。

```
1696843617459,17,HTTP,200,,Thread Group 1-991,text,true,,143,140,16,16,http://121.36.30.27:8080/primetest/49851651,17,0,1
1696843617464,12,HTTP,200,,Thread Group 1-997,text,true,,143,140,16,16,http://121.36.30.27:8080/primetest/49851651,12,0,2
1696843617469,7,HTTP,200,,Thread Group 1-990,text,true,,143,140,16,16,http://121.36.30.27:8080/primetest/49851651,7,0,0
1696843617465,11,HTTP,200,,Thread Group 1-998,text,true,,143,140,16,16,http://121.36.30.27:8080/primetest/49851651,11,0,2
1696843617468,9,HTTP,200,,Thread Group 1-988,text,true,,143,140,15,15,http://121.36.30.27:8080/primetest/49851651,9,0,0
1696843617463,16,HTTP,200,,Thread Group 1-996,text,true,,143,140,14,14,http://121.36.30.27:8080/primetest/49851651,16,0,1
1696843617468,11,HTTP,200,,Thread Group 1-1000,text,true,,143,140,14,14,http://121.36.30.27:8080/primetest/49851651,11,0,1
1696843617462,17,HTTP,200,,Thread Group 1-995,text,true,,143,140,14,14,http://121.36.30.27:8080/primetest/49851651,17,0,1
1696843617465,15,HTTP,200,,Thread Group 1-999,text,true,,143,140,14,14,http://121.36.30.27:8080/primetest/49851651,14,0,1
1696843617473,8,HTTP,200,,Thread Group 1-989,text,true,,143,140,14,14,http://121.36.30.27:8080/primetest/49851651,8,0,0
1696843617461,20,HTTP,200,,Thread Group 1-993,text,true,,143,140,13,13,http://121.36.30.27:8080/primetest/49851651,20,0,2
1696843617460,21,HTTP,200,,Thread Group 1-992,text,true,,143,140,13,13,http://121.36.30.27:8080/primetest/49851651,21,0,1
1696843617466,16,HTTP,200,,Thread Group 1-855,text,true,,143,140,13,13,http://121.36.30.27:8080/primetest/49851651,16,0,1
1696843617474,8,HTTP,200,,Thread Group 1-986,text,true,,143,140,13,13,http://121.36.30.27:8080/primetest/49851651,8,0,0
1696843617479,8,HTTP,200,,Thread Group 1-996,text,true,,143,140,12,12,http://121.36.30.27:8080/primetest/49851651,8,0,0
1696843617479,8,HTTP,200,,Thread Group 1-995,text,true,,143,140,11,11,http://121.36.30.27:8080/primetest/49851651,8,0,0
1696843617480,7,HTTP,200,,Thread Group 1-999,text,true,,143,140,10,10,http://121.36.30.27:8080/primetest/49851651,7,0,0
1696843617479,8,HTTP,200,,Thread Group 1-1000,text,true,,143,140,9,9,http://121.36.30.27:8080/primetest/49851651,8,0,0
1696843617476,12,HTTP,200,,Thread Group 1-994,text,true,,143,140,8,8,http://121.36.30.27:8080/primetest/49851651,12,0,0
1696843617476,12,HTTP,200,,Thread Group 1-991,text,true,,143,140,7,7,http://121.36.30.27:8080/primetest/49851651,12,0,0
1696843617476,12,HTTP,200,,Thread Group 1-997,text,true,,143,140,6,6,http://121.36.30.27:8080/primetest/49851651,12,0,0
1696843617476,12,HTTP,200,,Thread Group 1-998,text,true,,143,140,5,5,http://121.36.30.27:8080/primetest/49851651,12,0,0
1696843617482,6,HTTP,200,,Thread Group 1-855,text,true,,143,140,4,4,http://121.36.30.27:8080/primetest/49851651,6,0,0
1696843617482,7,HTTP,200,,Thread Group 1-992,text,true,,143,140,3,3,http://121.36.30.27:8080/primetest/49851651,7,0,0
1696843617481,8,HTTP,200,,Thread Group 1-993,text,true,,143,140,2,2,http://121.36.30.27:8080/primetest/49851651,8,0,0
1696843617475,15,HTTP,200,,Thread Group 1-985,text,true,,143,140,1,1,http://121.36.30.27:8080/primetest/49851651,15,0,0
```

图 4-15　部分测试结果

（4）分析测试结果

我们来分析下面这一行数据的结果。

```
1696843617475,15,HTTP,200,,Thread Group 1-985,text,true,,143,140,1,1,http://121.36.30.27:8080/primetest/49851651,15,0,0
```

- 1696843617475：这是一个时间戳，以 ms 为单位，表示此次请求的发生时间。
- 15：事务标识符或样本编号。每个 HTTP 请求在测试中都会被分配唯一的编号，以便跟踪和识别请求。
- HTTP：协议类型，表示这是一个 HTTP 请求。
- 200：HTTP 响应状态码，表示请求成功。HTTP 200 响应状态码通常表示服务器成功处理了请求。
- ,：这里为空字段。
- Thread Group 1-985：线程组和线程的标识符，表示这个请求是由测试计划中名为“Thread Group 1”的线程组中的第 985 个线程发起的。
- text：内容类型，表示响应的内容类型为文本。
- true：一个布尔值，表示请求是否成功完成。在这种情况下，true 表示请求成功完成。
- ,：这里为空字段。
- 143：请求的数据大小。
- 140：响应的数据大小。
- 1：与请求/响应相关的其他统计信息或数据。
- 1：与请求/响应相关的其他统计信息或数据。
- http://121.36.30.27:8080/primetest/49851651：请求的 URL，表示请求的目标资源。
- 15：与请求/响应相关的标识符或状态码。
- 0：与请求/响应相关的其他状态码或数据。
- 0：与请求/响应相关的其他状态码或数据。

根据这些字段可知，这行数据表示一个 HTTP 请求在给定时间戳下的性能测试结果。HTTP 响应状态码为 200，表示请求成功，响应的内容类型为文本。需要注意的是，这些字段的具体含义取决于测试的目标和测试计划的配置。通常，可以使用这些结果来分析性能和负载测试的结果，以确定应用在不同负载下的表现。

任务 4.3　基于 sysbench 工具测试 MySQL 应用

1. 任务描述

本任务的目标是评估、优化和验证 MySQL 应用的性能、稳定性和可靠性，以确定其在不同负载条件下的表现，找出潜在的性能瓶颈，进行配置优化，确保 MySQL 应用能够在高压力和持续负载下稳定运行，并生成详细的测试报告，以支持性能改进和问题排查。

任务准备如下。

- 创建一台鲲鹏云服务器实例。
- 准备一台安装了 MySQL 的鲲鹏云服务器实例，并确保 MySQL 已正确设置和运行。
- 具有鲲鹏云服务器访问权限的 SSH 客户端。
- 安装 sysbench 工具。

2. 任务分析

（1）基础准备

- 用户需要提前申请华为云账号，并完成实名认证。
- 华为云账号需要提前充值，如果账号欠费，则会造成资源冻结。

（2）任务配置思路

- 准备鲲鹏云服务器并安装 MySQL。
- 部署 sysbench。
- 操作 MySQL。
- 执行测试。
- 分析测试结果。

3. 任务实施

MySQL 是一个关系数据库管理系统（RDBMS）。sysbench 是一个开源的多线程性能测试工具，可以执行 CPU、内存、线程、I/O、数据库等方面的性能测试。

对 MySQL 的基准测试，有如下两种方案。

① 针对整个系统的基准测试：通过 HTTP 请求进行测试，如通过浏览器、App 或 postman 等测试工具。该方案的优点是能够更好地针对整个系统进行测试，测试结果更加准确；缺点是设计复杂，实现困难。

② 针对 MySQL 的基准测试：该方案的优点和缺点与针对整个系统的基准测试的恰好相反。

在针对 MySQL 进行基准测试时，一般使用专门的工具，如 mysqlslap、sysbench 等。其中，sysbench 比 mysqlslap 更通用、更强大，且更适用于 Innodb（因为模拟了许多 Innodb 的 I/O 特性），下面介绍使用 sysbench 进行基准测试的方法。

（1）准备鲲鹏云服务器并安装 MySQL

关于购买鲲鹏云服务器的步骤详见单元 1，此处不再赘述，鲲鹏云服务器配置如表 4-1 所示，操作系统要求如表 4-2 所示。登录华为云，进入"弹性云服务器"页面，选择已经购买的鲲鹏云服务器，单击"远程登录"按钮，建议使用 CloudShell 方式，输入账号与密码登录云服务器。

安装 MariaDB。MariaDB 是一个开源的关系数据库管理系统，它是 MySQL 的一个分支（或者说是 MySQL 的替代品）。MariaDB 的目标是提供一个兼容 MySQL 的数据库系统，并在其基础上增加一些改进和扩展功能。安装命令如下。

```
yum install mariadb-server mariadb
```

安装成功后的页面如图 4-16 所示。

```
Installed:
  mariadb.aarch64 1:5.5.68-1.el7                    mariadb-server.aarch64 1:5.5.68-1.el7

Dependency Installed:
  libaio.aarch64 0:0.3.109-13.el7      perl-Compress-Raw-Bzip2.aarch64 0:2.061-3.el7    perl-Compress-Raw-Zlib.aarch64 1:2.061-4.el7
  perl-DBD-MySQL.aarch64 0:4.023-6.el7     perl-DBI.aarch64 0:1.627-4.el7               perl-Data-Dumper.aarch64 0:2.145-3.el7
  perl-IO-Compress.noarch 0:2.061-2.el7    perl-Net-Daemon.noarch 0:0.48-5.el7          perl-PlRPC.noarch 0:0.2020-14.el7

Dependency Updated:
  mariadb-libs.aarch64 1:5.5.68-1.el7

Complete!
```

图 4-16　安装成功后的页面

安装完成后，启动 MariaDB 服务，并将其设置为开机自启动，命令如下。

```
systemctl start mariadb
systemctl enable mariadb
```

结果如图 4-17 所示。

```
[root@ecs-mysql ~]# systemctl start mariadb
[root@ecs-mysql ~]# systemctl enable mariadb
Created symlink from /etc/systemd/system/multi-user.target.wants/mariadb.service to /usr/lib/systemd/system/mariadb.service.
```

图 4-17　结果

MariaDB 附带了一个用于加强安全性的脚本，执行如下命令并按照提示进行设置。

```
sudo mysql_secure_installation
```

上述命令将引导用户完成一些安全性设置，包括设置 root 用户的密码、删除匿名用户、禁用远程 root 用户登录等。这里设置 root 用户的密码为 123456，首先将密码初始化为空，然后直接按空格键进行密码重置，如图 4-18 所示，之后输入两次 123456，密码即可设置成功，如图 4-19 所示。

```
[root@ecs-mysql ~]# sudo mysql_secure_installation

NOTE: RUNNING ALL PARTS OF THIS SCRIPT IS RECOMMENDED FOR ALL MariaDB
      SERVERS IN PRODUCTION USE!  PLEASE READ EACH STEP CAREFULLY!

In order to log into MariaDB to secure it, we'll need the current
password for the root user.  If you've just installed MariaDB, and
you haven't set the root password yet, the password will be blank,
so you should just press enter here.

Enter current password for root (enter for none):
```

图 4-18　重置密码

```
Enter current password for root (enter for none):
OK, successfully used password, moving on...

Setting the root password ensures that nobody can log into the MariaDB
root user without the proper authorisation.

Set root password? [Y/n] y
New password:
Re-enter new password:
Password updated successfully!
Reloading privilege tables..
 ... Success!
```

图 4-19　密码设置成功

之后的几个选项都默认选择 n，跳过设置即可。最后的页面如图 4-20 所示。

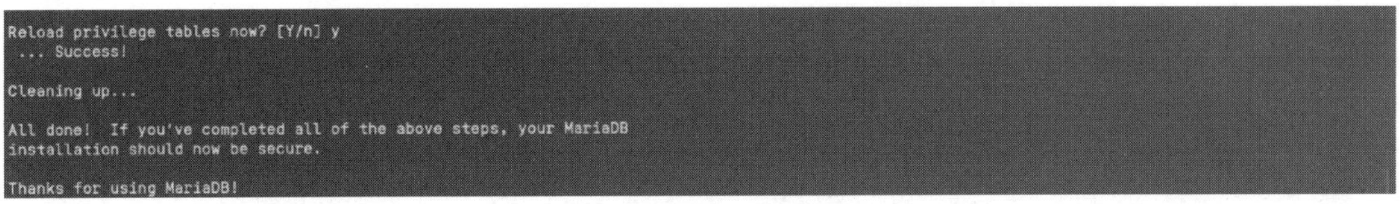

```
Reload privilege tables now? [Y/n] y
... Success!

Cleaning up...

All done!  If you've completed all of the above steps, your MariaDB
installation should now be secure.

Thanks for using MariaDB!
```

图 4-20　最后的页面

至此，MariaDB 安装完成。

（2）部署 sysbench

执行如下命令，安装 sysbench 的依赖项。

```
yum install automake libtool gcc
```

执行如下命令，安装 MySQL 客户端。

```
yum install mysql-devel
```

执行如下命令，下载 "sysbench-1.0.20.tar.gz" 文件。

```
wget https://gith**.com/akopytov/sysbench/archive/refs/tags/1.0.20.tar.gz
```

下载完成后，执行如下命令，解压缩该文件并进入 sysbench-1.0.20 目录。

```
tar -zxvf sysbench-1.0.20.tar.gz
cd sysbench-1.0.20
```

执行如下命令，进行自动配置。

```
./autogen.sh
```

执行如下命令，进行默认配置。

```
./configure
```

执行如下命令，编译与安装 sysbench。

```
make&make install
```

执行如下命令，测试 sysbench 是否安装成功。

```
sysbench --version
```

安装成功后可以看到版本信息，如图 4-21 所示。

```
[root@ecs-mysql1 sysbench-1.0.20]# sysbench --version
sysbench 1.0.20
```

图 4-21　版本信息

（3）操作 MySQL

输入如下命令，登录 MySQL。

```
mysql -uroot -p
```

输入密码 123456，按 "Enter" 键，进入 MySQL。

执行如下命令，创建 sysbench 测试使用的数据库 "dbtest"。

```
create database dbtest;
show databases;
```

显示的数据库列表如图 4-22 所示。

```
+--------------------+
| Database           |
+--------------------+
| information_schema |
| dbtest             |
| mysql              |
| performance_schema |
| test               |
+--------------------+
5 rows in set (0.00 sec)
```

图 4-22　显示的数据库列表

执行如下命令，退出 MySQL 客户端。

```
exit;
```

（4）执行测试

执行如下命令，准备数据。

```
sysbench /usr/local/share/sysbench/oltp_read_write.lua --mysql-host=127.0.0.1 --mysql-port=3306 --mysql-user=root --mysql-password=123456 --mysql-db=dbtest --db-driver=mysql --tables=1 --table-size=10000 --report-interval=30 --threads=1 --time=30 prepare
```

显示结果如图 4-23 所示。

```
Creating table 'sbtest1'...
Inserting 10000 records into 'sbtest1'
Creating a secondary index on 'sbtest1'...
```

图 4-23　显示结果

执行如下命令，执行测试。

```
sysbench /usr/local/share/sysbench/oltp_read_write.lua --mysql-host=127.0.0.1 --mysql-port=3306 --mysql-user=root --mysql-password=123456 --mysql-db=dbtest --db-driver=mysql --tables=1 --table-size=10000 --report-interval=30 --threads=1 --time=30 run
```

测试结果如图 4-24 所示。

```
Running the test with following options:
Number of threads: 1
Report intermediate results every 30 second(s)
Initializing random number generator from current time


Initializing worker threads...

Threads started!

[ 30s ] thds: 1 tps: 441.28 qps: 8825.89 (r/w/o: 6176.15/1765.14/882.60) lat (ms,95%): 2.57 err/s: 0.00 reconn/s: 0.00
SQL statistics:
    queries performed:
        read:                            185360
        write:                           52960
        other:                           26480
        total:                           264800
    transactions:                        13240  (441.28 per sec.)
    queries:                             264800 (8825.67 per sec.)
    ignored errors:                      0      (0.00 per sec.)
    reconnects:                          0      (0.00 per sec.)

General statistics:
    total time:                          30.0025s
    total number of events:              13240

Latency (ms):
         min:                                    1.94
         avg:                                    2.26
         max:                                   26.98
         95th percentile:                        2.57
         sum:                                29985.34

Threads fairness:
    events (avg/stddev):           13240.0000/0.00
    execution time (avg/stddev):   29.9853/0.00
```

图 4-24　测试结果

（5）分析测试结果

- Number of threads: 1：表示测试是在一个线程下运行的，也就是并发用户数为1。
- Report intermediate results every 30 second(s)：测试系统每30s报告一次中间结果。
- Initializing random number generator from current time：sysbench正在初始化随机数生成器。
- Initializing worker threads...：测试系统正在初始化工作线程。
- Threads started!：线程已经启动。
- [30s] thds: 1 tps: 441.28 qps: 8825.89 (r/w/o: 6178.15/1765.14/882.60) lat (ms,95%): 2.57 err/s: 0.00 reconn/s: 0.00：性能测试的关键结果。
  - thds: 1：线程数为1。
  - tps: 441.28：每秒事务数（Transactions Per Second）。
  - qps: 8825.89：每秒查询数（Queries Per Second）。
  - (r/w/o: 6178.15/1765.14/882.60)：每秒读（read）、写（write）和其他（other）类型的查询数。
  - lat (ms,95%):2.57：表示延迟（latency）95th percentile（95百分位延迟）:2.57ms。
  - err/s:0.00：每秒错误数。
  - reconn/s:0.00：每秒重新连接的次数。
- SQL statistics：提供了关于执行的SQL查询的统计信息。
- queries performed：已执行的查询总数。
- read、write 和 other：读、写和其他类型的查询数。
- transactions：已执行的事务总数。
- queries：已执行的查询总数。
- ignored errors：被忽略的错误数。
- reconnects：重新连接的次数。
- General statistics：提供了总体的测试统计信息。
- total time：测试总时长。
- total number of events：已发生的事件总数。
- Latency (ms)：提供了延迟的统计信息，包括最小延迟、平均延迟、最大延迟和95%百分位数延迟的时间。
- Threads fairness：提供了有关线程公平性的统计信息，包括事件和执行时间的平均值和标准差。

测试完成后，执行如下命令，清理数据，否则后面的测试会受到影响。

```
sysbench /usr/local/share/sysbench/oltp_read_write.lua --mysql-host=127.0.0.1 --mysql-port=3306 --mysql-user=root --mysql-password=123456 --mysql-db=dbtest --db-driver=mysql --tables=1 --table-size=10000 --report-interval=30 --threads=1 --time=30 cleanup
```

执行结果如图4-25所示。

```
sysbench 1.0.20 (using bundled LuaJIT 2.1.0-beta2)

Dropping table 'sbtest1'...
```

图4-25　执行结果

单元小结

本单元深入研究了鲲鹏应用性能测试的基本概念和工具。3 个具体任务涵盖了性能测试的不同方面。首先，我们使用 Wrk 工具测试 Nginx 应用，了解了如何模拟大量用户请求，评估 Nginx 服务器的性能。然后，我们使用 JMeter 工具测试 Web 应用，学会了如何模拟多用户访问，以识别潜在的性能瓶颈。最后，我们使用 sysbench 工具测试 MySQL 应用，探究了如何模拟数据库负载，评估数据库的性能和延迟。通过执行这些任务，可以帮助我们选择和配置适当的性能测试工具，并分析测试结果，以便在生产环境中确保应用的稳定性和性能。性能测试是应用部署和优化的关键环节，有助于满足用户需求并提高应用的可靠性。在单元 5 中，我们将探讨性能优化策略和最佳实践，以进一步提高鲲鹏应用的性能和可扩展性。

 单元练习

1. 什么是性能测试？
2. 举例说明至少两种性能测试工具，以及它们的应用场景。
3. 为什么性能测试在应用开发周期中如此重要？
4. 吞吐量和延迟在性能测试中扮演什么角色？
5. 简要说明性能测试常见类型的作用，如负载测试和压力测试。

单元 5　鲲鹏应用性能调优

 单元描述

本单元将深入探讨鲲鹏平台上的应用性能调优方法，分为理论和实践两个部分。在理论部分，我们将学习如何优化在鲲鹏平台上运行的应用，重点关注性能调优的核心原理和策略。此外，我们还将介绍鲲鹏性能优化工具的使用方法，以及如何利用鲲鹏加速库来提高应用的性能。

在实践部分，我们将执行 3 个任务，以帮助读者深入理解性能调优的实际应用方法。首先，我们将学习如何安装鲲鹏性能优化工具，这是实现性能调优的关键步骤。然后，我们将通过任务实施探讨如何对 SQLite3 进行性能调优，包括单数据插入和多数据插入两种调优技巧。最后，我们将深入了解鲲鹏硬件加速的相关内容，探讨如何充分利用硬件资源来提高应用的性能。

通过理论和实践相结合的学习方式，读者将掌握鲲鹏平台上应用性能调优的技能和知识。

1. 知识目标

（1）理解鲲鹏平台上应用性能调优的核心原理；
（2）掌握鲲鹏加速库的应用方法，以提高应用的性能；
（3）掌握安装鲲鹏性能优化工具的方法；
（4）了解 SQLite3 性能调优的实际操作步骤；
（5）掌握单数据插入和多数据插入性能调优技巧；
（6）掌握鲲鹏硬件加速的原理和应用方法；
（7）通过任务实施学会充分利用硬件资源来提高应用的性能。

2. 能力目标

（1）能够分析应用的性能瓶颈，提出性能调优的解决方案；
（2）具备使用鲲鹏性能优化工具进行性能分析和调优的能力；
（3）能够选择和配置合适的鲲鹏加速库，以提高应用的性能；
（4）具备安装鲲鹏性能优化工具的技能；
（5）能够对 SQLite3 进行性能调优，包括单数据插入和多数据插入性能调优；
（6）具备鲲鹏硬件加速的实际应用能力，以加速应用的运行速度；
（7）能够综合理论和实践知识，解决鲲鹏平台上的应用性能问题；
（8）提高应对性能挑战的创新能力，以优化鲲鹏平台上应用的效率和性能。

3. 素养目标

（1）培养以科学思维方式审视专业问题的能力；

（2）培养实际动手操作与团队合作的能力。

 ## 任务分解

本单元旨在让读者掌握鲲鹏应用性能调优方法，任务分解如表 5-1 所示。

表 5-1　任务分解

任务名称	任务目标	课时安排
任务 5.1 鲲鹏性能优化工具的安装	掌握 Hyper-Tuner 工具的安装方法	3
任务 5.2 SQLite3 单数据插入与多数据插入性能调优	掌握使用鲲鹏性能优化工具对 SQLite3 单数据插入与多数据插入进行性能调优的方法	3
任务 5.3 鲲鹏硬件加速实践	掌握使用 Hyperscan 工具进行硬件加速的方法	4
总计		10

 ## 知识准备

1. 鲲鹏平台应用性能调优

鲲鹏是华为研发的基于 ARM 架构的服务器处理器平台，旨在提供高性能和低能耗的计算能力。与传统的 x86 架构不同，ARM 架构在能源效率方面表现出色，因此具有广泛的应用场景，包括大规模数据中心和边缘计算。鲲鹏平台采用多核设计的处理器，允许用户并行处理多个任务，特别适用于多线程应用和并发性能调优。鲲鹏平台还支持硬件虚拟化，能同时运行多台虚拟机，每台虚拟机都拥有独立的操作系统和应用，这为云计算和服务器虚拟化提供了强大支持。部分鲲鹏平台还提供了硬件加速功能，如 GPU 和 NPU，用于加速深度学习和人工智能相关任务的处理速度。鲲鹏平台遵循开放标准，支持多种操作系统和开发工具，为开发者提供了广泛的选择，促进了应用和系统的创新和性能调优。这使鲲鹏平台成了高效且实用的计算解决方案。

鲲鹏平台应用性能调优是指首先通过监控和分析关键性能指标（如 CPU 利用率、内存使用情况、磁盘 I/O 和网络延迟）来识别潜在的性能瓶颈，然后采用多线程编程、内存管理、磁盘 I/O 和网络优化、硬件加速、负载均衡与集群部署、应用层算法优化、能源效率策略，以及维持安全性与性能平衡等一系列方法提高鲲鹏平台上应用的运行效率和性能，以满足不同应用场景的需求。这是一个综合性的过程，旨在确保在鲲鹏平台上运行的应用在具有高性能的同时能够保持稳定和安全。

2. 鲲鹏性能优化工具

鲲鹏性能优化工具是一组工具和资源，旨在帮助用户分析、诊断和优化在鲲鹏平台上运行的应用的性能。这些工具提供了多种性能监控和分析功能，以帮助用户发现和解决性能瓶颈问题。以下是一些常见的鲲鹏性能优化工具。

- PMI（Performance Monitoring Interface）：PMI 是鲲鹏平台上的性能监控接口，允许用户收集各种性能数据，包括 CPU 利用率、内存使用率、磁盘 I/O 数据传输速率等。用户可以使用 PMI 工具来配置和获取性能数据，以进行分析和调优。

- kcachegrind：kcachegrind 是一个性能分析工具，用于收集和分析应用的性能数据。它提供了图形用户界面，用于可视化性能数据，帮助用户识别性能瓶颈，提出调优方案。
- oprofile：oprofile 是一个性能分析工具，用于收集和分析应用的性能数据，如 CPU 指令级别的统计信息。它可以帮助用户深入了解应用的性能特征。
- sar：sar 是一个系统性能监控和分析工具，用于监控 CPU、内存、磁盘 I/O 和网络等系统资源的使用情况。它提供了历史性能数据，有助于用户识别系统性能趋势和问题。
- perf：perf 是一个性能工具套件，包括多个子工具（CPU 性能计数器、调用图分析等），用于收集和分析性能数据。它支持多种性能分析。

这些工具提供了不同层面和不同粒度的性能数据收集和分析功能，使用户能够更好地理解应用的性能特性，定位性能问题，并采取措施来进行性能调优。通过结合使用这些工具，用户可以有效地调整鲲鹏平台上的应用，以提高其性能和效率。

3. 鲲鹏加速库

鲲鹏加速库是一组针对鲲鹏平台的软件库，旨在提高特定工作负载和应用的性能。这些库包括多种加速技术，被应用于多个领域，如计算密集型任务的机器学习和图形处理等。以下是一些常见的鲲鹏加速库。

- 鲲鹏 AI 加速库：这个库提供了针对人工智能和机器学习工作负载的调优功能，包括对深度学习神经网络模型的加速。它支持的功能包括卷积神经网络加速、张量运算加速、模型推理加速等。
- 图形加速库：鲲鹏平台上的图形处理能力得到了优化，因此图形加速库允许应用更高效地进行图形渲染和处理。其可被应用于游戏、虚拟现实、科学可视化等领域。
- 媒体加速库：这个库用于对音频和视频的处理，包括对解码、编码、音频处理和视频渲染的加速。它提供了更快的媒体处理速度，有助于提高多媒体应用的性能。
- 数学加速库：针对数值计算和科学计算应用，数学加速库提供了一组数学函数和算法，包括线性代数、傅里叶变换等，优化了数值计算和科学计算应用的性能。
- 加密库：鲲鹏平台上的加密库支持对硬件加速的加密和解密操作，确保了数据在传输和存储过程中的安全性，同时提高了加密应用的性能。

这些加速库充分利用了鲲鹏平台上的硬件资源，通过硬件加速技术提高了特定工作负载的执行效率。它们有助于优化应用，减少计算时间，降低能源消耗，并提高系统整体性能。开发者可以利用这些加速库来加速应用的开发，并充分发挥鲲鹏平台的潜力。

任务 5.1 鲲鹏性能优化工具的安装

鲲鹏性能优化工具（Hyper-Tuner）包含于鲲鹏性能分析工具中，鲲鹏性能分析工具由四个子工具组成，分别为系统性能分析、Java 性能分析、系统诊断和调优助手。

系统性能分析是针对基于鲲鹏平台的服务器的性能分析工具，能收集服务器的处理器硬件、操作系统、进程/线程、函数等各个层次的性能数据，分析系统性能指标，定位到系统瓶颈点及热点函数，并给出调优建议。该工具可以辅助用户快速定位和处理应用性能问题。

Java 性能分析是针对基于鲲鹏的服务器上运行的 Java 程序的性能分析工具，能以图形化显示 Java 程序的堆、线程、锁、垃圾回收等信息，收集热点函数，定位程序瓶颈点，帮助用户采取针对性调优措施。

系统诊断是针对基于鲲鹏平台的服务器的性能分析工具，提供了内存泄漏（包括内存未释放和异常释放）诊断、内存越界诊断、内存消耗信息分析展示、OOM（Out Of Memory，内存溢出）诊断、网络丢包诊断等功能，可以帮助用户识别出源码中内存使用的问题点，从而提高程序的可靠性。该工具还支持压力测试，如网络 I/O 诊断、评估系统最大性能。

调优助手是针对基于鲲鹏平台的服务器的调优工具，能系统化组织性能指标，引导用户分析性能瓶颈，实现快速调优。

1. 任务描述

本任务首先需要获取 Hyper-Tuner 的安装包或镜像文件，并准备相应的硬件和软件环境。然后根据安装文档或教程正确地安装 Hyper-Tuner。

环境要求如表 5-2 所示。

表 5-2　环境要求

项目	说明
服务器	鲲鹏云服务器：kc1.xlarge.2 | 4vCPUs | 8GiB
操作系统	CentOS 7.6
鲲鹏性能优化工具	Hyper Tuner 23.0.RC2

2. 任务分析

（1）基础准备
- 用户需要提前申请华为云账号，并完成实名认证。
- 华为云账号需要提前充值，如果账号欠费，则会造成资源冻结。

（2）任务配置思路
- 准备鲲鹏云服务器。
- 安装 Hyper-Tuner。
- 验证安装是否成功。

3. 任务实施

（1）准备鲲鹏云服务器
登录鲲鹏云服务器。

关于购买鲲鹏云服务器的步骤详见单元 1，此处不再赘述，鲲鹏云服务器配置如表 5-3 所示，操作系统要求如表 5-4 所示。

表 5-3　鲲鹏云服务器配置

项目	说明
规格	kc1.xlarge.2 | 4vCPUs | 8GiB
磁盘	系统盘：高 IO（100GiB）

表 5-4　操作系统要求

项目	版本	下载地址
CentOS	7.6	在公共镜像中已提供
Kernel	4.14.0-115	在公共镜像中已提供

登录华为云，进入"弹性云服务器"页面，选择已经购买的鲲鹏云服务器，如图 5-1 所示，此处选择名为"ecs-nginx"的云服务器，单击"远程登录"按钮，建议使用 CloudShell 方式，输入账号与密码登录云服务器。

图 5-1　"弹性云服务器"页面

登录成功后的页面如图 5-2 所示。

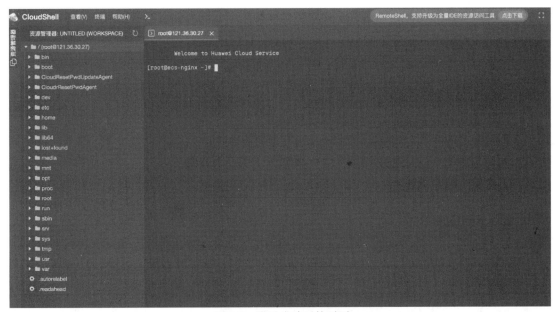

图 5-2　登录成功后的页面

（2）安装 Hyper-Tuner

鲲鹏性能分析工具（Hyper-Tuner）的下载页面如图 5-3 所示。

图 5-3 鲲鹏性能分析工具（Hyper-Tuner）的下载页面

在服务器中使用 wget 命令下载 Hyper-Tuner 安装包。这里使用 wget 命令直接将 Hyper-Tuner 安装包下载到服务器中，命令如下。

wget https://kunpeng-re**.obs.cn-north-4.myhuaweicloud.com/Hyper%20Tuner/Hyper%20Tuner%2023.0.RC2/Hyper-Tuner_23.0.RC2_linux.tar.gz

下载完成后，解压缩 Hyper-Tuner 安装包，命令如下。

tar --no-same-owner -zxvf Hyper-Tuner_23.0.RC2_linux.tar.gz

通过--no-same-owner 命令可以保证安装包被解压缩后的文件属组为当前操作用户（root）文件属组。之后进入解压缩后的目录，命令如下。

cd Hyper_tuner

执行如下命令，安装 Hyper-Tuner。

./install.s

安装过程中的回显信息如下，按照提示进行操作即可。

Starting install，Please wait!
Hyper_tuner Config Generate
    install tool:
    [1] : System Profiler, System Diagnosis, Tuning Assistant and Java Profiler will be installed
    [2] : System Profiler, System Diagnosis, Tuning Assistant will be installed
    [3] : Java_profiler will be installed
    Please enter a number as install tool. (The default install tool is all)://按"Enter"
    Selected install_tool: all

    If the host name is not set, after installing the tool, the host name will be changed to Malluma. Do you want to continue the installation? [Y/N]:y //输入 "y"

    //按 "Enter" 键默认安装至/opt 目录，若安装至其他目录，则按需输入即可
    Enter the installation path. (The default path is /opt):

Selected install_path: /opt

ip address list:
sequence_number   ip_address   device
[1]   **.**.**.**   eth0
//按 "Enter" 键, 当有多个 IP 地址时, 需要输入 IP 地址前的序号
Please enter the sequence number of listed ip as web server ip:
Selected web server ip: **.**.**.**

//按 "Enter" 键, 默认端口为 8086, 若使用其他端口, 则需要自行输入
Please enter install port. (The default install port is 8086):
Selected nginx_port: 8086

ip address list:
sequence_number   ip_address   device
[1]   **.**.**.**   eth0
//按 "Enter" 键, 当有多个 IP 地址时, 需要输入 IP 地址前的序号
Please enter the sequence number of listed as system profiler cluster server ip:
Selected   system profiler cluster server ip: **.**.**.**

Please enter the mallumad external ip(mapping IP)://按 "Enter" 键
The server mallumad ip is: **.**.**.**

//按 "Enter" 键, 默认端口为 50051, 若使用其他端口, 则需要自行输入
Please enter system profiler cluster server port. (The default system profiler cluster server port is 50051):
System profiler cluster server port: 50051
//按 "Enter" 键, 默认端口为 50051, 若使用其他端口, 则需要自行输入
Please enter system profiler cluster server external port. (mapping port):
System profiler cluster server external port: 50051

JAVA_HOME requirement:
1.JAVA_HOME is the parent path of bin. (Example: [JAVA_HOME]/bin/java)
2.The JRE version must be 11 or later.
Please   enter   JAVA_HOME   (The   default   JAVA_HOME   is   environment   java,if   not   meet
requirements,integration java of tool will be used)://按 "Enter" 键
The JAVA_HOME is empty or check failed, environment java will be used.
The environment java check failed, integration java of tool will be used.

ip address list:
sequence_number   ip_address   device
[1]   **.**.**.**   eth0
//按 "Enter" 键, 当有多个 IP 地址时, 需要输入 IP 地址前的序号
Please enter the sequence number of listed as java profiler cluster server ip:
Selected java profiler cluster server ip: **.**.**.**

Please enter the java profiler external ip(mapping IP)://按 "Enter" 键
The java profiler external ip is: **.**.**.**

//按 "Enter" 键, 默认端口为 9090, 若使用其他端口, 则需要自行输入
Please enter java profiler cluster server port. (The default java profiler cluster server port: 9090):
Selected java profiler cluster server port: 9090

Please enter java profiler cluster server external port. (mapping port)://按 "Enter" 键
Java profiler cluster server external port: 9090

Check install path permission

```
Check install path permission Success
os type check
Check Pre_install Dependent Packages
The unzip tool cmd check: OK
The make tool cmd check: OK

......

malluma install Success
{"status":0,"info":"","data":"add white list done"}
/opt/hyper_tuner/tool/nginx/sbin
Installed 11 object(s) from 1 fixture(s)
Installed 43 object(s) from 1 fixture(s)
Compiling 'local_vars.py'...
    Install System Profiler success

[VERSION]: xx.x.xx

Install Java Profiler

welcome to install Hyper Tuner for Java!

checking the configuration and the minimal requirements before the installation:
The pre-checking as OK.

now, we're extracting the package to destination dir /opt/hyper_tuner

......

Take effect hyper_tuner conf
no crontab for malluma
add nginx_log_rotate successful.
add MAILTO successful.
    Take effect hyper_tuner conf Success

Start hyper-tuner service ,please wait...
    Created symlink from /etc/systemd/system/multi-user.target.wants/hyper_tuner_nginx.service to /usr/lib/
systemd/system/hyper_tuner_nginx.service.
    Created symlink from /etc/systemd/system/multi-user.target.wants/gunicorn_user.service to /usr/lib/
systemd/system/gunicorn_user.service.
    Created symlink from /etc/systemd/system/multi-user.target.wants/user_schedule.service to /usr/lib/
systemd/system/user_schedule.service.
    Created symlink from /etc/systemd/system/multi-user.target.wants/gunicorn_sys.service to /usr/lib/
systemd/system/gunicorn_sys.service.
    Created symlink from /etc/systemd/system/multi-user.target.wants/sys_schedule.service to /usr/lib/
systemd/system/sys_schedule.service.
    Start hyper-tuner service success

Hyper_tuner install Success

================================================================================

    The login URL of Hyper_Tuner is https://**.**.**.**:8086/user-management/#/login

================================================================================

    If **.**.**.**:8086 has mapping IP, please use the mapping IP.
```

如果显示"Hyper_tuner install Success",则表示 Hyper-Tuner 安装成功。

（3）验证安装是否成功

输入"https://服务器外网 IP 地址:8086"（需要提前开启云服务器的 8086 端口，具体步骤可查看华为云服务器操作帮助手册），当出现"私密链接不允许访问"的提示时，选择依然信任即可进入登录页面，如图 5-4 所示。

图 5-4　鲲鹏性能分析工具登录页面

首次登录需要创建管理员密码，密码需要满足如下复杂度要求。

- 密码长度为 8～32 个字符。
- 密码必须包含大写字母、小写字母、数字、特殊字符(`~!@#$%^&*()-_=+\|[{}];:'",<.>/?)中的两种及两种以上类型的组合。
- 密码不能是用户名或用户名的逆序。
- 密码不能是弱口令字典中的字符。

设置成功后即可进行登录，管理员用户名默认为 tunadmin。首次登录需要勾选同意免责声明的复选框后才能进入首页，如图 5-5 所示。

图 5-5　鲲鹏性能分析工具首页

说明：鲲鹏性能分析工具的密码有效期默认为 90 天，建议在密码有效期到达之前设置新密码。若密码已过期，则使用原密码登录系统后需要先修改密码，否则不能进行下一步操作。

需要注意的是，新密码不能是旧密码的逆序。管理员可以在菜单栏中选择"系统配置"命令，手动配置密码有效期，可配置范围为 7～90 天。

任务 5.2　SQLite3 单数据插入与多数据插入性能调优

鲲鹏性能分析工具是一个针对鲲鹏平台的性能分析工具，本任务使用该工具对 SQLite3 所在系统进行系统性能全景分析，找到性能瓶颈点，并根据分析结果进行调优，从而实现 SQLite3 性能的提高。

1. 任务描述

本任务的目标是优化 SQLite3 的性能，着重分析和改进单数据插入和多数据插入操作的效率，通过性能测试和调优策略的实施，提高插入速度、减少响应时间，最终提高 SQLite3 的性能。

环境要求如表 5-5 所示。

表 5-5　环境要求

项目	说明
服务器	鲲鹏云服务器：kc1.xlarge.2 | 4vCPUs | 8GiB
操作系统	CentOS 7.6
应用	SQLite3、Python3
鲲鹏性能分析工具	Hyper Tuner 23.0.RC2
实践 demo	demo.py、demo1.py、sqlite_name.bd

2. 任务分析

（1）基础准备
- 用户需要提前申请华为云账号，并完成实名认证。
- 华为云账号需要提前充值，如果账号欠费，则会造成资源冻结。

（2）任务配置思路
- 安装 Python3。
- 准备数据。
- 进行性能分析。
- 性能瓶颈优化。
- 重新进行性能分析。

3. 任务实施

（1）安装 Python3

登录华为云，进入"弹性云服务器"页面，选择已经购买的鲲鹏云服务器，单击"远程登录"按钮，建议使用 CloudShell 方式，输入账号与密码登录云服务器。

由于 CentOS 7.6 中默认安装的是 Python2，因此我们需要执行如下命令安装 Python3。

```
yum install python3
```

执行如下命令，验证安装是否成功。

```
python3 --version
```

如果显示 Python3 的版本，则表示安装成功。SQLite3 默认已安装，不需要单独安装，可以执行如下命令验证是否已安装。

```
sqlite3 --version
```

如果显示 SQLite3 的版本，则表示已安装。

（2）准备数据

执行如下命令，创建 demo.py 文件。

```
vim demo.py
```

在 vim 中按 "i" 键进入编辑模式，复制如下内容。

```
import sqlite3
import os
if os.path.exists('sqlite_name.bd'):
    os.remove('sqlite_name.bd')
conn=sqlite3.connect('sqlite_name.bd')
cu=conn.cursor()
try:
    cu.execute("""create table usermanager_user
(
    id              integer         not null
      primary key autoincrement,
    password        varchar(96) not null,
    username        varchar(64)   not null
      unique,
    role            varchar(16)     not null,
    is_firstlogin bool           not null,
    time_created  varchar(64)      not null,
    last_login    varchar(64)      not null,
    time_pwreset  varchar(64)       not null,
    token           varchar(255) not null,
    exp_time        varchar(255) not null
);""")
except:
    print('表已存在')


for i in range(1, 2000000):
    print(i)
    cu.execute("insert into usermanager_user (id, password, username, role, is_firstlogin, time_created,
last_login, time_pwreset, token, exp_time) values (?,?,?, ?,?,?,?, ?,?,?)", (i, 'FJDSLAJFWEQEJWfkndsajrek3
w24wdjaksljdlkjepqfwbfdsafhdjksaj234j', 'name'+str(i), 'name', True, '2020-07-02 19:09:04.412260', '2020-07-02
19:09:04.412260', '2020-07-02 19:09:04.412260', 'JWT fhdsjah1FG2321kjkfdhasjKJHG232fjsdafke3HGFD2423
dewqjro23herkj32KHdnweqjhr3kj21h4k3GF2dkbewkjqer3H2k1h32dnHnewq', '2020-07-02 19:09:04.412260'))
    if i % 1 == 0:
        conn.commit()

conn.close()
```

按"Esc"键后输入":wq!"保存文件并退出，执行如下命令，进行调优前的测试。

```
python3 demo.py
```

此时插入 2 000 000 条数据，每次执行都会执行 commit 操作，数据插入速度很慢，20s 只能插入几百条数据。

（3）进行性能分析

进入鲲鹏性能分析工具首页（见图 5-5），单击"系统性能分析"按钮，创建"全景分析"任务，配置参数如下。

- 分析对象：系统。
- 分析类型：全景分析。
- 采样时长：30s。
- 采样间隔：1s。

任务整体参数配置如图 5-6 所示。

图 5-6　任务整体参数配置

任务参数配置成功后，在"分析结果"页面的"系统性能"页签中，查看 CPU 利用率中的"%iowait"指标及存储 I/O 中的"%util"指标，如图 5-7 和图 5-8 所示。

图 5-7　CPU 利用率（1）

图 5-8　存储 I/O（1）

从分析结果中可以看出，在 I/O 请求发送到设备期间所消耗的 CPU 时间百分比、CPU 等待存储 I/O 操作导致空闲状态的时间占 CPU 总时间的百分比都很高。这说明程序执行磁盘操作的时间很长。通过查看代码，可以发现每条语句在插入时都需要和磁盘交互一次。

（4）性能瓶颈优化

使用 vim 命令对代码进行修改，修改完成后另存为 demo1.py 文件，文件内容如下。

```
import sqlite3
import os


if os.path.exists('sqlite_name.bd'):
    os.remove('sqlite_name.bd')
conn=sqlite3.connect('sqlite_name.bd')
cu=conn.cursor()
try:
    cu.execute("""create table usermanager_user
(
    id              integer         not null
        primary key autoincrement,
    password        varchar(96) not null,
    username        varchar(64)     not null
        unique,
    role            varchar(16)     not null,
    is_firstlogin bool              not null,
    time_created    varchar(64)     not null,
```

```
    last_login      varchar(64)       not null,
    time_pwreset    varchar(64)        not null,
    token                varchar(255) not null,
    exp_time             varchar(255) not null
);""")
except:
    print('表已存在')


for i in range(1, 2000000):
    print(i)
    cu.execute("insert into usermanager_user (id, password, username, role, is_firstlogin, time_created,
last_login, time_pwreset, token, exp_time) values (?,?,?, ?,?,?,?, ?,?,?)", (i, 'FJDSLAJFWEQEJWfkndsajrek3w24
wdjaksljdlkjepqfwbfdsafhdjksaj234j', 'name'+str(i), 'name', True, '2020-07-02  19:09:04.412260', '2020-07-02
19:09:04.412260',  '2020-07-02  19:09:04.412260', 'JWT  fhdsjah1FG2321kjkfdhasjKJHG232fjsdafke3HGFD2423
dewqjro23herkj32KHdnweqjhr3kj21h4k3GF2dkbewkjqer3H2k1h32dnHnewq', '2020-07-02 19:09:04.412260'))
    if i % 1000 == 0:
        conn.commit()

conn.close()
```

执行如下命令，进行调优前的优化（需要先使用"Ctrl+C"快捷键终止 demo.py 文件的执行）。

```
python3 demo1.py
```

此时，20s 可以插入几十万条数据，插入速度很快。

（5）重新进行性能分析

重启"全景分析"任务，查看 CPU 利用率中的"%iowait"指标及存储 I/O 中的"%util"指标，可以发现其指标明显下降，数据插入速度也变快了很多，如图 5-9 和图 5-10 所示。

CPU	%user	%nice	%sys	%iowait	%irq	%soft	操作
all	35.06	0	5.13	0.26	0	3.19	--
0	18.97	0	4.47	0.24	0	5.32	查看
1	16.36	0	6.37	0.34	0	3.64	查看
2	14.45	0	7.42	0.25	0	3.19	查看
3	92.95	0	2.13	0.16	0	0.03	查看

图 5-9 CPU 利用率（2）

avgrq-sz	avgqu-sz	await	svctm	%util	max_tps	操作
38.73	0	0.96	4.94	10.65	649.00	查看

图 5-10 存储 I/O（2）

本任务通过对系统进行全景分析，一步步找到代码中的优化点，主要是 CPU 等待磁盘操作的时间太长，导致系统性能降低，通过调优，提高了系统性能。调优效果对比如表 5-6 所示。

表 5-6 调优效果对比

对比维度	20s	%util	%iowait
调优前：SQLite3 单插入	400+条数据	97.78%	10.37%
调优后：SQLite3 多插入（每次 1000 条）	16W+条数据	10.65%	0.26%

任务 5.3 鲲鹏硬件加速实践

1. 任务描述

本任务的目标是提高系统的性能、可扩展性，以及资源利用率和能源效率，降低总体成本，支持更多工作负载，减少响应时间，增强安全性，并通过优化特定任务，最终将硬件加速与现有系统集成，以满足项目的具体需求和优先级。

环境要求如表 5-7 所示。

表 5-7 环境要求

项目	说明
服务器	鲲鹏云服务器：kc1.xlarge.2 | 4vCPUs | 8GiB
操作系统	CentOS 7.6
应用	Hyperscan

2. 任务分析

（1）基础准备

• 用户需要提前申请华为云账号，并完成实名认证。

• 华为云账号需要提前充值，如果账号欠费，则会造成资源冻结。

（2）任务配置思路

• 安装 Hyperscan。

• 场景测试。

3. 任务实施

（1）安装 Hyperscan

登录华为云，进入"弹性云服务器"页面，选择已经购买的鲲鹏云服务器，单击"远程登录"按钮，建议使用 CloudShell 方式，输入账号与密码登录云服务器。下载并安装环境所需的依赖项，首先安装 Ragel，执行以下命令进行下载和编译。

```
wget http://www.co**.net/files/ragel/ragel-6.10.tar.gz
tar -xzf ragel-6.10.tar.gz
cd ragel-6.10
./configure
```

```
make
make install
```

安装完成后,执行 ragel -v 命令检测 Ragel 是否安装成功,若出现图 5-11 所示的回显信息,则表示安装成功。

```
[root@performance ~]# ragel -v
Ragel State Machine Compiler version 6.10 March 2017
Copyright (c) 2001-2009 by Adrian Thurston
```

图 5-11 回显信息

执行以下命令下载并解压缩 Boost。

```
wget https://boostorg.jfr**.io/artifactory/main/release/1.69.0/source/boost_1_69_0.tar.gz
tar -xzf boost_1_69_0.tar.gz
```

执行以下命令下载并解压缩 pcre。

```
wget https://sourcefor**.net/projects/pcre/files/pcre/8.43/pcre-8.43.tar.gz --no-check-certificate
tar -xzf pcre-8.43.tar.gz
```

执行以下命令安装 SQLite。

```
yum install gcc* cmake sqlite sqlite-devel -y
```

执行以下命令下载 hyperscan 源码。

```
wget https://gith**.com/kunpengcompute/hyperscan/archive/v5.2.1.aarch64.tar.gz
tar -xzf v5.2.1.aarch64.tar.gz
```

添加 Boost 头文件,其中,{boost_path}即 boost_1_69_0.tar.gz 解压缩后的全路径,此处 {boost_path}推荐使用绝对路径,如果 Boost 被下载到了/root 目录下,则配置头文件的方法如下。

```
cd hyperscan-5.2.1.aarch64
ln -s /root/boost include/boost
export BOOST_ROOT=/root/boost_1_69_0
```

执行以下命令检查头文件是否配置正确。

```
ls -l include/boost
```

图 5-12 所示为配置正确后的输出。

```
[root@performance hyperscan-5.2.1.aarch64]# ls -l include/boost
lrwxrwxrwx 1 root root 11  1月 25 20:47 include/boost -> /root/boost
[root@performance hyperscan-5.2.1.aarch64]#
```

图 5-12 配置正确后的输出

将下载并解压缩后的 pcre 复制到 hyperscan 源码目录下,命令如下。

```
cp -rf /root/pcre-8.43 /root/hyperscan-5.2.1.aarch64/pcre
```

将 pcre/CMakeLists.txt 文件中的第 77 行代码注释掉,如图 5-13 所示。

```
# Increased minimum to 2.8.0 to support newer add_test features. Set policy
# CMP0026 to avoid warnings for the use of LOCATION in GET_TARGET_PROPERTY.

CMAKE_MINIMUM_REQUIRED(VERSION 2.8.0)
#CMAKE_POLICY(SET CMP0026 OLD)

SET(CMAKE_MODULE_PATH ${PROJECT_SOURCE_DIR}/cmake) # for FindReadline.cmake
```

图 5-13 注释掉第 77 行代码

执行以下命令编译 hyperscan 源码,此过程很费时,需耐心等待。

```
cd hyperscan-5.2.1.aarch64
mkdir -p build
cd build
cmake .. -DEFAULT_RUNTIME=OFF
cmake --build .
make
```

编译完成后，将生成 hsbench 文件，此处的 hsbench 为调优后的文件。文件列表如图 5-14 所示。

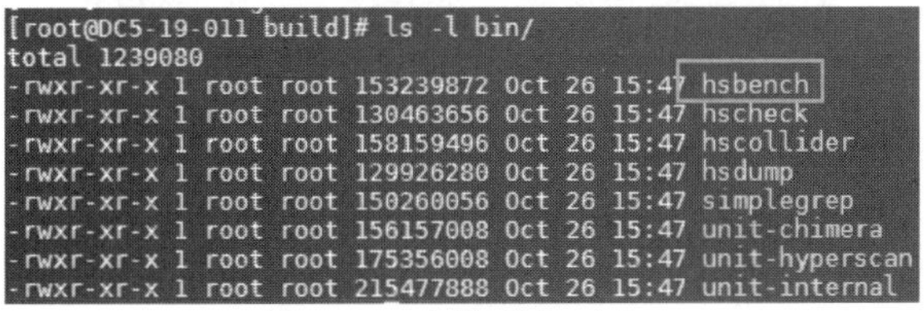

图 5-14　文件列表（1）

执行以下命令下载本任务实施所需的代码和软件。

```
wget  https://kungpeng-ip.obs.myhuaweiclo**.com:443/5%20%E5%8A%A0%E9%80%9F%E5%BA%93%E4%
BD%BF%E7%94%A8%E5%AE%9E%E8%B7%B5/hsbench.hsbench?AccessKeyId=WGFMGIURW3WDCPKK9
8ZX&Expires=1642834290&Signature=LqLxxzSvCh36/vv/tRSBHPMdC9c%3D
wget  https://kungpeng-ip.obs.myhuaweiclo**.com:443/5%20%E5%8A%A0%E9%80%9F%E5%BA%93%E4%
BD%BF%E7%94%A8%E5%AE%9E%E8%B7%B5/data.zip?AccessKeyId=WGFMGIURW3WDCPKK98ZX&Ex
pires=1642834310&Signature=a79fkh4JV7Dgh%2B2tvVsfG9vaDgA%3D
```

下载完成后，可看到两个文件，如图 5-15 所示。如果上述两个地址失效，则可查找本书配套的资料包。资料包中包含本任务实施所需的所有软件包。

图 5-15　文件列表（2）

其中，data.zip 为测试包，hsbench 为调优前的文件。执行以下命令，解压缩 data.zip 测试包。解压缩完成后，执行 ls 命令查看解压缩后的文件，如图 5-16 所示。

```
unzip data.zip && mv data tmp
ls -l tmp/
```

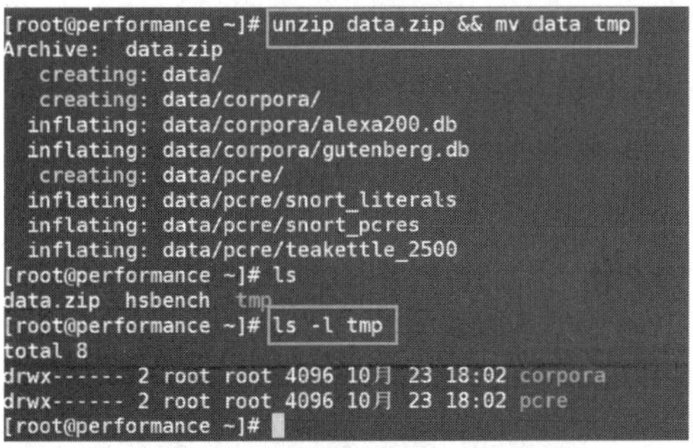

图 5-16　查看解压缩后的文件

执行以下命令进入 hyperscan 源码目录的 bin 子目录，并新建 bin1 目录，如图 5-17 所示。

```
cd /root/hyperscan-5.2.1.aarch64/build/bin
mkdir bin1
ls
```

```
[root@performance bin]# mkdir bin1
[root@performance bin]# ls
bin1  hsbench  hscheck  hscollider  simplegrep  unit-chimera  unit-hyperscan
[root@performance bin]#
```

图 5-17　新建 bin1 目录

将调优前的 hsbench 文件复制到 bin1 目录下，如图 5-18 所示。

```
cp /root/hsbench bin1/hsbench
```

```
[root@performance bin]# cp /root/hsbench bin1/hsbench
[root@performance bin]# ls bin1
hsbench
[root@performance bin]#
```

图 5-18　将调优前的 hsbench 文件复制到 bin1 目录下

更改 hsbench 文件的权限，如图 5-19 所示。

```
cd /root/hyperscan-5.2.1.aarch64/build/bin/bin1
chmod+x hsbench
ll
```

```
[root@performance bin]# cd /root/hyperscan-5.2.1.aarch64/build/bin/bin1
[root@performance bin1]# chmod +x hsbench
[root@performance bin1]# ll
total 132M
-rwx------ 1 root root 132M 12月  4 16:16 hsbench
[root@performance bin1]#
```

图 5-19　更改 hsbench 文件的权限

（2）场景测试

测试 snort_literals 文件。执行以下命令进入 bin 目录，如图 5-20 所示。

```
cd /root/hyperscan-5.2.1.aarch64/build/bin
```

```
[root@ecs-1d7c bin]# cd /root/hyperscan-5.2.1.aarch64/build/bin
[root@ecs-1d7c bin]# ll
total 783M
drwx------ 2 root root 4.0K Nov  2 15:30 bin1
-rwx------ 1 root root 130M Nov  2 15:13 hsbench
-rwx------ 1 root root 116M Oct 31 11:38 hscheck
-rwx------ 1 root root 135M Oct 31 11:38 hscollider
-rwx------ 1 root root 127M Oct 31 11:38 simplegrep
-rwx------ 1 root root 132M Oct 31 11:36 unit-chimera
-rwx------ 1 root root 146M Oct 31 11:37 unit-hyperscan
```

图 5-20　进入 bin 目录

执行以下命令进行性能测试，执行完命令后需要等待应用运行完成。

调优前：Time spent scanning: 18.728 seconds。

```
./bin1/hsbench -e /root/tmp/pcre/snort_literals -c /root/tmp/corpora/alexa200.db -N
```

调优后：Time spent scanning: 10.338 seconds。

```
./hsbench -e /root/tmp/pcre/snort_literals -c /root/tmp/corpora/alexa200.db -N
```

调优前如图 5-21 所示。

```
[root@ecs-1d7c bin]# ./bin1/hsbench -e /root/tmp/pcre/snort_literals -c /root/tmp/corpora/alexa200.db -N
Signatures:        /root/tmp/pcre/snort_literals
Hyperscan info:    Version: 5.2.0 Features:  Mode: BLOCK
Expression count:  3,116
Bytecode size:     923,512 bytes
Database CRC:      0xe2857004
Scratch size:      5,545 bytes
Compile time:      0.133 seconds
Peak heap usage:   196,149,248 bytes

Time spent scanning:          18.728 seconds
Corpus size:                  177,087,567 bytes (130,957 blocks)
Matches per iteration:        637,380 (3.686 matches/kilobyte)
Overall block rate:           139,853.90 blocks/sec
Mean throughput (overall):    1,512.95 Mbit/sec
Max throughput (per core):    1,515.11 Mbit/sec
```

图 5-21　调优前（1）

调优后如图 5-22 所示。

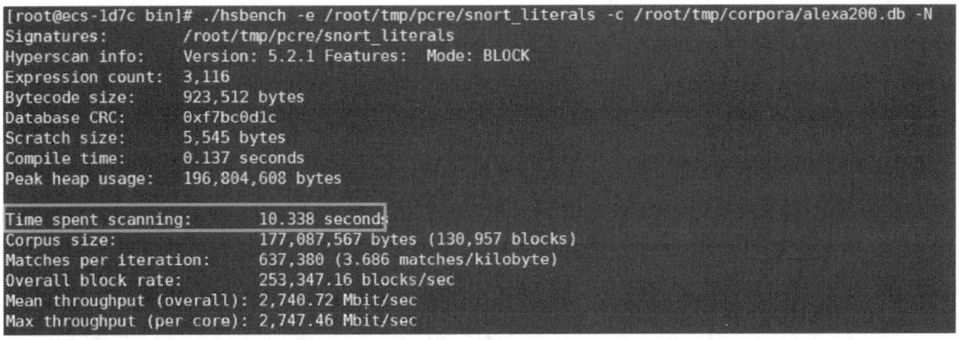

```
[root@ecs-1d7c bin]# ./hsbench -e /root/tmp/pcre/snort_literals -c /root/tmp/corpora/alexa200.db -N
Signatures:        /root/tmp/pcre/snort_literals
Hyperscan info:    Version: 5.2.1 Features:  Mode: BLOCK
Expression count:  3,116
Bytecode size:     923,512 bytes
Database CRC:      0xf7bc0d1c
Scratch size:      5,545 bytes
Compile time:      0.137 seconds
Peak heap usage:   196,804,608 bytes

Time spent scanning:        10.338 seconds
Corpus size:                177,087,567 bytes (130,957 blocks)
Matches per iteration:      637,380 (3.686 matches/kilobyte)
Overall block rate:         253,347.16 blocks/sec
Mean throughput (overall):  2,740.72 Mbit/sec
Max throughput (per core):  2,747.46 Mbit/sec
```

图 5-22　调优后（1）

将进程固定到系统的某个 CPU 核上测试 snort_literals 文件。执行以下命令进行性能测试。

调优前：Time spent scanning: 18.716 seconds。

```
taskset 1 ./bin1/hsbench -e /root/tmp/pcre/snort_literals -c /root/tmp/corpora/alexa200.db -N
```

调优后：Time spent scanning: 10.351 seconds。

```
taskset 1 ./hsbench -e /root/tmp/pcre/snort_literals -c /root/tmp/corpora/alexa200.db -N
```

调优前如图 5-23 所示。

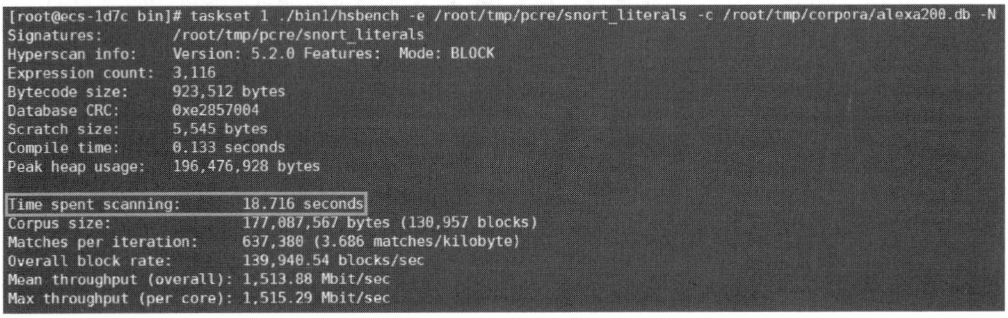

```
[root@ecs-1d7c bin]# taskset 1 ./bin1/hsbench -e /root/tmp/pcre/snort_literals -c /root/tmp/corpora/alexa200.db -N
Signatures:        /root/tmp/pcre/snort_literals
Hyperscan info:    Version: 5.2.0 Features:  Mode: BLOCK
Expression count:  3,116
Bytecode size:     923,512 bytes
Database CRC:      0xe2857004
Scratch size:      5,545 bytes
Compile time:      0.133 seconds
Peak heap usage:   196,476,928 bytes

Time spent scanning:        18.716 seconds
Corpus size:                177,087,567 bytes (130,957 blocks)
Matches per iteration:      637,380 (3.686 matches/kilobyte)
Overall block rate:         139,940.54 blocks/sec
Mean throughput (overall):  1,513.88 Mbit/sec
Max throughput (per core):  1,515.29 Mbit/sec
```

图 5-23　调优前（2）

调优后如图 5-24 所示。

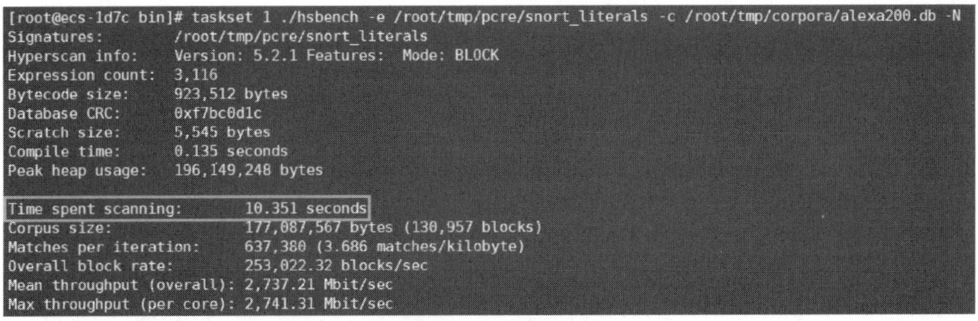

```
[root@ecs-1d7c bin]# taskset 1 ./hsbench -e /root/tmp/pcre/snort_literals -c /root/tmp/corpora/alexa200.db -N
Signatures:        /root/tmp/pcre/snort_literals
Hyperscan info:    Version: 5.2.1 Features:  Mode: BLOCK
Expression count:  3,116
Bytecode size:     923,512 bytes
Database CRC:      0xf7bc0d1c
Scratch size:      5,545 bytes
Compile time:      0.135 seconds
Peak heap usage:   196,149,248 bytes

Time spent scanning:        10.351 seconds
Corpus size:                177,087,567 bytes (130,957 blocks)
Matches per iteration:      637,380 (3.686 matches/kilobyte)
Overall block rate:         253,022.32 blocks/sec
Mean throughput (overall):  2,737.21 Mbit/sec
Max throughput (per core):  2,741.31 Mbit/sec
```

图 5-24　调优后（2）

测试 snort_pcres 文件。执行以下命令进行性能测试。

调优前：Time spent scanning: 44.181 seconds。

```
./bin1/hsbench -e /root/tmp/pcre/snort_pcres -c /root/tmp/corpora/alexa200.db -N
```

调优后：Time spent scanning: 34.681 seconds。

./hsbench -e /root/tmp/pcre/snort_pcres -c /root/tmp/corpora/alexa200.db -N

调优前如图 5-25 所示。

图 5-25　调优前（3）

调优后如图 5-26 所示。

图 5-26　调优后（3）

测试 teakettle_2500 文件。执行以下命令进行性能测试。

调优前：Time spent scanning: 0.602 seconds。

./bin1/hsbench -e /root/tmp/pcre/teakettle_2500 -c /root/tmp/corpora/gutenberg.db -N

调优后：Time spent scanning: 0.505 seconds。

./hsbench -e /root/tmp/pcre/teakettle_2500 -c /root/tmp/corpora/gutenberg.db -N

调优前如图 5-27 所示。

图 5-27　调优前（4）

调优后如图 5-28 所示。

```
[root@ecs-1d7c bin]# ./hsbench -e /root/tmp/pcre/teakettle_2500 -c /root/tmp/corpora/gutenberg.db -N
Signatures:          /root/tmp/pcre/teakettle_2500
Hyperscan info:      Version: 5.2.1 Features:  Mode: BLOCK
Expression count:    2,500
Bytecode size:       3,005,120 bytes
Database CRC:        0x522a1702
Scratch size:        332,605 bytes
Compile time:        2.533 seconds
Peak heap usage:     35,586,048 bytes

Time spent scanning:       0.505 seconds
Corpus size:               6,701,044 bytes (3,280 blocks)
Matches per iteration:     3,771 (0.576 matches/kilobyte)
Overall block rate:        129,983.44 blocks/sec
Mean throughput (overall): 2,124.45 Mbit/sec
Max throughput (per core): 2,129.35 Mbit/sec
```

图 5-28　调优后（4）

 单元小结

本单元旨在帮助读者掌握鲲鹏平台上应用性能调优的关键概念和实践技巧。读者还将学习鲲鹏性能优化工具的使用方法，以监测和分析关键性能指标，并识别潜在的性能瓶颈。通过对鲲鹏加速库的介绍，读者将了解如何利用硬件加速技术提高特定工作负载的性能。

在实践部分，读者将通过实施 3 个具体的任务来应用所学的知识。任务 5.1 涉及鲲鹏性能优化工具的安装与使用，为读者提供了实践经验。任务 5.2 关注 SQLite3 的性能调优，让读者学会如何改善数据库的操作效率。任务 5.3 涵盖鲲鹏硬件加速实践，通过学习该任务，读者可以掌握硬件加速技术的应用技巧。

理论和实践相结合，为读者提供了全面的性能调优知识和技能，使其能够有效地改进鲲鹏平台上应用的性能，提高系统效率，从而增强用户体验。

 单元练习

1. 简要描述鲲鹏应用性能调优的目标和意义。
2. 列举至少 3 种鲲鹏性能优化工具，并分别解释它们的作用和用途。
3. 什么是鲲鹏加速库？提供一个示例，说明它是如何提高应用性能的。
4. 在鲲鹏平台上进行性能调优时，为什么多线程和并发编程至关重要？
5. 简要描述 SQLite3 单数据插入与多数据插入性能调优，并提供一个关键的性能调优建议。

单元 6 　鲲鹏应用构建与发布

 单元描述

在软件系统开发过程中，一个项目工程通常会包含多个代码文件、配置文件、第三方文件、图片、样式文件等，那么开发人员是如何将这些文件有效地组装起来最终形成一个可以流畅使用的应用的呢？答案是借助构建工具或策略。这就像在一场大型音乐会上总指挥将不同的管弦乐有效地协调起来，完成一场精彩绝伦的演出一样。而如果在构建过程中依赖人工进行编译，那么工作起来会很烦琐，于是就有了自动化构建，自动化发布、部署的想法和探索，通过使用构建工具来完成系列操作，将大大提升工作效率。

本单元讲述如何搭建基于鲲鹏平台的应用开发环境，如何在鲲鹏平台上使用构建工具构建项目工程，如何基于鲲鹏架构使用主流开发语言进行鲲鹏应用的发布，从而帮助读者掌握在鲲鹏平台上使用软件包管理工具快速进行主流语言开发项目的构建与发布的方法。

1. 知识目标

（1）了解鲲鹏应用构建与发布的流程；
（2）了解 RPM 软件包管理工具的使用方法；
（3）熟悉 Maven 软件包管理工具的使用方法；
（4）了解 Python 打包的流程。

2. 能力目标

（1）能够理解并掌握 RPM 软件包管理工具的使用方法；
（2）能够借助工具或平台完成应用的构建与发布。

3. 素养目标

（1）培养自主学习、合作探究的能力；
（2）培养互相帮助、团结协作的良好品质。

 任务分解

本单元旨在让读者掌握鲲鹏应用构建与发布的流程。本单元任务为基于 RPM 软件包管理工具构建 MySQL 应用、基于 Maven 软件包管理工具构建应用、基于鲲鹏云服务器部署 Nginx 综合实验。任务分解如表 6-1 所示。

表 6-1　任务分解

任务名称	任务目标	课时安排
任务 6.1　基于 RPM 软件包管理工具构建 MySQL 应用	掌握使用 RPM 软件包管理工具构建 MySQL 应用的方法	4
任务 6.2　基于 Maven 软件包管理工具构建应用	掌握使用 Maven 软件包管理工具构建应用的方法	5
任务 6.3　基于鲲鹏云服务器部署 Nginx 综合实验	掌握在鲲鹏云服务器上部署 Nginx 的方法	5
总计		14

 知识准备

1. RPM 软件包管理工具

RPM（Redhat Package Manager）是 openEuler、Redhat、CentOS、Fedora 等 Linux 操作系统中的软件包管理器，用于软件包的安装、卸载、查询与升级。

RPM 软件包管理工具涉及的命令集如下。

- rpm：用户使用该命令集可以手动安装、卸载、查询、升级 RPM 软件包。
- rpmbuild：用于把源码编译成 RPM 软件包。
- rpmdevtools：用于创建 rpmbuild 目录、.spec 文件等。

RPM 软件包管理工具具备以下优点。

- 内含编译程序，免编译。
- 预先检查系统版本，可避免文件被错误安装。
- 提供软件版本资讯、软件名称、软件用途等相关信息，便于用户了解软件。
- 使用数据库记录 RPM 软件包的相关参数，便于用户进行升级、移除、查询与验证操作。

（1）rpm 命令集简介

- 命令格式：rpm [OPTION...]。
- rpm 部分参数说明如下。
  - ➢ -ivh：在安装时显示安装进度[--Install--Verbose--Hash]。
  - ➢ -uvh：升级 RPM 软件包[--Update--Verbose--Hash]。
  - ➢ -qpl：列出 RPM 软件包内的文件信息[Query Package list]。
  - ➢ -qpi：列出 RPM 软件包的描述信息[Query Package install package(s)]。
  - ➢ -qf：查找指定文件所属的 RPM 软件包[Query File]。
  - ➢ -vl：校验所有的 RPM 软件包，查找丢失的文件[View Lost]。
  - ➢ -e：删除包。

（2）rpmbuild 命令集简介

- 命令格式：rpmbuild [OPTION...]。
- rpmbuild 部分参数说明如下。
  - ➢ -bp：只做准备（解压缩与打补丁）。
  - ➢ -bc：准备并编译。
  - ➢ -bi：编译并安装。

➢ -bl：检验文件是否齐全。

➢ -ba：编译后生成*.rpm 和*src.rpm。

➢ -bb：编译后只生成*.rpm。

➢ -bs：编译后只生成*.src.rpm。

（3）rpmbuild 目录

rpmbuild 目录可以由命令 rpmdev-setuptree 自动生成，具体路径及用途如表 6-2 所示。

表 6-2　rpmbuild 目录的具体路径及用途

路径	宏代码	名称	用途
~/rpmbuild/SPECS	%_specdir	.spec 文件目录	保存 RPM 软件包的配置文件（.spec）
~/rpmbuild/SOURCES	%_sourcedir	源码目录	保存源码包（如.tar 包）和所有补丁
~/rpmbuild/BUILD	%_builddir	构建目录	源码包被解压缩至此，并在该目录的子目录下完成编译
~/rpmbuild/BUILDROOT	%_buildrootdir	最终安装目录	保存在%install 阶段安装的文件
~/rpmbuild/RPMS	%_rpmdir	标准 RPM 软件包目录	生成/保存二进制 RPM 软件包
~/rpmbuild/SRPMS	%_srcrpmdir	源码 RPM 软件包目录	生成/保存源码 RPM 软件包（SRPM）

注：RPM 软件包管理工具可以让用户直接以 binary 方式安装软件包，并且可以查询是否已经安装了有关的库文件；在使用 RPM 软件包管理工具删除程序时，它会询问用户是否要删除有关的程序。如果想发布 RPM 格式的源码包或者二进制包，则要使用 RPM 软件包管理工具（RPM 最新打包工具）。

RPM 与 rpmbuild 的关系是，rpmbuild 负责编译生成二进制 RPM 软件包，而 RPM 则负责安装这些生成的软件包。

2. Maven 软件包管理工具

（1）JAR 文件制作方式

使用 Java 开发的应用在发布前通常会打包一个 JAR 文件，JAR（Java ARchive）可以将一系列文件（包含库、依赖文件等）合并到单个压缩文件中。

- 手动制作：早期使用 jar 命令制作 JAR 文件，所有的编译、测试、代码生成、打包等工作都需要用户手动重复执行，工作效率较低，且出错的概率较高。
- 自动生成：借助 Maven 等工具，自动进行软件包生命周期的管理，不仅提高了工作效率，还降低了出错的概率。

（2）Maven 简介

Maven 是 Apache 下的一个使用纯 Java 开发的开源项目,基于项目对象模型（Project Object Model，POM），可以进行项目构建和依赖管理。

- 依赖管理：对 jar 包的管理。导入 Maven 坐标，就相当于将仓库中的 jar 包导入了当前项目中。
- 项目构建：通过 Maven 的一个命令就可以完成项目从清理、编译、测试、报告、打包到部署的整个过程。

（3）POM 文件简介

POM 是 Maven 工程的基本工作单元，是一个 XML 文件，包含了项目的基本信息，用于描述项目如何构建、声明项目依赖等。以下为 POM 文件的部分内容。

- modelVerion：模型版本，目前常用的是 4.0.0。
- groupId：组织 ID，一般是一个公司域名的倒写形式。
- artifactId：项目名称，自定义生成。
- version：项目版本号，如果项目仍然处于开发阶段，则通常在版本中带有-SNAPSHOT。

groupId、artifactId 和 version 组成了 Maven 坐标，是项目的唯一标识，如图 6-1 所示。

```
<!-- Hadoop dependency management is done at the bottom under profiles -->
<dependencyManagement>
  <dependencies>
    <!-- dependencies are always listed in sorted order by groupId, artifectId -->
    <dependency>
      <groupId>com.esotericsoftware.kryo</groupId>
      <artifactId>kryo</artifactId>
      <version>${kryo.version}</version>
    </dependency>
    <dependency>
      <groupId>com.google.guava</groupId>
      <artifactId>guava</artifactId>
      <version>${guava.version}</version>
    </dependency>
    <dependency>
```

图 6-1　项目标识

（4）Maven 仓库简介

Maven 仓库是用来存放由 Maven 构建的项目和各种依赖（jar 包）的，如图 6-2 所示。

本地仓库	远程仓库	中央仓库
存储在本地磁盘下 默认在${user.home}/.m2目录下	一般使用国内镜像或者公司自己搭建 私服，这可以加快jar包的下载速度	由Maven团队维护的jar包仓库

图 6-2　Maven 仓库

- 本地仓库：位于本地计算机中的仓库，用来存储从远程仓库或中央仓库中下载的插件和 jar 包。
- 远程仓库：需要联网才可以使用的仓库，比如免费的 Maven 远程仓库。
- 中央仓库：在 Maven 软件中内置一个远程仓库地址 http://repo1.mav**.org/maven2，它是中央仓库，服务于整个互联网，它是由 Maven 团队维护的，里面存储了非常全的 jar 包，包含了世界上大部分流行的开源项目构件。

注：*若修改本地仓库的位置，则需要修改 Maven 安装目录下 conf/settings.xml 文件中的 local_repository 参数；若指定远程仓库，则需要修改 conf/settings.xml 文件中的 servers 参数。*

（5）鲲鹏 Maven 仓库简介

鲲鹏 Maven 仓库提供了适配鲲鹏平台的 SO 依赖库，开发者可以直接调用，无须重新编译。在进行鲲鹏应用开发时，建议将远程仓库配置为优先搜索鲲鹏 Maven 仓库，配置步骤如下。

- 修改 conf/settings.xml 文件。
- 在"profiles"便签下增加鲲鹏 Maven 仓库的信息，包括 id、url。
- 将鲲鹏 Maven 仓库的信息放在第一位，使其可以被优先使用。

（6）Maven 的生命周期

Maven 为了对所有的构建过程进行抽象和统一，形成了一套高度完善和易于扩展的生命周期，如图 6-3 所示。

图 6-3　Maven 的生命周期

Maven 拥有 3 组生命周期。

- clean：清理。
- default：初始化、编译、测试、打包等。
- site：站点生成。

（7）Maven 应用打包的流程

开发完成后的应用可以使用 Maven，通过 POM 文件的方式进行打包，并且打包后的应用可以被安装到本地仓库中，供其他应用调用，如图 6-4 所示。

图 6-4　Maven 应用打包的流程

（8）鲲鹏应用构建的流程

鲲鹏应用构建的流程如图 6-5 所示。

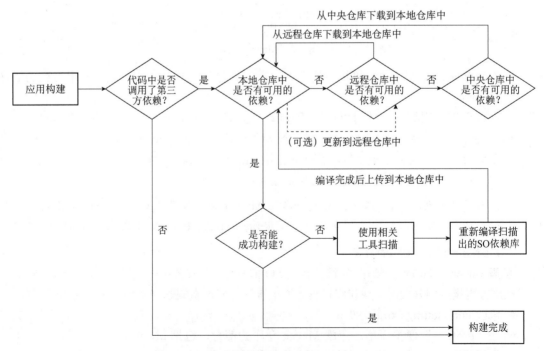

图 6-5　鲲鹏应用构建的流程

3. Python 打包

（1）Python 打包的基本概念

Python 打包是指将 Python 程序打包成一个可执行文件，以便在不安装 Python 解释器的情况下运行程序。打包后的 Python 程序可以在不同的平台上运行，如 Windows、Linux 和 macOS。Python 打包是 Python 程序开发与发布的必要环节之一。

Python 打包可以分为两个阶段，即构建和打包。构建是将 Python 程序转换为可执行的格式，例如，将 Python 程序编译为字节码或将代码打包成.zip 文件等。打包是将构建后的文件和 Python 解释器打包成一个可执行文件，以便在其他机器上运行 Python 程序。

（2）Python 常见的打包方式

原生：可以使用原生库 distutils 构建和打包 Python 程序。

扩展：可以使用扩展的 setuptools 库或 pyinstaller 等打包工具构建和打包 Python 程序。

（3）Python 打包的流程

以原生库打包方式为例，先编写原生库测试的代码，再编写打包所需的脚本，打包完成后安装所需依赖，最后测试是否打包成功，如图 6-6 所示。

图 6-6　Python 打包的流程

- 编写测试代码及打包脚本。
  - ➢ 步骤一：编写测试代码，便于后期打包后的验证。
  - ➢ 步骤二：编写打包脚本，对版本、作者及所依赖的模块等信息进行说明，Version 用于描述版本信息，Author 用于描述作者信息，添加依赖的模块。

编写测试代码及打包脚本的命令如图 6-7 所示。

```
[root@kp-test root]# mkdir Ptest
[root@kp-test root]# cd Ptest
[root@kp-test Ptest]# mkdir distutilsbution
[root@kp-test distutilsbution]# vim loginln.py    ①
[root@kp-test distutilsbution]# vi setup.py       ②
```

图 6-7　编写测试代码及打包脚本的命令

- 打包并安装所需依赖。
  - ➢ 步骤一：执行打包命令，通过 setup.py 脚本进行应用打包。打包完成后，在 dist 目录下生成对应的源码包。
  - ➢ 步骤二：安装源码包到本地。
  - ➢ 步骤三：执行 freeze 命令，按照一定的格式输出所需依赖的列表，供其他开发者使用。
  - ➢ 步骤四：其他开发者执行 pip 命令后，系统按照 requirements.txt 文件自动安装所需依赖。

打包并安装所需依赖的命令如图 6-8 所示。

图 6-8　打包并安装所需依赖的命令

● 测试。
  ➢ 步骤一：编写测试脚本。
  ➢ 步骤二：运行测试脚本。
  ➢ 步骤三：执行 pip list 命令确定应用是否打包完成。

测试命令如图 6-9 所示。

图 6-9　测试命令

任务 6.1　基于 RPM 软件包管理工具构建 MySQL 应用

1. 任务描述

本任务通过制作 MySQL 的 RPM 软件包，介绍在鲲鹏平台（CentOS）上使用 rpmbuild 工具进行打包的方法。

2. 任务分析

（1）基础配置

● 用户需要提前申请华为云账号，并完成实名认证。

- 用户需要提前购买一台鲲鹏云服务器，其资源配置如表 6-3 所示。

表 6-3　鲲鹏云服务器的资源配置

云服务器名称	规格
ecs-centos	鲲鹏计算 ｜ 鲲鹏通用计算增强型 ｜kc1.xlarge.2 ｜4vCPUs｜8GiB；CentOS｜CentOS 7.6 64bit with ARM(40GiB)；通用性 SSD｜40GiB；全动态 BGP｜按流量计费 ｜5Mbit/s；其他参数采用默认设置

（2）任务配置思路

- 前置准备。
- 安装 RPM 软件包。
- 下载 MySQL 源码包。
- RPM 软件包的使用。
- 安装编译后的 RPM 软件包。

3. 任务实施

（1）前置准备

登录华为云，购买一台鲲鹏云服务器，配置规格如表 6-3 所示，登录方式选择远程连接工具（如 Xshell/PuTTY）或者 CloudShell。

（2）安装 RPM 软件包

① 输入以下命令完成 RPM 相关软件的安装，因为需要通过源码编译，所以需要安装的依赖包比较多，如图 6-10 所示。

```
yum install make gcc rpm-build rpmdevtools -y yum install make cmake gcc gcc-c++bison libaio ncurses-devel perl perl-DBI perl-DBD-MySQL perl-Time-HiRes readline-devel numactl zlib-devel curldevel
```

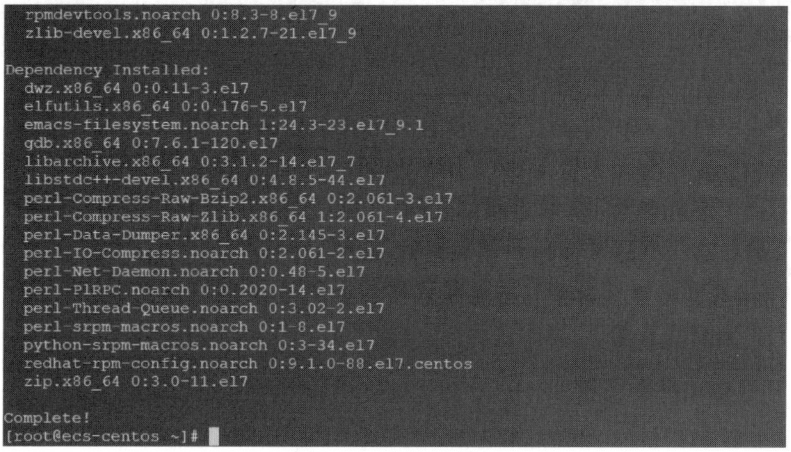

```
rpmdevtools.noarch 0:8.3-8.el7_9
zlib-devel.x86_64 0:1.2.7-21.el7_9

Dependency Installed:
dwz.x86_64 0:0.11-3.el7
elfutils.x86_64 0:0.176-5.el7
emacs-filesystem.noarch 1:24.3-23.el7_9.1
gdb.x86_64 0:7.6.1-120.el7
libarchive.x86_64 0:3.1.2-14.el7_7
libstdc++-devel.x86_64 0:4.8.5-44.el7
perl-Compress-Raw-Bzip2.x86_64 0:2.061-3.el7
perl-Compress-Raw-Zlib.x86_64 1:2.061-4.el7
perl-Data-Dumper.x86_64 0:2.145-3.el7
perl-IO-Compress.noarch 0:2.061-2.el7
perl-Net-Daemon.noarch 0:0.48-5.el7
perl-PlRPC.noarch 0:0.2020-14.el7
perl-Thread-Queue.noarch 0:3.02-2.el7
perl-srpm-macros.noarch 0:1-8.el7
python-srpm-macros.noarch 0:3-34.el7
redhat-rpm-config.noarch 0:9.1.0-88.el7.centos
zip.x86_64 0:3.0-11.el7

Complete!
[root@ecs-centos ~]#
```

图 6-10　安装依赖包

② 执行 rpm --version 命令查看 RPM 软件包是否安装成功，如图 6-11 所示。

```
[root@ecs-centos ~]# rpm --version
RPM version 4.11.3
[root@ecs-centos ~]#
```

图 6-11　查看 RPM 软件包是否安装成功

输入 rpm 命令后连续按两次 "Tab" 键查看后续使用的命令是否存在，如图 6-12 所示。

```
[root@ecs-centos ~]# rpm
rpm                  rpmdev-newinit       rpmdev-sort
rpm2cpio             rpmdev-newspec       rpmdev-sum
rpmbuild             rpmdev-packager      rpmdev-vercmp
rpmdb                rpmdev-rmdevelrpms   rpmdev-wipetree
rpmdev-bumpspec      rpmdev-setuptree     rpminfo
rpmdev-checksig      rpmdev-sha1          rpmkeys
rpmdev-cksum         rpmdev-sha224        rpmls
rpmdev-diff          rpmdev-sha256        rpmquery
rpmdev-extract       rpmdev-sha384        rpmspec
rpmdev-md5           rpmdev-sha512        rpmverify
```

图 6-12 查看后续使用的命令是否存在

（3）下载 MySQL 源码包

① 初始化目录结构，如图 6-13 所示。

mkdir -p /root/rpmbuild/{BUILD,RPMS,SOURCES,SPECS,SRPMS}

```
[root@ecs-centos ~]# mkdir -p /root/rpmbuild/{BUILD,RPMS,SOURCES,SPECS,SRPMS}
[root@ecs-centos ~]#
```

图 6-13 初始化目录结构

执行以下命令，下载 MySQL 所需的源码包，如图 6-14 所示。

cd /root
wget https://kunpeng-bb73.obs.cn-north-4.myhuaweiclo**.com/mysql-5.7.26.tar.gz

```
[root@ecs-centos ~]# cd /root
[root@ecs-centos ~]# wget https://kunpeng-bb73.obs.cn-north-4.myhuaweiclo**.com/
mysql-5.7.26.tar.gz
--2023-10-16 13:53:04--  https://kunpeng-bb73.obs.cn-north-4.myhuaweiclo**.com/m
ysql-5.7.26.tar.gz
Resolving kunpeng-bb73.obs.cn-north-4.myhuaweicloud.com (kunpeng-bb73.obs.cn-nor
th-4.myhuaweicloud.com)... 100.125.232.5
Connecting to kunpeng-bb73.obs.cn-north-4.myhuaweicloud.com (kunpeng-bb73.obs.cn
-north-4.myhuaweicloud.com)|100.125.232.5|:443... connected.
HTTP request sent, awaiting response... 200 OK
Length: 54056899 (52M) [application/gzip]
Saving to: 'mysql-5.7.26.tar.gz'

100%[===================================>] 54,056,899  110MB/s  in 0.5s

2023-10-16 13:53:05 (110 MB/s) - 'mysql-5.7.26.tar.gz' saved [54056899/54056899]

[root@ecs-centos ~]#
```

图 6-14 下载 MySQL 所需的源码包

把下载的源码包放到/root/rpmbuild/SOURCES/目录下，同时创建并修改 my.cnf 文件的权限，如图 6-15 所示。

mv mysql-5.7.26.tar.gz /root/rpmbuild/SOURCES/
touch my.cnf
chmod 755 -R my.cnf

```
[root@ecs-centos ~]# mv mysql-5.7.26.tar.gz /root/rpmbuild/SOURCES/
[root@ecs-centos ~]# touch my.cnf
[root@ecs-centos ~]# chmod 755 -R my.cnf
```

图 6-15 放置源码包

修改完 my.cnf 文件的权限后把该文件复制到/root/rpmbuild/SOURCES/目录下，命令如图 6-16 所示。

```
[root@ecs-centos ~]# mv my.cnf /root/rpmbuild/SOURCES/
[root@ecs-centos ~]# ls /root/rpmbuild/SOURCES/
my.cnf  mysql-5.7.26.tar.gz
[root@ecs-centos ~]#
```

图 6-16 复制 my.cnf 文件

MySQL 5.7 安装完成后需要安装 boost_1_59_0.tar.gz 依赖包，直接下载源文件并将其解压缩到 root/rpmbuild/BUILD/目录下，如图 6-17 所示。

命令如下。

```
cd /root/rpmbuild/BUILD/
//下载完成后一定记得解压缩
wget https://kunpeng-bb73.obs.cn-north-4.myhuaweiclo**.com/boost_1_59_0.tar.gz
```

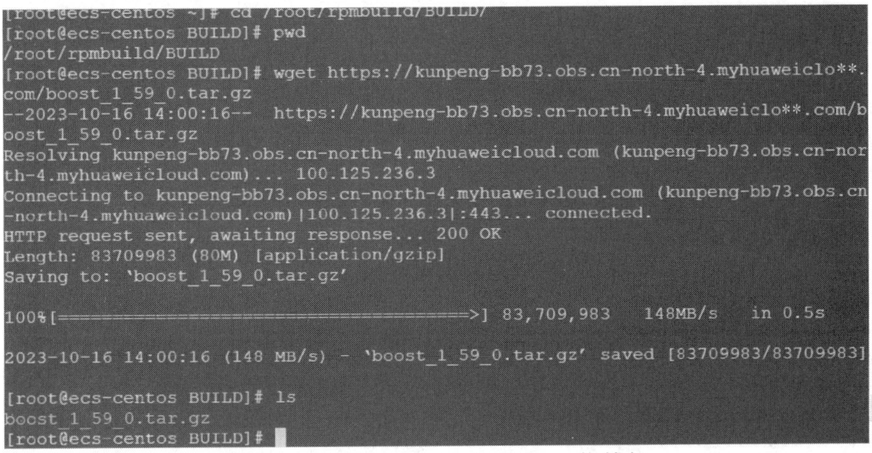

图 6-17　配置 boost_1_59_0.tar.gz 依赖包

② 解压缩源文件，如图 6-18 所示。

```
tar -zxvf boost_1_59_0.tar.gz
```

图 6-18　解压缩源文件

查看解压缩后的文件，如图 6-19 所示。

```
ls
```

图 6-19　查看解压缩后的文件

（4）RPM 软件包的使用

① 生成 mysql5.7.26.spec 文件。

进入/root/rpmbuild/SPECS/目录，如图 6-20 所示。

```
cd /root/rpmbuild/SPECS/
```

图 6-20　进入/root/rpmbuild/SPECS/目录

执行以下命令，自动生成新的 mysql5.7.26.spec 文件，如图 6-21 所示。

```
rpmdev-newspec mysql5.7.26
```

```
[root@ecs-centos BUILD]# cd /root/rpmbuild/SPECS/
[root@ecs-centos SPECS]# rpmdev-newspec mysql5.7.26
mysql5.7.26.spec created; type minimal, rpm version >= 4.11.
[root@ecs-centos SPECS]# ls
mysql5.7.26.spec
```

图 6-21　自动生成新的 SPEC 文件

② 执行以下命令，配置 mysql5.7.26.spec 文件。

```
vim   mysql5.7.26.spec
```

mysql5.7.26.spec 文件内容如下。

```
Name:          mysql
Version:       5.7.26
Release:       1%{?dist}
License:       GPL
URL:           http://downloads.mys**.com/archives/get/file/mysql-5.7.26.tar.gz
Group:         applications/database
Source:        %{name}-%{version}.tar.gz
BuildRoot:   %(mktemp -ud %{_tmppath}/%{name}-%{version}-%{release}-XXXXXX)
BuildRequires:   cmake
Packager:      enmo@enmotech.com
Autoreq:       no
#Source: %{name}-%{version}.tar.gz
prefix: /opt/rpm/mysql-%{version}
Summary: MySQL 5.7.26


%description
The MySQL(TM) software delivers a very fast, multi-threaded, multi-user,
and robust SQL (Structured Query Language) database server. MySQL Server
is intended for mission-critical, heavy-load production systems as well
as for embedding into mass-deployed software.

%define MYSQL_USER mysql
%define MYSQL_GROUP mysql

%prep
%setup -n mysql-%{version}


%build

#CFLAGS="-O3 -g -fno-exceptions -static-libgcc -fno-omit-frame-pointer -fno-strict-aliasing"
#CXX=g++
#CXXFLAGS="-O3 -g -fno-exceptions -fno-rtti -static-libgcc -fno-omit-frame-pointer -fno-strict-aliasing"
#export CFLAGS CXX CXXFLAGS

cmake \
-DCMAKE_INSTALL_PREFIX=%{prefix} \
-DMYSQL_UNIX_ADDR=/data/mysql/mysql.sock \
-DMYSQL_DATADIR=/data/mysql \
-DMYSQL_TCP_PORT=3310 \
-DSYSCONFDIR=/etc \
-DDEFAULT_CHARSET=utf8 \
-DDEFAULT_COLLATION=utf8_general_ci \
-DEXTRA_CHARSETS=all \
-DWITH_ARCHIVE_STORAGE_ENGINE=1 \
-DWITH_BLACKHOLE_STORAGE_ENGINE=1 \
-DWITH_INNOBASE_STORAGE_ENGINE=1 \
```

```
-DWITH_FEDERATED_STORAGE_ENGINE=1 \
-DWITH_PARTITION_STORAGE_ENGINE=1 \
-DWITH_PERFSCHEMA_STORAGE_ENGINE=1 \
-DWITH_DEBUG=0 \
-DENABLED_LOCAL_INFILE=1 \
-DWITH_BOOST=../boost_1_59_0   \
-Wno-dev

make -j `cat /proc/cpuinfo | grep processor| wc -l`

%install
rm -rf %{buildroot}
make install DESTDIR=%{buildroot}
cp %{_sourcedir}/my.cnf $RPM_BUILD_ROOT%{prefix}/


%pre
groupadd mysql
useradd -g mysql -s /bin/nologin -M mysql >/dev/null 2>&1

mkdir -p /data
mkdir -p /data/mysql
mkdir -p /data/mysqltmp
mkdir -p /data/dbdata

chown -R mysql:mysql /data
chmod 700 /data/mysqltmp

%post
/bin/cp %{prefix}/support-files/mysql.server /etc/init.d/mysql
/bin/cp %{prefix}/my.cnf %{_sysconfdir}/my.cnf
chkconfig mysql on
%{prefix}/bin/mysqld --initialize-insecure --basedir=%{prefix} --datadir=/data/mysql --user=mysql
service mysql start
chown -R mysql:mysql /data/mysql
echo "export PATH=.:\$PATH:%{prefix}/bin;" >> ~/.bash_profile
source ~/.bash_profile

%preun
service mysql stop
chkconfig --del mysql
userdel -r mysql >/dev/null 2>&1
rm -rf %{prefix} >/dev/null 2>&1
rm -rf /data/mysql >/dev/null 2>&1
rm -rf /etc/init.d/mysql >/dev/null 2>&1

%files
%defattr(-, %{MYSQL_USER}, %{MYSQL_GROUP})
%attr(755, %{MYSQL_USER}, %{MYSQL_GROUP}) %{prefix}/*

%changelog
```

- Name：软件包名称，后面可使用%{name}引用。
- Version：软件的实际版本号，如 1.0.1 等，后面可使用%{version}引用。
- Release：软件发布序列号，如 1.0.0、1.0.1、1.1.0 等，用于标明发布版本，后面可使用%{release}引用。
- License：软件授权方式，通常是 GPL。

- URL：软件首页。
- Group：软件分组，建议使用标准分组。
- Source：源码包，后面可用%{source1}、%{source2}等变量引用。
- BuildRoot：在安装或编译时使用的"虚拟目录"。
- prefix：%{_prefix}是一个宏，用于指定安装软件时的根目录。这个宏通常用于在%install部分指定安装路径。
- Summary：软件包的内容概要。
- %description：软件的详细说明。
- %build：开始构建包。
- %install：开始把软件安装到虚拟的根目录中。
- %pre：RPM 软件包安装前执行的脚本。
- %post：RPM 软件包安装后执行的脚本。
- %preun：RPM 软件包卸载前执行的脚本。
- %files：定义哪些文件或目录会被放入 RPM 软件包中。
- %changelog：变更日志。

③ 执行打包命令，生成打包文件。

```
cd /root
rpmbuild -bb rpmbuild/SPECS/mysql5.7.26.spec
```

该过程比较慢，需要等待 30 分钟左右，打包完成后的页面如图 6-22 所示。

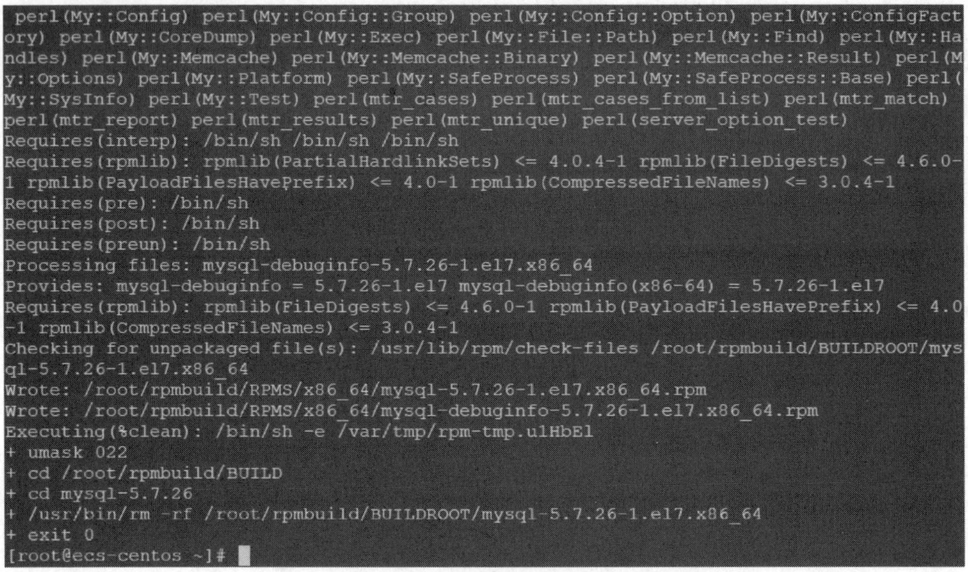

图 6-22　打包完成后的页面

④ 查看使用 rpmbuild 编译后的 RPM 软件包。

打包完成后，在/root/rpmbuild/RPMS/x86_64/目录下会生成两个 RPM 软件包，如图 6-23 所示。

```
ls /root/rpmbuild/RPMS/x86_64/
```

```
[root@ecs-centos ~]# ls /root/rpmbuild/RPMS/x86_64/
mysql-5.7.26-1.el7.x86_64.rpm  mysql-debuginfo-5.7.26-1.el7.x86_64.rpm
[root@ecs-centos ~]#
```

图 6-23　查看使用 rpmbuild 编译后的 RPM 软件包

（5）安装编译后的 RPM 软件包

① 输入以下命令安装 libatomic 依赖包，具体命令执行过程如图 6-24 所示。

```
cd /root/rpmbuild/RPMS/x86_64/
yum install libatomic
//输入 y
```

```
Total download size: 51 k
Installed size: 26 k
Is this ok [y/d/N]: y
Downloading packages:
libatomic-4.8.5-44.el7.x86_64.rpm                          |  51 kB  00:00:00
Running transaction check
Running transaction test
Transaction test succeeded
Running transaction
  Installing : libatomic-4.8.5-44.el7.x86_64                                  1/1
  Verifying  : libatomic-4.8.5-44.el7.x86_64                                  1/1

Installed:
  libatomic.x86_64 0:4.8.5-44.el7

Complete!
[root@ecs-centos x86_64]#
```

图 6-24　安装 libatomic 依赖包的命令执行过程

安装 RPM 软件包，具体命令执行过程如图 6-25 所示。

```
rpm -ivh  /root/rpmbuild/RPMS/x86_64/mysql-5.7.26-1.el7.x86_64.rpm
```

```
[root@ecs-centos x86_64]#  rpm -ivh  /root/rpmbuild/RPMS/x86_64/mysql-5.7.26-1.el7.x86
_64.rpm
Preparing...                          ################################# [100%]
Updating / installing...
   1:mysql-5.7.26-1.el7               ################################# [100%]
2023-10-16T06:41:47.519761Z 0 [Warning] TIMESTAMP with implicit DEFAULT value is depre
cated. Please use --explicit_defaults_for_timestamp server option (see documentation f
or more details).
2023-10-16T06:41:47.666536Z 0 [Warning] InnoDB: New log files created, LSN=45790
2023-10-16T06:41:48.486337Z 0 [Warning] InnoDB: Creating foreign key constraint system
 tables.
2023-10-16T06:41:48.546872Z 0 [Warning] No existing UUID has been found, so we assume
that this is the first time that this server has been started. Generating a new UUID:
14ce0fd1-6bef-11ee-aa28-fa163ee73fe8.
2023-10-16T06:41:48.548925Z 0 [Warning] Gtid table is not ready to be used. Table 'mys
ql.gtid_executed' cannot be opened.
2023-10-16T06:41:48.549264Z 1 [Warning] root@localhost is created with an empty passwo
rd ! Please consider switching off the --initialize-insecure option.
Starting MySQL.Logging to '/data/mysql/ecs-centos.err'.
                                                           [  OK  ]
[root@ecs-centos x86_64]#
```

图 6-25　安装 RPM 软件包的命令执行过程

② 验证 MySQL 安装是否成功。

通过 rpm -q 命令查看 MySQL 的安装，若出现 MySQL 的版本号，则表示安装成功，如图 6-26 所示。

```
rpm -q mysql
```

```
[root@ecs-centos x86_64]# rpm -q mysql
mysql-5.7.26-1.el7.x86_64
[root@ecs-centos x86_64]#
```

图 6-26　MySQL 安装成功

③ 启动 MySQL。

执行以下命令安装 mariadb-server 依赖包并启动 MySQL，如图 6-27 和图 6-28 所示。

```
yum install -y mariadb-server
systemctl start mariadb.service
systemctl    enable mariadb.service
```

```
[root@kp-test01 aarch64]# yum install -y mariadb-server
Last metadata expiration check: 1:04:46 ago on Fri 04 Jun 2021 01:35:15 PM CST.
Dependencies resolved.
===============================================================================
 Package                Architecture      Version           Repository    Size
===============================================================================
Installing:
 mariadb-server         aarch64           3:10.3.9-8.oe1    OS            17 M
Installing dependencies:
 libaio                 aarch64           0.3.111-5.oe1     OS            20 k
 mariadb                aarch64           3:10.3.9-8.oe1    OS            6.0 M
 mariadb-common         aarch64           3:10.3.9-8.oe1    OS            28 k
 mariadb-errmessage     aarch64           3:10.3.9-8.oe1    OS            196 k
 perl-DBD-MySQL         aarch64           4.046-6.oe1       OS            113 k
 perl-DBI               aarch64           1.642-2.oe1       OS            447 k
 psmisc                 aarch64           23.1-5.oe1        OS            126 k
Installing weak dependencies:
 mariadb-backup         aarch64           3:10.3.9-8.oe1    OS            5.9 M
 mariadb-gssapi-server  aarch64           3:10.3.9-8.oe1    OS            14 k

Transaction Summary
```

图 6-27　安装 mariadb-server 依赖包

```
Installed:
  mariadb-server.x86_64 1:5.5.68-1.el7

Dependency Installed:
  mariadb.x86_64 1:5.5.68-1.el7

Complete!
[root@ecs-centos x86_64]# systemctl start mariadb.service
[root@ecs-centos x86_64]# systemctl  enable mariadb.service
Created symlink from /etc/systemd/system/multi-user.target.wants/mariadb.service to /u
sr/lib/systemd/system/mariadb.service.
[root@ecs-centos x86_64]#
```

图 6-28　启动 MySQL

④ 使用 MySQL。

输入以下命令，登录 MySQL。

```
mysql -u   root -p
```

密码为空，直接按"Enter"键即可，若出现图 6-29 所示的页面，则表示已成功登录 MySQL。

```
[root@ecs-centos x86_64]# mysql -u  root -p
Enter password:
Welcome to the MariaDB monitor.  Commands end with ; or \g.
Your MariaDB connection id is 2
Server version: 5.5.68-MariaDB MariaDB Server

Copyright (c) 2000, 2018, Oracle, MariaDB Corporation Ab and others.

Type 'help;' or '\h' for help. Type '\c' to clear the current input statement.

MariaDB [(none)]>
```

图 6-29　成功登录 MySQL

输入以下命令，使用 MySQL，如图 6-30 所示。

```
MariaDB [(none)]>use mysql;
```

```
MariaDB [(none)]> use mysql;
Reading table information for completion of table and column names
You can turn off this feature to get a quicker startup with -A

Database changed
MariaDB [mysql]>
```

图 6-30　使用 MySQL

输入以下命令，查看 MySQL 当前的数据库，如图 6-31 所示。

MariaDB [(mysql)]>show databases;

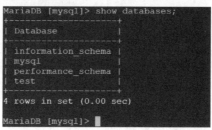

图 6-31 查看 MySQL 当前的数据库

任务 6.2 基于 Maven 软件包管理工具构建应用

1. 任务描述

本任务通过安装与配置 Maven，可帮助读者理解如何通过配置 Maven 来使用华为镜像源，并了解 Maven 打包后存放的 jar 包位置，以及熟悉 POM 文件的语法。

2. 任务分析

（1）基础配置

- 用户需要提前申请华为云账号，并完成实名认证。
- 用户需要提前购买一台鲲鹏云服务器，其资源配置如表 6-4 所示。

表 6-4　鲲鹏云服务器的资源配置

云服务器名称	规格
kp-test01	鲲鹏计算｜鲲鹏通用计算增强型｜kc1.xlarge.2｜4vCPUs｜8GiB；openEuler｜openEuler 20.03 64bit with ARM；高 IO｜40GiB；全动态 BGP｜按流量计费｜5Mbit/s；其他参数采用默认设置

（2）任务配置思路

- 下载 Maven 软件包并配置其环境变量。
- 配置华为云镜像，便于快速拉取镜像。
- 验证 Maven 是否安装成功。
- 构建 Maven 工程。
- 打包和运行。

3. 任务实施

（1）下载 Maven 软件包并配置其环境变量

① 执行以下命令，下载 Maven 软件包并解压缩该软件包，如图 6-32 和图 6-33 所示。

```
wget https://repo.huaweiclo**.com/apache/maven/maven-3/3.5.4/binaries/apache-maven-3.5.4-bin.tar.gz
tar -zxvf apache-maven-3.5.4-bin.tar.gz
```

```
[root@kp-test01 ~]# wget https://repo.huaweiclo**.com/apache/maven/maven-3/3.5.4
/binaries/apache-maven-3.5.4-bin.tar.gz
--2023-10-23 10:36:26--  https://repo.huaweiclo**.com/apache/maven/maven-3/3.5.4
/binaries/apache-maven-3.5.4-bin.tar.gz
Resolving repo.huaweicloud.com (repo.huaweicloud.com)... 218.68.58.26, 218.68.58
.27, 218.68.58.25, ...
Connecting to repo.huaweicloud.com (repo.huaweicloud.com)|218.68.58.26|:443... c
onnected.
HTTP request sent, awaiting response... 200 OK
Length: 8842660 (8.4M) [application/octet-stream]
Saving to: 'apache-maven-3.5.4-bin.tar.gz'

apache-maven-3.5.4- 100%[===================>]   8.43M  26.0MB/s    in 0.3s

2023-10-23 10:36:26 (26.0 MB/s) - 'apache-maven-3.5.4-bin.tar.gz' saved [8842660
/8842660]

[root@kp-test01 ~]#
```

图 6-32　下载 Maven 软件包

```
[root@kp-test01 ~]# ls
apache-maven-3.5.4-bin.tar.gz
[root@kp-test01 ~]# tar -zxvf apache-maven-3.5.4-bin.tar.gz
apache-maven-3.5.4/README.txt
apache-maven-3.5.4/LICENSE
apache-maven-3.5.4/NOTICE
apache-maven-3.5.4/lib/
apache-maven-3.5.4/lib/cdi-api.license
apache-maven-3.5.4/lib/commons-cli.license
apache-maven-3.5.4/lib/commons-io.license
apache-maven-3.5.4/lib/commons-lang3.license
apache-maven-3.5.4/lib/jcl-over-slf4j.license
apache-maven-3.5.4/lib/jsr250-api.license
```

图 6-33　解压缩 Maven 软件包

在/usr/local 目录下创建 maven 目录（mkdir /usr/local/maven），把当前的 apache-maven-3.5.4 复制到/usr/local/maven 目录下（cp apache-maven-3.5.4 /usr/local/maven -rf），具体命令执行过程如图 6-34 所示。

```
mkdir /usr/local/maven
cp apache-maven-3.5.4 /usr/local/maven -rf
ls /usr/local/maven/
```

```
[root@kp-test01 ~]# mkdir /usr/local/maven
[root@kp-test01 ~]# cp  apache-maven-3.5.4 /usr/local/maven -rf
[root@kp-test01 ~]# ls /usr/local/maven/
apache-maven-3.5.4
[root@kp-test01 ~]#
```

图 6-34　复制文件的具体命令执行过程

② 配置 Maven 环境变量。

执行以下命令，编辑 profile 文件。

```
vim /etc/profile
```

在命令行模式下按“i”键进入编辑模式，在 profile 文件末尾添加如下信息，配置 Maven 环境变量，如图 6-35 所示。

```
MAVEN_HOME=/usr/local/maven/apache-maven-3.5.4
export PATH=${MAVEN_HOME}/bin:$PATH
//输入“:wq!”保存文件并退出
```

```
if [ -n "${BASH_VERSION-}" ] ; then
        if [ -f /etc/bashrc ] ; then
                # Bash login shells run only /etc/profile
                # Bash non-login shells run only /etc/bashrc
                # Check for double sourcing is done in /etc/bashrc.
                . /etc/bashrc
        fi
fi
MAVEN_HOME=/usr/local/maven/apache-maven-3.5.4
export PATH=${MAVEN_HOME}/bin:$PATH
```

图 6-35　配置 Maven 环境变量

执行以下命令，使配置生效，如图 6-36 所示。

```
source /etc/profile
```

```
Welcome to 4.19.90-2110.8.0.0119.oe1.aarch64

System information as of time:    Mon Oct 23 10:39:14 CST 2023

System load:      0.03
Processes:        163
Memory used:      4.9%
Swap used:        0.0%
Usage On:         8%
IP address:
Users online:     1


[root@kp-test01 ~]#
```

图 6-36　使配置生效

（2）配置华为云镜像，便于快速拉取镜像

修改 conf/settings.xml 文件。

执行以下命令，编辑 conf/settings.xml 文件。

```
vim /usr/local/maven/apache-maven-3.5.4/conf/settings.xml
```

按"i"键进入编辑模式，在 conf/settings.xml 文件中分别添加 server 和 mirror 内容，如图 6-37 和图 6-38 所示。

```
//在第 135 行左右
<server>
    <id>huaweicloud</id>
    <username>anonymous</username>
    <password>devcloud</password>
</server>
//在第 164 行左右
<mirror>
    <id>huaweicloud</id>
    <mirrorOf>*</mirrorOf>
    <url>https://mirrors.huaweiclo**.com/repository/maven</url>
</mirror>
```

```
<!-- Another sample, using keys to authenticate.
<server>
    <id>siteServer</id>
    <privateKey>/path/to/private/key</privateKey>
    <passphrase>optional; leave empty if not used.</passphrase>
</server>
-->

<server>
    <id>huaweicloud</id>
    <username>anonymous</username>
    <password>devcloud</password>
</server>
```

图 6-37　添加 server 内容

```
<mirror>
    <id>mirrorId</id>
    <mirrorOf>repositoryId</mirrorOf>
    <name>Human Readable Name for this Mirror.</name>
    <url>http://my.reposito**.com/repo/path</url>
</mirror>
-->

<mirror>
    <id>huaweicloud</id>
    <mirrorOf>*</mirrorOf>
    <url>https://mirrors.huaweiclo**.com/repository/maven</url>
</mirror>
```

图 6-38　添加 mirror 内容

（3）验证 Maven 是否安装成功

通过 mvn --version 命令查看 Maven 的版本，验证 Maven 是否安装成功，如图 6-39 所示。

```
mvn --version
```

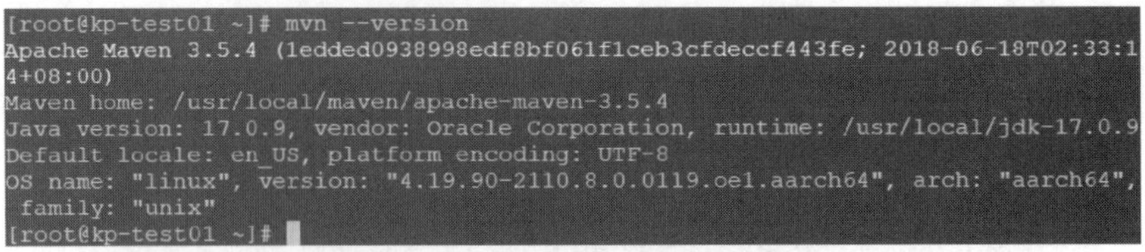

```
[root@kp-test01 ~]# mvn --version
Apache Maven 3.5.4 (1edded0938998edf8bf061f1ceb3cfdeccf443fe; 2018-06-18T02:33:1
4+08:00)
Maven home: /usr/local/maven/apache-maven-3.5.4
Java version: 17.0.9, vendor: Oracle Corporation, runtime: /usr/local/jdk-17.0.9
Default locale: en_US, platform encoding: UTF-8
OS name: "linux", version: "4.19.90-2110.8.0.0119.oe1.aarch64", arch: "aarch64",
 family: "unix"
[root@kp-test01 ~]#
```

图 6-39　验证 Maven 是否安装成功

若出现图 6-40 所示的页面，则说明没有配置 JDK，需要进行 JDK 的配置。

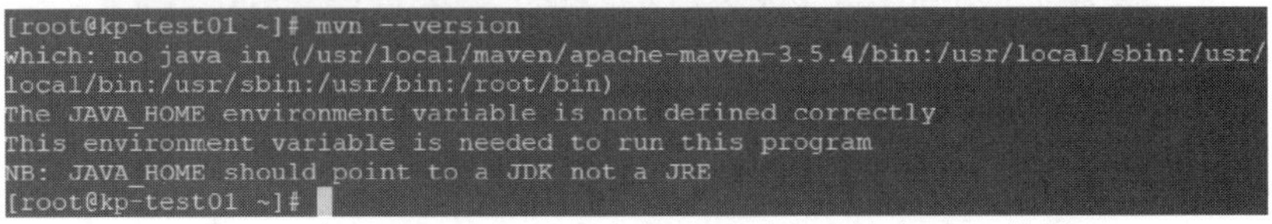

```
[root@kp-test01 ~]# mvn --version
which: no java in (/usr/local/maven/apache-maven-3.5.4/bin:/usr/local/sbin:/usr/
local/bin:/usr/sbin:/usr/bin:/root/bin)
The JAVA_HOME environment variable is not defined correctly
This environment variable is needed to run this program
NB: JAVA_HOME should point to a JDK not a JRE
[root@kp-test01 ~]#
```

图 6-40　在验证 Maven 是否安装成功时出现缺少 JDK 的情况

在安装 JDK 前，需要先下载常用依赖包，如 wget、tar 等，具体命令执行过程如图 6-41 所示。

```
yum -y install wget tar vim
```

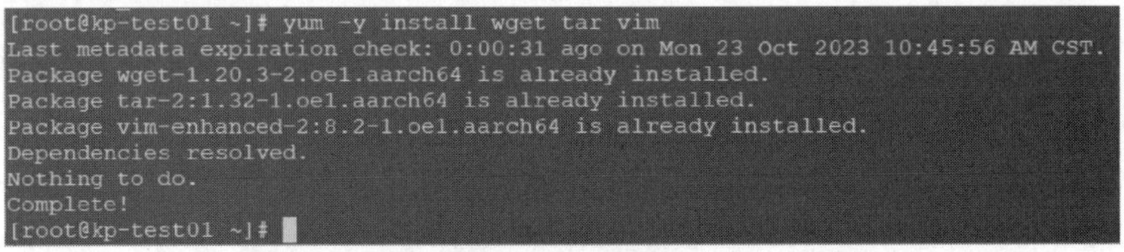

```
[root@kp-test01 ~]# yum -y install wget tar vim
Last metadata expiration check: 0:00:31 ago on Mon 23 Oct 2023 10:45:56 AM CST.
Package wget-1.20.3-2.oe1.aarch64 is already installed.
Package tar-2:1.32-1.oe1.aarch64 is already installed.
Package vim-enhanced-2:8.2-1.oe1.aarch64 is already installed.
Dependencies resolved.
Nothing to do.
Complete!
[root@kp-test01 ~]#
```

图 6-41　下载常用依赖包的具体命令执行过程

执行以下命令，下载 JDK 安装包，如图 6-42 所示，大概需要 3 分钟。

```
wget https://download.orac**.com/java/17/latest/jdk-17_linux-aarch64_bin.tar.gz
```

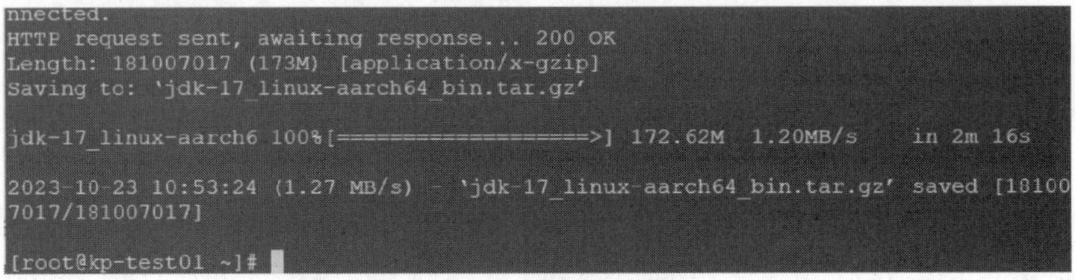

```
nnected.
HTTP request sent, awaiting response... 200 OK
Length: 181007017 (173M) [application/x-gzip]
Saving to: 'jdk-17_linux-aarch64_bin.tar.gz'

jdk-17_linux-aarch6 100%[===================>] 172.62M  1.20MB/s    in 2m 16s

2023-10-23 10:53:24 (1.27 MB/s) - 'jdk-17_linux-aarch64_bin.tar.gz' saved [18100
7017/181007017]

[root@kp-test01 ~]#
```

图 6-42　下载 JDK 安装包

执行 tar 命令，解压缩 JDK 安装包到指定目录中。

```
tar -zxvf jdk-17_linux-aarch64_bin.tar.gz -C /usr/local
```

执行以下命令，编辑 profile 文件。

```
vim /etc/profile
```

在命令行模式下按“i”键进入编辑模式，在 profile 文件末尾添加如下信息，进行环境变量配置，如图 6-43 所示，配置完成后输入“:wq!”保存文件并退出。

```
export JAVA_HOME=/usr/local/jdk-17.0.9
export PATH=$PATH:$JAVA_HOME/bin
```

```
n "${BASH_VERSION-}" ] ; then
  if [ -f /etc/bashrc ] ; then
          # Bash login shells run only /etc/profile
          # Bash non-login shells run only /etc/bashrc
          # Check for double sourcing is done in /etc/bashrc.
          . /etc/bashrc
  fi

HOME=/usr/local/maven/apache-maven-3.5.4
 PATH=${MAVEN_HOME}/bin:$PATH
 JAVA_HOME=/usr/local/jdk-17.0.9
 PATH=$PATH:$JAVA_HOME/bin
ERT --                                          89,33         Bot
```

图 6-43　配置环境变量

执行以下命令，使配置生效，如图 6-44 所示。

```
source /etc/profile
```

```
[root@kp-test01 ~]# source /etc/profile


Welcome to 4.19.90-2110.8.0.0119.oe1.aarch64

System information as of time:  Mon Oct 23 10:55:25 CST 2023

System load:     0.02
Processes:       154
Memory used:     5.0%
Swap used:       0.0%
Usage On:        10%
IP address:      192.168.0.207
Users online:    1


[root@kp-test01 ~]#
```

图 6-44　使配置生效

执行 java -version 命令，检查 Java 环境是否安装成功，如图 6-45 所示。

```
java -version
```

```
[root@kp-test01 ~]# java -version
java version "17.0.9" 2023-10-17 LTS
Java(TM) SE Runtime Environment (build 17.0.9+11-LTS-201)
Java HotSpot(TM) 64-Bit Server VM (build 17.0.9+11-LTS-201, mixed mode, sharing)
[root@kp-test01 ~]#
```

图 6-45　检查 Java 环境是否安装成功

（4）构建 Maven 工程

① 构建工程骨架。

切换到/root 根目录，执行以下命令，构建工程骨架。

```
cd /root
mvn archetype:generate
```

在构建过程中，系统会要求用户选择版本，按“Enter”键，系统会自动选择最高版本，如图 6-46 所示。

```
Choose a number or apply filter (format: [groupId:]artifactId, case sensitive co
ntains): 1924:
Choose org.apache.maven.archetypes:maven-archetype-quickstart version:
1: 1.0-alpha-1
2: 1.0-alpha-2
3: 1.0-alpha-3
4: 1.0-alpha-4
5: 1.0
6: 1.1
7: 1.3
8: 1.4
Choose a number: 8:
```

图 6-46　在构建工程骨架过程中选择版本

在构建过程中，若出现 groupId、artifactId、version 提示，以及包名，则输入冒号后的代码即可，如图 6-47 所示。

```
Define value for property 'groupId': com.juvenxu.mvnbook
Define value for property 'artifactId': hello-world
Define value for property'version'1.0-SNAPSHOT: :1.0-SNAPSHOT
Define value for property 'package' com.juvenxu.mvnbook: :
Confirm properties configuration:
groupId: com.juvenxu.mvnbook
artifactId: hello-world
version: 1.0-SNAPSHOT
package: com.juvenxu.mvnbook
```

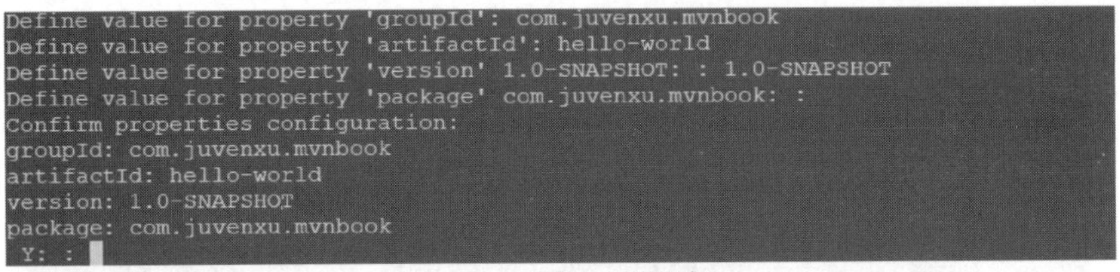
```
Define value for property 'groupId': com.juvenxu.mvnbook
Define value for property 'artifactId': hello-world
Define value for property 'version' 1.0-SNAPSHOT: : 1.0-SNAPSHOT
Define value for property 'package' com.juvenxu.mvnbook: :
Confirm properties configuration:
groupId: com.juvenxu.mvnbook
artifactId: hello-world
version: 1.0-SNAPSHOT
package: com.juvenxu.mvnbook
 Y: :
```

图 6-47　配置工程坐标

若页面中出现 BUILD SUCCESS，则表示构建成功，如图 6-48 所示。

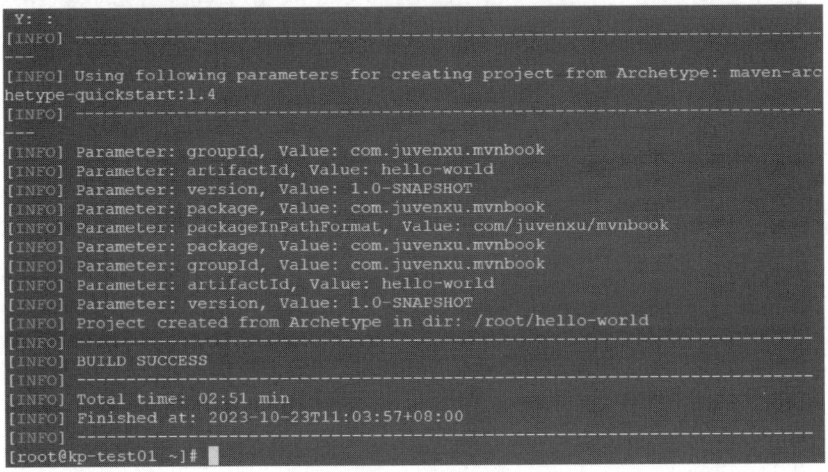
```
 Y: :
[INFO] ------------------------------------------------------------------------
---
[INFO] Using following parameters for creating project from Archetype: maven-arc
hetype-quickstart:1.4
[INFO] ------------------------------------------------------------------------
---
[INFO] Parameter: groupId, Value: com.juvenxu.mvnbook
[INFO] Parameter: artifactId, Value: hello-world
[INFO] Parameter: version, Value: 1.0-SNAPSHOT
[INFO] Parameter: package, Value: com.juvenxu.mvnbook
[INFO] Parameter: packageInPathFormat, Value: com/juvenxu/mvnbook
[INFO] Parameter: package, Value: com.juvenxu.mvnbook
[INFO] Parameter: groupId, Value: com.juvenxu.mvnbook
[INFO] Parameter: artifactId, Value: hello-world
[INFO] Parameter: version, Value: 1.0-SNAPSHOT
[INFO] Project created from Archetype in dir: /root/hello-world
[INFO] ------------------------------------------------------------------------
[INFO] BUILD SUCCESS
[INFO] ------------------------------------------------------------------------
[INFO] Total time: 02:51 min
[INFO] Finished at: 2023-10-23T11:03:57+08:00
[INFO] ------------------------------------------------------------------------
[root@kp-test01 ~]#
```

图 6-48　构建成功

② 查看构建后的 Maven 工程。

Maven 工程构建成功后，在当前目录下会生成对应的项目，使用 ls 命令即可查看，如图 6-49 所示。

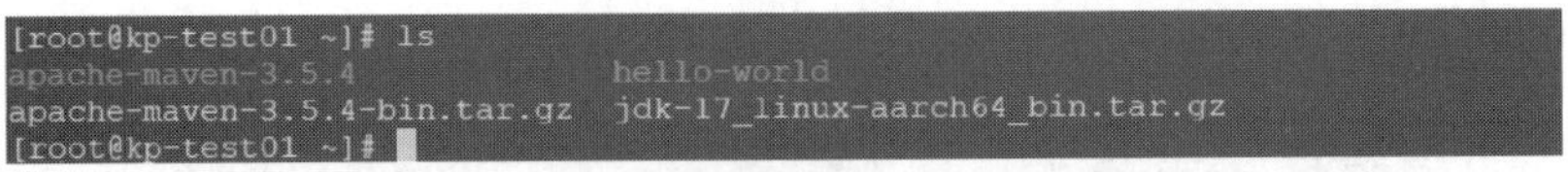
```
[root@kp-test01 ~]# ls
apache-maven-3.5.4              hello-world
apache-maven-3.5.4-bin.tar.gz   jdk-17_linux-aarch64_bin.tar.gz
[root@kp-test01 ~]#
```

图 6-49　查看构建后的 Maven 工程

③ 安装 tree。

使用 yum install tree 命令安装 tree，如图 6-50 所示，输入 y，即可安装。

安装完成后，输入以下命令可查看项目的结构，如图 6-51 所示。

```
tree hello-world/
```

```
[root@ecs-deploy ~]# yum install tree
Loaded plugins: fastestmirror
Determining fastest mirrors
base                                                     | 3.6 kB     00:00
epel                                                     | 4.7 kB     00:00
extras                                                   | 2.9 kB     00:00
updates                                                  | 2.9 kB     00:00
```

图 6-50　安装 tree

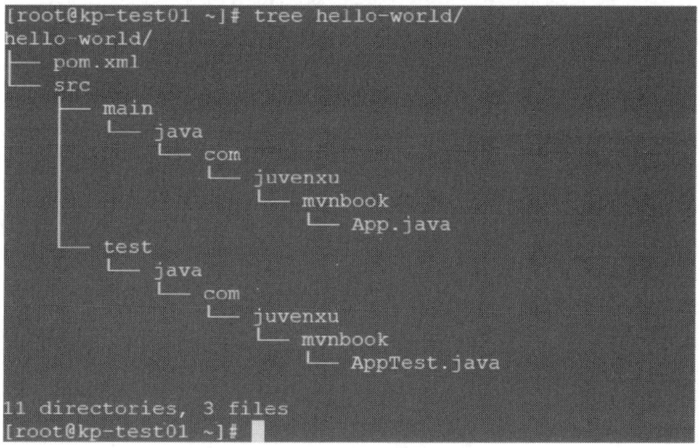

```
[root@kp-test01 ~]# tree hello-world/
hello-world/
├── pom.xml
└── src
    ├── main
    │   └── java
    │       └── com
    │           └── juvenxu
    │               └── mvnbook
    │                   └── App.java
    └── test
        └── java
            └── com
                └── juvenxu
                    └── mvnbook
                        └── AppTest.java

11 directories, 3 files
[root@kp-test01 ~]#
```

图 6-51　查看项目的结构

至此，Maven 工程构建成功。

④ 检查 POM 文件。

切换到 hello-world 目录，查看 pom.xml 文件，如图 6-52 所示。

```
cd hello-world
cat pom.xml
```

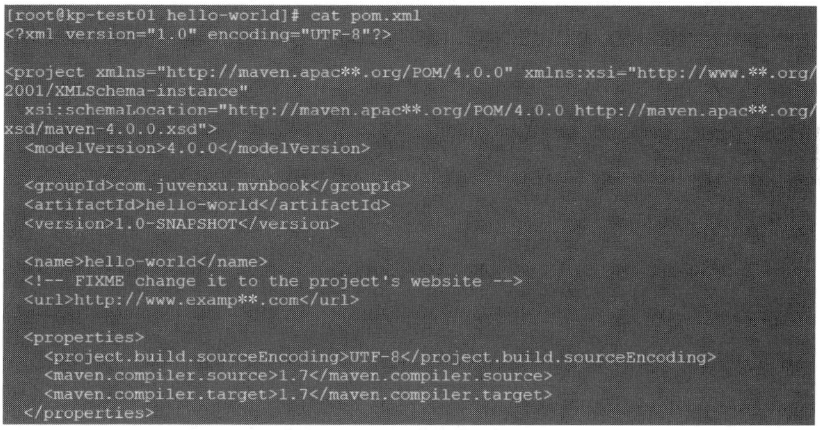

```
[root@kp-test01 hello-world]# cat pom.xml
<?xml version="1.0" encoding="UTF-8"?>

<project xmlns="http://maven.apac**.org/POM/4.0.0" xmlns:xsi="http://www.**.org/
2001/XMLSchema-instance"
  xsi:schemaLocation="http://maven.apac**.org/POM/4.0.0 http://maven.apac**.org/
xsd/maven-4.0.0.xsd">
  <modelVersion>4.0.0</modelVersion>

  <groupId>com.juvenxu.mvnbook</groupId>
  <artifactId>hello-world</artifactId>
  <version>1.0-SNAPSHOT</version>

  <name>hello-world</name>
  <!-- FIXME change it to the project's website -->
  <url>http://www.examp**.com</url>

  <properties>
    <project.build.sourceEncoding>UTF-8</project.build.sourceEncoding>
    <maven.compiler.source>1.7</maven.compiler.source>
    <maven.compiler.target>1.7</maven.compiler.target>
  </properties>
```

图 6-52　检查 POM 文件

通过 cat 命令可以查看当前 POM 文件的 groupId、artifactId、version 等关键字中项目骨架的坐标。

⑤ 编辑主代码文件。

如果需要对代码进行修改和开发，则需要对主代码文件 App.java 进行修改，修改后的代码最终会被打包到构件中。执行以下命令，查看 App.java 文件，如图 6-53 所示。

```
cd  /root/hello-world/src/main/java/com/juvenxu/mvnbook/
pwd
ls
```

图 6-53　查看 App.java 文件

使用 vim 命令编辑 App.java 文件中的内容，默认代码如下。

```
vim App.java
//按 "i" 键，进入编辑模式
package com.juvenxu.mvnbook.helloworld;

/**
 * Hello World!
 *
 */
public class App
{
    public static void main( String[] args )
    {
        System.out.println( "Hello World!" );
    }
}
```

⑥ 使用 Maven 进行编译。

在项目的根目录下执行以下命令，对代码进行编译。

```
cd /root/hello-world
mvn clean compile
```

其中，clean 用于告诉 Maven 清理输出目录 target，compile 用于告诉 Maven 编译主代码。若页面中出现 BUILD SUCCESS，则表示编译成功，如图 6-54 所示。

图 6-54　编译成功

使用 ls 命令查看当前目录，target 目录为编译成功后的输出目录，如图 6-55 所示。

图 6-55　查看当前目录

（5）打包和运行

POM 文件中没有指定打包类型，本任务使用默认打包类型 jar。

① 使用 package 命令进行打包。

执行以下命令进入该项目的根目录。

```
cd /root/hello-world
```

使用 package 命令对项目进行打包，若页面中出现 BUILD SUCCESS，则表示打包成功，如图 6-56 所示。

```
mvn clean package
```

```
[INFO] Building jar: /root/hello-world/target/hello-world-1.0-SNAPSHOT.jar
[INFO] ------------------------------------------------------------------------
[INFO] BUILD SUCCESS
[INFO] ------------------------------------------------------------------------
[INFO] Total time: 41.327 s
[INFO] Finished at: 2023-10-23T11:12:24+08:00
[INFO] ------------------------------------------------------------------------
```

图 6-56 打包成功

执行以下命令查看生成的 jar 包，详细的 jar 包如图 6-57 所示。

```
ls target/
```

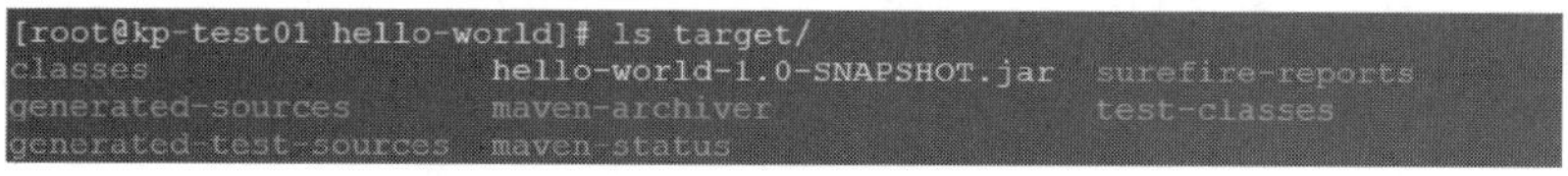

```
[root@kp-test01 hello-world]# ls target/
classes                  hello-world-1.0-SNAPSHOT.jar   surefire-reports
generated-sources        maven-archiver                 test-classes
generated-test-sources   maven-status
```

图 6-57 查看打包后生成的详细 jar 包

② 使用 install 命令安装 jar 包。

切换到 hello-world 目录，执行 install 安装命令，若页面中出现 BUILD SUCCESS，则表示安装成功，如图 6-58 所示。

```
cd /root/hello-world
mvn clean install
```

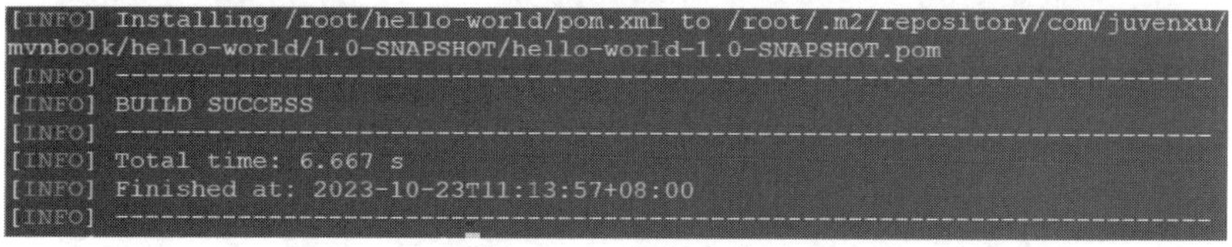

```
[INFO] Installing /root/hello-world/pom.xml to /root/.m2/repository/com/juvenxu/
mvnbook/hello-world/1.0-SNAPSHOT/hello-world-1.0-SNAPSHOT.pom
[INFO] ------------------------------------------------------------------------
[INFO] BUILD SUCCESS
[INFO] ------------------------------------------------------------------------
[INFO] Total time: 6.667 s
[INFO] Finished at: 2023-10-23T11:13:57+08:00
[INFO] ------------------------------------------------------------------------
```

图 6-58 安装成功

通过 ls 命令查看本地仓库生成的文件，如图 6-59 所示。

```
ls /root/.m2/repository/com/juvenxu/mvnbook/hello-world/
```

```
[root@kp-test01 hello-world]# ls /root/.m2/repository/com/juvenxu/mvnbook/hello-
world/
1.0-SNAPSHOT   maven-metadata-local.xml
```

图 6-59 查看本地仓库生成的文件

③ 修改文件。

修改 pom.xml 文件，配置插件，并删除其他插件（plugin），如图 6-60 所示。

```
vim pom.xml
```

从</dependencies>后面开始，只留下</project>，将其他内容全部删除，复制所有内容，按"i"键进入编辑模式，找到</dependencies>，按"Esc"键退出编辑模式，双击 dd（删除一行内容），删除后再次按"i"键进入编辑模式，添加以下内容。

```
<build>
<plugins>
<plugin>
        <groupId>org.apache.maven.plugins</groupId>
        <artifactId>maven-shade-plugin</artifactId>
        <version>2.4.3</version>
```

```
                <executions>
                    <execution>
                        <phase>package</phase>
                        <goals>
                            <goal>shade</goal>
                        </goals>
                        <configuration>
                            <transformers>
                                <transformer
implementation="org.apache.maven.plugins.shade.resource.ManifestResourceTransformer">
<mainClass>com.juvenxu.mvnbook.helloworld.App</mainClass>
                                </transformer>
                            </transformers>
                        </configuration>
                    </execution>
                </executions>
            </plugin>
    </plugins>
    </build>
```

图 6-60　修改 pom.xml 文件

④ 重新编译配置。

执行以下命令重新编译配置，先切换到 hello-world 目录，再进行编译、打包、安装，若页面中出现 BUILD SUCCESS，则说明编译配置成功，如图 6-61 所示，执行 ls 命令，查看编译配置后的结果，如图 6-62 所示。

```
cd /root/hello-world
mvn clean compile
mvn clean package
mvn clean install
ls
```

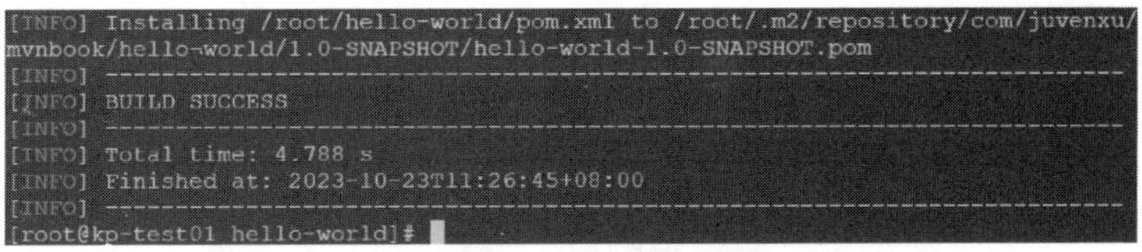

图 6-61　编译配置成功

图 6-62　查看编译配置后的结果

⑤ 运行 Java 程序。

查看当前文件路径，切换到/root/hello-world/src/main/java/com/juvenxu/mvnbook/目录，运行 App.java 程序，结果如图 6-63 所示。

```
pwd
cd /root/hello-world/src/main/java/com/juvenxu/mvnbook/
java App.java
```

图 6-63　运行 Java 程序的结果

任务 6.3　基于鲲鹏云服务器部署 Nginx 综合实验

1. 任务描述

完整的应用开发涉及应用的开发、调优和发布各个环节，本任务以部署 Nginx 为例，带领读者体验应用开发的全流程。

本任务主要包含以下几个部分，使用 RPM 软件包方式制作 Nginx 软件包并部署 Nginx 服务，在 Nginx 的基础上开发文件上传管理模块，配置 Nginx 负载均衡，对 Nginx 应用进行调优，并查看调优前后的差异。

2. 任务分析

（1）基础配置

- 用户需要提前申请华为云账号，并完成实名认证。
- 用户需要提前购买一台鲲鹏云服务器，其资源配置如表 6-5 所示。

表 6-5　鲲鹏云服务器的资源配置

云服务器名称	规格
kp-test01	鲲鹏计算 ｜ 鲲鹏通用计算增强型 ｜kc1.xlarge.2 ｜4vCPUs ｜8GiB；openEuler ｜openEuler 20.03 64bit with ARM；高 IO ｜40GiB ｜全动态 BGP ｜按流量计费 ｜5Mbit/s；其他参数采用默认设置

（2）任务配置思路

- 使用 RPM 软件包管理工具制作 RPM 软件包。

- 安装并启动 Nginx。
- 安装 Maven。
- 使用 Maven 进行应用开发。
- 测试应用。

3. 任务实施

（1）使用 RPM 软件包管理工具制作 RPM 软件包

① 下载 RPM 软件包。

执行以下命令，完成 RPM 相关依赖包的安装，如果已经安装，则可跳过此步骤。

```
dnf install -y gcc rpm-build rpm-devel rpmlint make python bash coreutils diffutils patch rpmdevtools gdb
```

若出现 GPG check FAILED（见图 6-64），则修改 yum.conf 配置文件，使 gpgcheck=0，彻底关闭 gpgcheck 选项。

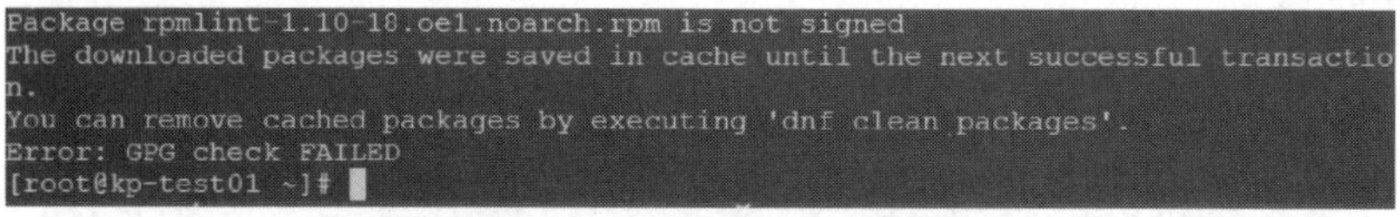

图 6-64　安装依赖包时的报错项

先编辑 yum.conf 文件，把文件中 gpgcheck 参数的值由 1 改为 0，如图 6-65 所示。

```
vim /etc/yum.conf
```

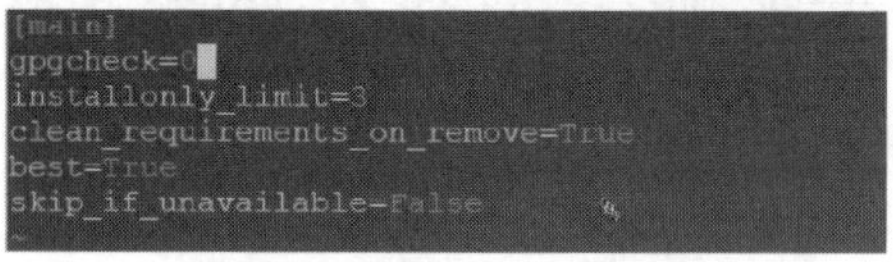

图 6-65　编辑 yum.conf 文件

再编辑 openEuler.repo 文件，把文件中 gpgcheck 参数的值由 1 改为 0，如图 6-66 所示。

```
vim /etc/yum.repos.d/openEuler.repo
```

图 6-66　编辑 openEuler.repo 文件

修改完之后再次执行安装依赖包的命令，执行结果如图 6-67 所示。

```
Installed:
  patch-2.7.6-12.oe1.aarch64
  rpmdevtools-8.10-8.oe1.noarch
  rpmlint-1.10-18.oe1.noarch
  gdb-9.2-1.oe1.aarch64
  rpm-build-4.15.1-20.oe1.aarch64
  rpm-devel-4.15.1-20.oe1.aarch64
  autoconf-2.69-30.oe1.noarch
  chrpath-0.16-11.oe1.aarch64
  desktop-file-utils-0.24-1.oe1.aarch64
  fakeroot-1.23-2.oe1.aarch64
  m4-1.4.18-13.oe1.aarch64
  perl-TermReadKey-2.38-2.oe1.aarch64
  popt-devel-1.16-17.oe1.aarch64
  automake-1.16.2-1.oe1.noarch
  babeltrace-1.5.6-5.oe1.aarch64
  emacs-filesystem-1:26.1-13.oe1.noarch
  gcc-c++-7.3.0-20210605.41.oe1.aarch64
  gdb-headless-9.2-1.oe1.aarch64
  git-2.27.0-3.oe1.aarch64
  libstdc++-devel-7.3.0-20210605.41.oe1.aarch64
  perl-Error-1:0.17028-1.oe1.noarch
  perl-Git-2.27.0-3.oe1.noarch
  zstd-devel-1.4.5-1.oe1.aarch64

Complete!
[root@kp-test01 ~]#
```

图 6-67　安装依赖包命令的执行结果

② 检测 RPM 软件包是否安装成功。

执行 rpm --version 命令，查看 RPM 软件包是否安装成功，如果回显"RPM version 4.15.1"，则表示安装成功。

```
rpm --version
```

输入 rpm 命令后连续按两次"Tab"键查看后续使用的命令是否存在，如图 6-68 所示。

```
rpm
```

```
[root@kp-test01 ~]# rpm
rpm                    rpmdev-packager        rpmfile
rpm2archive            rpmdev-rmdevelrpms     rpmgraph
rpm2cpio              rpmdev-setuptree        rpminfo
rpmargs               rpmdev-sha1            rpmkeys
rpmbuild              rpmdev-sha224          rpmlint
rpmdb                rpmdev-sha256          rpmls
rpmdb2solv           rpmdev-sha384          rpmmd2solv
rpmdev-bumpspec      rpmdev-sha512          rpmpeek
rpmdev-checksig      rpmdev-sort            rpmquery
rpmdev-cksum         rpmdev-sum             rpms2solv
rpmdev-diff          rpmdev-vercmp          rpmsign
rpmdev-extract       rpmdev-wipetree        rpmsodiff
rpmdev-md5           rpmdiff                rpmsoname
rpmdev-newinit       rpmdumpheader          rpmspec
rpmdev-newspec       rpmelfsym              rpmverify
```

图 6-68　查看后续使用的命令是否存在

③ 生成 rpmbuild 目录，并检测文件目录是否生成成功。

```
rpmdev-setuptree
ls /root/rpmbuild/
```

④ 下载 Nginx 软件的源码包，并将源码包和环境配置信息解压缩到/rpmbuild/SOURCES/目录下。

下载源码包。

```
cd /root/rpmbuild/SOURCES/
```

```
wget http://repo.openeul**.org/openEuler-20.03-LTS/source/Packages/nginx-1.16.1-2.oe1.src.rpm
```

解压缩源文件。

```
rpm2cpio nginx-1.16.1-2.oe1.src.rpm |cpio -div
```

⑤ 在 SPECS 目录下制作.spec 文件。

为简化任务流程，直接使用以下命令下载源码包中的.spec 文件，如图 6-69 所示。

```
mv nginx.spec /root/rpmbuild/SPECS/
cd /root/rpmbuild/SPECS/
ls
```

```
[root@kp-test01 SOURCES]# rpm2cpio nginx-1.16.1-2.oe1.src.rpm |cpio -div
404.html
50x.html
CVE-2019-20372.patch
README.dynamic
UPGRADE-NOTES-1.6-to-1.10
index.html
nginx-1.12.1-logs-perm.patch
nginx-1.16.1.tar.gz
nginx-auto-cc-gcc.patch
nginx-logo.png
nginx-upgrade
nginx-upgrade.8
nginx.conf
nginx.logrotate
nginx.service
nginx.spec
poweredby.png
2102 blocks
[root@kp-test01 SOURCES]# mv nginx.spec /root/rpmbuild/SPECS/
[root@kp-test01 SOURCES]# cd /root/rpmbuild/SPECS/
[root@kp-test01 SPECS]# ls
nginx.spec
[root@kp-test01 SPECS]#
```

图 6-69　制作.spec 文件

⑥ 使用 rpmbuild 工具制作 Nginx 应用的 RPM 软件包。

首先需要安装环境依赖。

```
yum install -y    gd-devel gperftools-devel libxslt-devel openssl-devel pcre-devel zlib-devel
```

然后制作 RPM 软件包，若页面出现图 6-70 所示的回显内容，则表示制作完成。

```
rpmbuild -ba nginx.spec
```

```
Executing(%clean): /bin/sh -e /var/tmp/rpm-tmp.Mlj5hy
+ umask 022
+ cd /root/rpmbuild/BUILD
+ cd nginx-1.16.1
+ /usr/bin/rm -rf /root/rpmbuild/BUILDROOT/nginx-1.16.1-2.aarch64
+ RPM_EC=0
++ jobs -p
+ exit 0
[root@kp-test01 SPECS]#
```

图 6-70　制作 Nginx 应用的 RPM 软件包

执行以下命令，检测 RPM 软件包是否制作完成，如图 6-71 所示。

```
ls /root/rpmbuild/RPMS/aarch64/
```

```
[root@kp-test01 SPECS]#  ls /root/rpmbuild/RPMS/aarch64/
nginx-1.16.1-2.aarch64.rpm
nginx-debuginfo-1.16.1-2.aarch64.rpm
nginx-debugsource-1.16.1-2.aarch64.rpm
nginx-mod-http-image-filter-1.16.1-2.aarch64.rpm
nginx-mod-http-perl-1.16.1-2.aarch64.rpm
nginx-mod-http-xslt-filter-1.16.1-2.aarch64.rpm
nginx-mod-mail-1.16.1-2.aarch64.rpm
nginx-mod-stream-1.16.1-2.aarch64.rpm
```

图 6-71　检测 RPM 软件包是否制作完成

（2）安装并启动 Nginx

① 安装 Nginx 1.18。

切换到/usr/local 目录，下载并解压缩 nginx-1.18.0.tar.gz 安装包，如图 6-72 所示。

```
cd /usr/local
wget https://ngi**.org/download/nginx-1.18.0.tar.gz
tar -zvxf nginx-1.18.0.tar.gz
```

```
[root@kp-test01 SPECS]# cd /usr/local
[root@kp-test01 local]# wget https://ngi**.org/download/nginx-1.18.0.tar.gz
--2023-10-23 12:42:18--  https://nginx.org/downlo**/nginx-1.18.0.tar.gz
Resolving nginx.org (nginx.org)... 52.58.199.22, 3.125.197.172, 2a05:d014:edb:57
02::6, ...
Connecting to nginx.org (nginx.org)|52.58.199.22|:443... connected.
HTTP request sent, awaiting response... 200 OK
Length: 1039530 (1015K) [application/octet-stream]
Saving to: 'nginx-1.18.0.tar.gz'

nginx-1.18.0.tar.gz 100%[===================>]  1015K  1.46MB/s    in 0.7s

2023-10-23 12:42:20 (1.46 MB/s) - 'nginx-1.18.0.tar.gz' saved [1039530/1039530]
```

图 6-72　下载并解压缩 nginx-1.18.0.tar.gz 安装包

② 安装 Nginx 环境依赖。

执行以下命令，安装 Nginx 所需依赖包，如图 6-73 所示。

```
yum -y install pcre-devel openssl openssl-devel
```

```
[root@kp-test01 local]# yum -y install pcre-devel openssl openssl-devel
Last metadata expiration check: 1:03:27 ago on Mon 23 Oct 2023 11:39:48 AM CST.
Package pcre-devel-8.44-2.oe1.aarch64 is already installed.
Package openssl-1:1.1.1f-4.oe1.aarch64 is already installed.
Package openssl-devel-1:1.1.1f-4.oe1.aarch64 is already installed.
Dependencies resolved.
Nothing to do.
Complete!
```

图 6-73　安装 Nginx 所需依赖包

本机中已经下载好软件包，切换到 nginx-1.18.0 目录，执行安装命令。

```
cd nginx-1.18.0
./configure
# 执行安装命令
make install
```

若页面出现图 6-74 和图 6-75 所示的回显内容，则表示 Nginx 安装并启动成功。

```
[root@kp-test01 local]# cd nginx-1.18.0
[root@kp-test01 nginx-1.18.0]# ./configure
checking for OS
 + Linux 4.19.90-2110.8.0.0119.oe1.aarch64 aarch64
checking for C compiler ... found
 + using GNU C compiler
 + gcc version: 7.3.0 (GCC)
checking for gcc -pipe switch ... found
checking for -Wl,-E switch ... found
checking for gcc builtin atomic operations ... found
checking for C99 variadic macros ... found
checking for gcc variadic macros ... found
checking for gcc builtin 64 bit byteswap ... found
checking for unistd.h ... found
checking for inttypes.h ... found
```

图 6-74　Nginx 安装成功

make install 命令执行成功后，会在 nginx-1.18.0 的同级目录下，生成 Nginx 的最终程序。

返回上一级目录，查看安装的 Nginx 程序，如图 6-76 所示。

```
cd ..
ls -al
```

```
checking for PCRE JIT support ... found
checking for zlib library ... found
creating objs/Makefile

Configuration summary
  + using system PCRE library
  + OpenSSL library is not used
  + using system zlib library

  nginx path prefix: "/usr/local/nginx"
  nginx binary file: "/usr/local/nginx/sbin/nginx"
  nginx modules path: "/usr/local/nginx/modules"
  nginx configuration prefix: "/usr/local/nginx/conf"
  nginx configuration file: "/usr/local/nginx/conf/nginx.conf"
  nginx pid file: "/usr/local/nginx/logs/nginx.pid"
  nginx error log file: "/usr/local/nginx/logs/error.log"
  nginx http access log file: "/usr/local/nginx/logs/access.log"
  nginx http client request body temporary files: "client_body_temp"
  nginx http proxy temporary files: "proxy_temp"
  nginx http fastcgi temporary files: "fastcgi_temp"
  nginx http uwsgi temporary files: "uwsgi_temp"
  nginx http scgi temporary files: "scgi_temp"

[root@kp-test01 nginx-1.18.0]#
```

图 6-75　Nginx 启动成功

```
[root@kp-test01 nginx-1.18.0]# cd ..
[root@kp-test01 local]# ls -al
total 1084
drwxr-xr-x. 17 root root    4096 Oct 23 12:47 .
drwxr-xr-x. 12 root root    4096 Jul 27  2022 ..
drwxr-xr-x.  2 root root    4096 Jul 27  2022 bin
drwxr-xr-x.  2 root root    4096 Mar 24  2020 etc
drwxr-xr-x.  2 root root    4096 Mar 24  2020 games
drwxr-xr-x  11 root root    4096 Oct 23 10:43 hostguard
drwxr-xr-x.  2 root root    4096 Mar 24  2020 include
drwxr-xr-x   9 root root    4096 Oct 23 10:54 jdk-17.0.9
drwxr-xr-x.  3 root root    4096 Jul 27  2022 lib
drwxr-xr-x.  3 root root    4096 Jul 27  2022 lib64
drwxr-xr-x.  2 root root    4096 Mar 24  2020 libexec
drwxr-xr-x   3 root root    4096 Oct 23 10:37 maven
drwxr-xr-x   6 root root    4096 Oct 23 12:47 nginx
drwxr-xr-x   9 1001 1001    4096 Oct 23 12:45 nginx-1.18.0
-rw-r--r--   1 root root 1039530 Apr 21  2020 nginx-1.18.0.tar.gz
drwxr-xr-x.  2 root root    4096 Mar 24  2020 sbin
drwxr-xr-x.  5 root root    4096 Jul 27  2022 share
drwxr-xr-x.  2 root root    4096 Mar 24  2020 src
```

图 6-76　查看安装的 Nginx 程序

先开启服务，再检测启动是否成功，如图 6-77 所示。

```
/usr/local/nginx/sbin/nginx
ps -ef |grep nginx
```

```
[root@kp-test01 local]#  /usr/local/nginx/sbin/nginx
[root@kp-test01 local]# ps -ef |grep nginx
root       6300   6254  0 12:37 pts/1    00:00:00 rpmbuild -ba nginx.spec
root      17709      1  0 12:49 ?        00:00:00 nginx: master process /usr/l
ocal/nginx/sbin/nginx
nobody    17710  17709  0 12:49 ?        00:00:00 nginx: worker process
root      17714  15108  0 12:49 pts/3    00:00:00 grep --color=auto nginx
```

图 6-77　开启服务并检测启动是否成功

③ 登录并验证 Nginx。

在 PC 浏览器的地址栏中，输入 kp-test01 弹性云服务器的弹性公网 IP 地址（http://kp-te**01），若出现图 6-78 所示的页面，则说明 Nginx 安装成功。

图 6-78　Nginx 安装成功

（3）安装 Maven

① 验证 Maven 是否已安装。

如果显示图 6-79 所示的内容，则需要执行以下步骤安装 Maven。

```
cd /root/
mvn --version
-bash: mvn: command not found
```

```
[root@kp-test01 ~]# mvn --version
-bash: mvn: command not found
```

图 6-79　验证 Maven 是否已安装

如果显示图 6-80 所示的内容，则可以直接跳过 Maven 的安装步骤。

```
[root@kp-test01 ~]# mvn --version
Apache Maven 3.5.4 (1edded0938998edf8bf061f1ceb3cfdeccf443fe; 2018-06-18T02:33:1
4+08:00)
Maven home: /usr/local/maven/apache-maven-3.5.4
Java version: 17.0.9, vendor: Oracle Corporation, runtime: /usr/local/jdk-17.0.9
Default locale: en_US, platform encoding: UTF-8
OS name: "linux", version: "4.19.90-2110.8.0.0119.oe1.aarch64", arch: "aarch64",
 family: "unix"
```

图 6-80　Maven 安装成功

② 下载并解压缩 Maven 软件包。

先下载 Maven 软件包（见图 6-81），再使用 tar 命令解压缩软件包。

```
wget https://repo.huaweiclo**.com/apache/maven/maven-3/3.5.4/binaries/apache-maven-3.5.4-bin.tar.gz
tar -zxvf apache-maven-3.5.4-bin.tar.gz
```

```
[root@kp-test01 ~]# wget https://repo.huaweiclo**.com/apache/maven/maven-3/3.5.4/binaries/apache-maven-3.5.4-bin.tar
.gz
--2021-06-04 15:11:02--  https://repo.huaweiclo**.com/apache/maven/maven-3/3.5.4/binaries/apache-maven-3.5.4-bin.tar
.gz
Resolving repo.huaweicloud.com (repo.huaweicloud.com)... 111.206.179.16, 120.52.95.242
Connecting to repo.huaweicloud.com (repo.huaweicloud.com)|111.206.179.16|:443... connected.
HTTP request sent, awaiting response... 200 OK
Length: 8842660 (8.4M) [application/octet-stream]
Saving to: 'apache-maven-3.5.4-bin.tar.gz'

apache-maven-3.5.4-bin.tar.g  55%[====================>           ]   4.69M  1.90MB/s
```

图 6-81　下载 Maven 软件包

在 /usr/local 目录下创建 maven 目录，并把当前的 apache-maven-3.5.4 复制到 /usr/local/maven 目录下，如图 6-82 所示。

```
mkdir /usr/local/maven
```

```
cp apache-maven-3.5.4 /usr/local/maven -rf
ls /usr/local/maven/
```

图 6-82　复制文件

③ 配置 Maven 环境变量。

执行如下命令，编辑 profile 文件。

```
vim /etc/profile
```

在命令行模式下按"i"键进入编辑模式，在 profile 文件末尾添加如下信息，如图 6-83 所示。

```
MAVEN_HOME=/usr/local/maven/apache-maven-3.5.4
export PATH=${MAVEN_HOME}/bin:$PATH
//输入 ":wq!" 保存文件并退出
```

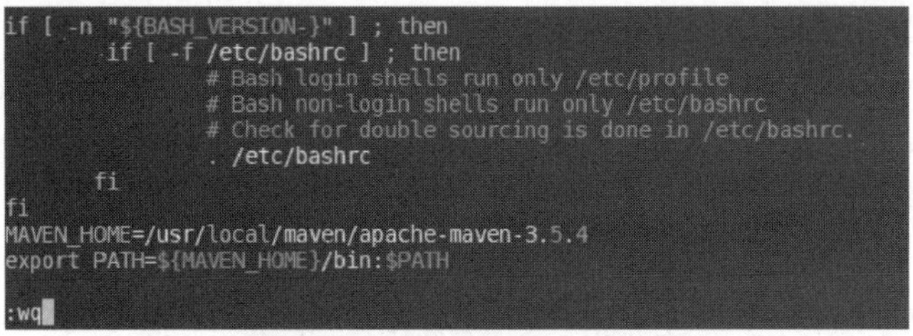

图 6-83　配置 Maven 环境变量

执行以下命令，使配置生效，如图 6-84 所示。

```
source /etc/profile
```

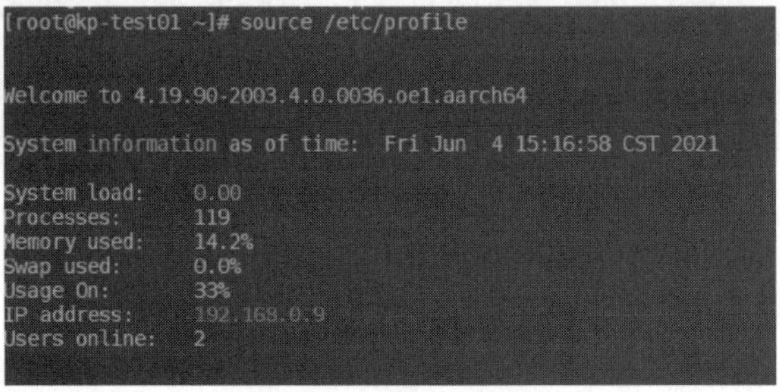

图 6-84　使配置生效

④ 配置华为云镜像，便于快速拉取镜像。

修改 conf/settings.xml 文件。

```
vim /usr/local/maven/apache-maven-3.5.4/conf/settings.xml
```

在命令行模式下按"i"键进入编辑模式，输入 set number 命令，打开行号提示，在第 127 行添加如下 server 内容，修改后的效果如图 6-85 所示。

```
<server>
    <id>huaweicloud</id>
    <username>anonymous</username>
    <password>devcloud</password>
</server>
```

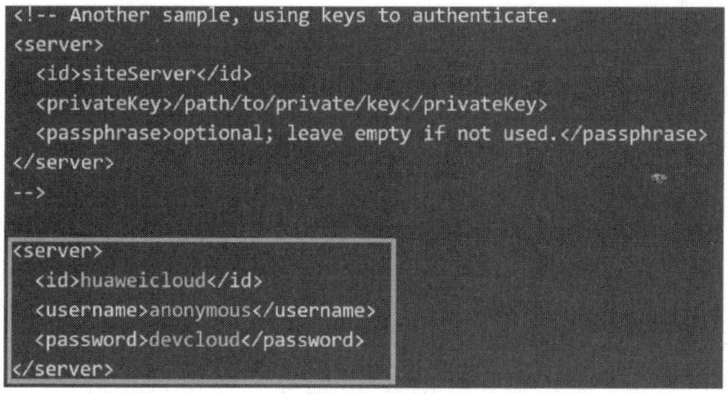

图 6-85　添加 server 内容

在第 164 行添加 mirror 内容，修改后的效果如图 6-86 所示。

```
<mirror>
    <id>huaweicloud</id>
    <mirrorOf>*</mirrorOf>
    <url>https://mirro**.huaweicloud.com/repository/maven</url>
</mirror>
```

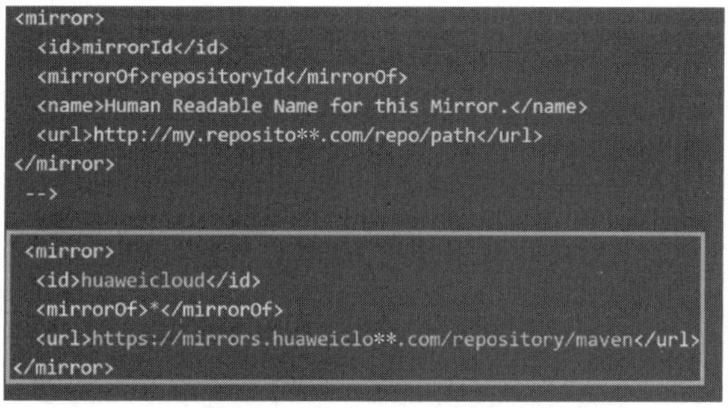

图 6-86　添加 mirror 内容

⑤ 验证 Maven 是否安装成功。

执行 mvn 命令查看 Maven 的版本号，若显示图 6-87 所示的内容，则说明 Maven 安装成功。

```
mvn --version
```

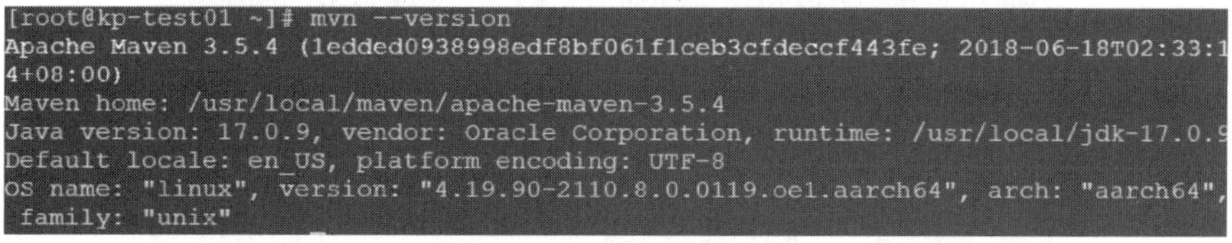

图 6-87　Maven 安装成功

（4）使用 Maven 进行应用开发

① 构建工程骨架。

切换到/root 根目录，执行以下命令，构建工程骨架。

```
cd /root
mvn archetype:generate
```

在构建过程中，若出现 groupId、artifactId、version 提示，以及包名，则按照如下提示进行输入即可，如图 6-88 所示。如果要保持默认配置，则直接按"Enter"键。

```
Define value for property 'groupId': com.example
Define value for property 'artifactId': huaweidemo
Define value for property'version'1.0-SNAPSHOT: :1.0-SNAPSHOT
Define value for property 'package' com.example: :
Define value for property 'package' com.example::
Confirm properties configuration:
groupId: com.example
artifactId: huaweidemo
version: 1.0-SNAPSHOT
package: com.example
```

```
Choose a number: 8:
Define value for property 'groupId': com.example
Define value for property 'artifactId': huaweidemo
Define value for property 'version' 1.0-SNAPSHOT: : 1.0-SNAPSHOT
Define value for property 'package' com.example: :
Confirm properties configuration:
groupId: com.example
artifactId: huaweidemo
version: 1.0-SNAPSHOT
package: com.example
Y: :
```

图 6-88　配置工程坐标

若页面中出现 BUILD SUCCESS，则表示构建成功，如图 6-89 所示。

```
[INFO] Parameter: groupId, Value: com.example
[INFO] Parameter: artifactId, Value: huaweidemo
[INFO] Parameter: version, Value: 1.0-SNAPSHOT
[INFO] Parameter: package, Value: com.example
[INFO] Parameter: packageInPathFormat, Value: com/example
[INFO] Parameter: package, Value: com.example
[INFO] Parameter: groupId, Value: com.example
[INFO] Parameter: artifactId, Value: huaweidemo
[INFO] Parameter: version, Value: 1.0-SNAPSHOT
[INFO] Project created from Archetype in dir: /root/huaweidemo
[INFO] ------------------------------------------------------------
[INFO] BUILD SUCCESS
[INFO] ------------------------------------------------------------
[INFO] Total time: 01:52 min
[INFO] Finished at: 2023-10-23T12:58:50+08:00
[INFO] ------------------------------------------------------------
```

图 6-89　构建成功

② 使用 Spring Boot 框架编写一个简单的校验功能及上传功能。

工程目录结构如图 6-90 所示。

```
├── pom.xml
├── src
    └── main
        ├── java
        │   └── com
        │       └── example
        │           └── huaweidemo
        │               ├── control
        │               │   ├── FileUploadController.java
        │               │   └── WebConller.java
        │               ├── HuaweidemoApplication.java
        │               ├── personValidating
        │               │   └── PersonForm.java
        │               └── storage
        │                   ├── FileSystemStorageService.java
        │                   ├── StorageException.java
        │                   ├── StorageFileNotFoundException.java
        │                   ├── StorageProperties.java
        │                   └── StorageService.java
        └── resources
            ├── application.properties
            └── templates
                ├── form.html
                ├── result.html
                └── uploadForm.html
```

图 6-90　工程目录结构

执行以下命令，按图 6-90 所示的信息创建工程目录。

```
cd huaweidemo/
rm -rf src/main/java/com/example/App.java
cd src/main/java/com/example/
mkdir huaweidemo
cd huaweidemo/
mkdir control personValidating storage
cd storage/
touch FileSystemStorageService.java StorageException.java StorageFileNotFoundException.java
StorageProperties.java StorageService.java
cd ../control/
touch FileUploadController.java WebConller.java
cd ../personValidating/
touch PersonForm.java
cd ..
touch HuaweidemoApplication.java
```

③ 编辑 pom.xml 文件。

切换到/root/huaweidemo/目录，编辑 pom.xml 文件。

```
cd /root/huaweidemo/
mv pom.xml pom.xml.back
vim pom.xml
```

删除 pom.xml 文件中的原有内容，把以下 pom.xml 文件中的内容全部添加进去。

```xml
<?xml version="1.0" encoding="UTF-8"?>
<project    xmlns="http://mav**.apache.org/POM/4.0.0"    xmlns:xsi="http://www.**.org/2001/XMLSchema-
instance"
         xsi:schemaLocation="http://maven.apac**.org/POM/4.0.0 https://maven.apac**.org/xsd/maven-4.0.0.xsd">
    <modelVersion>4.0.0</modelVersion>
    <parent>
        <groupId>org.springframework.boot</groupId>
        <artifactId>spring-boot-starter-parent</artifactId>
        <version>2.3.3.RELEASE</version>
        <relativePath/> <!-- lookup parent from repository -->
    </parent>
    <groupId>com.example</groupId>
    <artifactId>huaweidemo</artifactId>
    <version>0.0.1-SNAPSHOT</version>
    <name>huaweidemo</name>
    <description>Demo project for Spring Boot</description>
    <properties>
        <java.version>1.8</java.version>
    </properties>
    <dependencies>
        <dependency>
                <groupId>junit</groupId>
                <artifactId>junit</artifactId>
                <version>4.11</version>
                <scope>test</scope>
        </dependency>
        <dependency>
            <groupId>org.springframework.boot</groupId>
            <artifactId>spring-boot-starter-validation</artifactId>
        </dependency>
        <dependency>
            <groupId>org.springframework.boot</groupId>
```

```
                <artifactId>spring-boot-starter-thymeleaf</artifactId>
            </dependency>
            <dependency>
                <groupId>org.springframework.boot</groupId>
                <artifactId>spring-boot-starter-web</artifactId>
            </dependency>
            <dependency>
                <groupId>org.springframework.boot</groupId>
                <artifactId>spring-boot-starter-test</artifactId>
                <scope>test</scope>
                <exclusions>
                    <exclusion>
                        <groupId>org.junit.vintage</groupId>
                        <artifactId>junit-vintage-engine</artifactId>
                    </exclusion>
                </exclusions>
            </dependency>
            <dependency>
                <groupId>net.bytebuddy</groupId>
                <artifactId>byte-buddy</artifactId>
            </dependency>
            <dependency>
                <groupId>org.assertj</groupId>
                <artifactId>assertj-core</artifactId>
            </dependency>
            <dependency>
                <groupId>javax.validation</groupId>
                <artifactId>validation-api</artifactId>
                <version>2.0.1.Final</version>
            </dependency>
            <dependency>
                <groupId>org.springframework.boot</groupId>
                <artifactId>spring-boot-starter-thymeleaf</artifactId>
            </dependency>
        </dependencies>

        <build>
            <plugins>
                <plugin>
                    <groupId>org.springframework.boot</groupId>
                    <artifactId>spring-boot-maven-plugin</artifactId>
                </plugin>
            </plugins>
        </build>
    </project>
```

修改完成后执行 mvn idea:module 命令，生成 module 模块，若页面中出现 BUILD SUCCESS，则说明命令执行成功，如图 6-91 所示。

```
mvn idea:module
```

```
[INFO] Not adding resource directory as it has an incompatible
ltering: /root/huaweidemo/src/main/resources
[INFO] ------------------------------------------------------------
[INFO] BUILD SUCCESS
[INFO] ------------------------------------------------------------
[INFO] Total time: 01:28 min
[INFO] Finished at: 2023-10-23T13:05:43+08:00
[INFO] ------------------------------------------------------------
```

图 6-91 命令执行成功

④ 编辑 HuaweidemoApplication.java 文件。

切换到 src/main/java/com/example/huaweidemo/ 目录，编辑 HuaweidemoApplication.java 文件。

```
cd src/main/java/com/example/huaweidemo/
vim HuaweidemoApplication.java
```

在 HuaweidemoApplication.java 文件中添加如下内容。

```
package com.example.huaweidemo;
import com.example.huaweidemo.storage.StorageProperties;
import com.example.huaweidemo.storage.StorageService;
import org.springframework.boot.CommandLineRunner;
import org.springframework.boot.SpringApplication;
import org.springframework.boot.autoconfigure.SpringBootApplication;
import org.springframework.boot.autoconfigure.domain.EntityScan;
import org.springframework.boot.context.properties.EnableConfigurationProperties;
import org.springframework.context.annotation.Bean;
import org.springframework.context.annotation.ComponentScan;
import org.springframework.context.annotation.Configuration;

@SpringBootApplication
@EntityScan("com.example.huaweidemo.personvalidating")
//@ComponentScan(basePackages = "com.example.huaweidemo.control.*")
@EnableConfigurationProperties(StorageProperties.class)
public class HuaweidemoApplication {

    public static void main(String[] args) {
        SpringApplication.run(HuaweidemoApplication.class, args);
    }

    @Bean
    CommandLineRunner init(StorageService    storageService) {
        return (args)  →  {
                storageService.deleteAll();
                storageService.init();
        };
    }

}
```

⑤ 编辑 control/ 目录下的 WebConller.java 文件。

切换到 control/ 目录，编辑 WebConller.java 文件。

```
cd control/
vim WebConller.java
```

在 WebConller.java 文件中添加如下内容。

```
package com.example.huaweidemo.control;
import com.example.huaweidemo.personvalidating.PersonForm;
import org.springframework.stereotype.Controller;
import org.springframework.validation.BindingResult;
import org.springframework.web.bind.annotation.GetMapping;
import org.springframework.web.bind.annotation.PostMapping;
import org.springframework.web.servlet.config.annotation.ViewControllerRegistry;
import org.springframework.web.servlet.config.annotation.WebMvcConfigurer;

import javax.validation.Valid;
```

```
@Controller
public class WebConller implements WebMvcConfigurer {

    @Override
    public void addViewControllers(ViewControllerRegistry registry) {
        registry.addViewController("/result").setViewName("result");
    }

    @GetMapping("/")
    public    String showForm(PersonForm personForm) {
        return "form";
    }

    @PostMapping("/")
    public String checkPersonInfo(@Valid PersonForm personForm, BindingResult bindingResult) {
        return    bindingResult.hasErrors() ? "form": "redirect:/result";
    }
}
```

⑥ 编辑 personValidating/目录下的 PersonForm.java 文件。

切换到../personValidating/目录，编辑 PersonForm.java 文件。

```
cd ../personValidating/
vim PersonForm.java
```

在 PersonForm.java 文件中添加如下内容。

```
package com.example.huaweidemo.personvalidating;

import javax.validation.constraints.Min;
import javax.validation.constraints.NotNull;
import javax.validation.constraints.Size;
public class PersonForm {

    @NotNull
    @Size(min=2,max=30)
    private String    name;

    @NotNull
    @Min(18)
    private Integer    age;

    public String getName() {
        return name;
    }

    public void setName(String name) {
        this.name = name;
    }

    public Integer getAge() {
        return age;
    }

    public void setAge(Integer age) {
        this.age = age;
    }

    @Override
```

```
        public String toString() {
            return "PersonForm{"+
                    "name='"+name+'\"+
                    ", age="+age+
                    '}';
        }
}
```

⑦ 编辑 storage/目录下的 FileSystemStorageService.java 文件。

切换到 ../storage/ 目录，编辑 FileSystemStorageService.java 文件。

```
cd ../storage/
vim FileSystemStorageService.java
```

在 FileSystemStorageService.java 文件中添加如下内容。

```
package com.example.huaweidemo.storage;
import org.springframework.beans.factory.annotation.Autowired;
import org.springframework.core.io.Resource;
import org.springframework.core.io.UrlResource;
import org.springframework.stereotype.Service;
import org.springframework.util.FileSystemUtils;
import org.springframework.web.multipart.MultipartFile;

import java.io.IOException;
import java.io.InputStream;
import java.net.MalformedURLException;
import java.nio.file.Files;
import java.nio.file.Path;
import java.nio.file.Paths;
import java.nio.file.StandardCopyOption;
import java.util.stream.Stream;

@Service
public class FileSystemStorageService    implements StorageService{

    private final   Path   rootLocation;

    @Autowired
    public FileSystemStorageService(StorageProperties properties) {
        this.rootLocation = Paths.get(properties.getLocation());
    }

    @Override
    public void init() {
        try {
            Files.createDirectories(rootLocation);
        }catch (IOException E) {
            throw   new StorageException("Could not initalize    storager",E);
        }
    }

    @Override
    public void store(MultipartFile file) {

        try {
            if (file.isEmpty()){
                throw   new StorageException("Failed   to    store empty    file");
            }
```

```
                    Path destinationFile    = this.rootLocation.resolve(Paths.get(file.getOriginalFilename())).normalize().
toAbsolutePath();
                    if (!destinationFile.getParent().equals(this.rootLocation.toAbsolutePath())) {
                        throw   new StorageException( "cantnot store   file outside   current   directory");
                    }
                    try (InputStream inputStream = file.getInputStream()){
                        Files.copy(inputStream,destinationFile, StandardCopyOption.REPLACE_EXISTING);
                    }
            }catch (IOException e) {
                throw new StorageException("Failed   to   store file",e);
            }
        }

        @Override
        public Stream<Path> loadAll() {
            try {
                    return Files.walk(this.rootLocation,1).filter(path
  !path.equals(this.rootLocation)).map(this. rootLocation::relativize);
            }catch (IOException e) {
                throw   new StorageException("Failed to read   stored    files ",e);
            }
        }

        @Override
        public Path load(String filename) {
            return rootLocation.resolve(filename);
        }

        @Override
        public Resource loadAsResource(String filename) {
            try {
                Path file = load(filename);
                Resource resource =   new UrlResource(file.toUri());
                if (resource.exists() ||   resource.isReadable()) {
                    return resource;
                }else {
                    throw   new StorageFileNotFoundException("Could not read file:"+filename);
                }
            }catch (MalformedURLException e){
                throw   new StorageFileNotFoundException("Could not read file:"+filename, e);
            }


        }

        @Override
        public void deleteAll() {
            FileSystemUtils.deleteRecursively(rootLocation.toFile());
        }
    }
}
```

⑧ 编辑 storage/目录下的 StorageService.java 文件。

vim StorageService.java

在 StorageService.java 文件中添加如下内容。

package com.example.huaweidemo.storage;

```
import org.springframework.core.io.Resource;
import org.springframework.web.multipart.MultipartFile;

import java.nio.file.Path;
import java.util.stream.Stream;

public interface StorageService {

    void    init();
    void    store(MultipartFile file);
    Stream<Path>    loadAll();
    Path load(String filename);
    Resource    loadAsResource(String filename);
    void    deleteAll();
}
```

⑨ 编辑 storage/目录下的 StorageProperties.java 文件。

vim StorageProperties.java

在 StorageProperties.java 文件中添加如下内容。

```
package com.example.huaweidemo.storage;
import org.springframework.boot.context.properties.ConfigurationProperties;

@ConfigurationProperties("storage")
public class StorageProperties {
    private    String location    = "upload-dir";
    public    String getLocation() {
        return    location;
    }
    public void    setLocation(String location) {
        this.location    = location;
    }
}
```

⑩ 编辑 storage/目录下的 StorageFileNotFoundException.java 文件。

vim StorageFileNotFoundException.java

在 StorageFileNotFoundException.java 文件中添加如下内容。

```
package com.example.huaweidemo.storage;

public class StorageFileNotFoundException    extends    StorageException {

    public StorageFileNotFoundException(String message) {
        super(message);
    }

    public StorageFileNotFoundException(String message, Throwable cause) {
        super(message, cause);
    }
}
```

⑪ 编辑 storage/目录下的 StorageException.java 文件。

vim StorageException.java

在 StorageException.java 文件中添加如下内容。

```
package com.example.huaweidemo.storage;

public class StorageException extends    RuntimeException{
    public StorageException(String    message) {
            super(message);
    }

    public StorageException (String    message , Throwable cause) {
            super(message, cause);
    }
}
```

⑫ 编辑 control/目录下的 FileUploadController.java 文件。

```
vim FileUploadController.java
```

在 FileUploadController.java 文件中添加如下内容。

```
package com.example.huaweidemo.control;

import com.example.huaweidemo.storage.StorageFileNotFoundException;
import com.example.huaweidemo.storage.StorageService;
import org.springframework.beans.factory.annotation.Autowired;
import org.springframework.core.io.Resource;
import org.springframework.http.HttpHeaders;
import org.springframework.http.ResponseEntity;
import org.springframework.stereotype.Controller;
import org.springframework.ui.Model;
import org.springframework.web.bind.annotation.*;
import org.springframework.web.multipart.MultipartFile;
import org.springframework.web.servlet.mvc.method.annotation.MvcUriComponentsBuilder;
import org.springframework.web.servlet.mvc.support.RedirectAttributes;

import java.io.IOException;
import java.util.stream.Collectors;
@Controller
public class FileUploadController {

    private final    StorageService storageService;

    @Autowired
    public FileUploadController(StorageService storageService) {
        this.storageService = storageService;
    }

    @GetMapping("/files")
    public String listUploadController(Model model)    throws IOException {
        model.addAttribute("files",    storageService.loadAll().map(
                path →  MvcUriComponentsBuilder.fromMethodName(FileUploadController.class,
                        "serveFile",path.getFileName().toString()).build().toUri().toString()).collect
(Collectors.toList())));
            return "uploadForm";
    }
    @GetMapping("/files/{filename:.+}")
    @ResponseBody
    public ResponseEntity<Resource> serveFile(@PathVariable String filename) {
```

```
        Resource file = storageService.loadAsResource(filename);
        return ResponseEntity.ok().header(HttpHeaders.CONTENT_DISPOSITION,
            "attachment; filename=\""+file.getFilename()+"\"").body(file);
    }
    @PostMapping("/files")
    public String handleFileUpload(@RequestParam("file") MultipartFile file,
                            RedirectAttributes redirectAttributes) {

        storageService.store(file);
        redirectAttributes.addFlashAttribute("message",
            "You successfully uploaded "+file.getOriginalFilename()+"!");

        return "redirect:/files";
    }

    @ExceptionHandler(StorageFileNotFoundException.class)
    public ResponseEntity<?> handleStorageFileNotFound(StorageFileNotFoundException exc) {
        return ResponseEntity.notFound().build();
    }
}
```

⑬ 创建 resources 目录。

在项目的 src/main/目录下，执行以下命令创建 resources 目录。

```
cd /root/huaweidemo/src/main/
mkdir resources
cd resources/
```

在 resources/目录下创建 templates 目录。

```
mkdir templates
```

在 templates/目录下建立 3 个 HTML 文件。

```
cd templates/
touch form.html result.html uploadForm.html
```

⑭ 编辑 form.html 文件。

```
vim form.html
```

在 form.html 文件中添加如下内容。

```
<html lang="en" xmlns:th="http://www.**.org/1999/xhtml">
<head>
    <meta charset="UTF-8">
    <title>Title</title>
</head>
<body>
<form action="#" th:action="@{/}" th:object="${personForm}" method="post">
    <table>
        <tr>
            <td>Name:</td>
            <td><input type="text" th:field="*{name}" /></td>
            <td th:if="${#fields.hasErrors('name')}" th:errors="*{name}">Name Error</td>
        </tr>
        <tr>
            <td>Age:</td>
            <td><input type="text" th:field="*{age}" /></td>
            <td th:if="${#fields.hasErrors('age')}" th:errors="*{age}">Age Error</td>
```

```
            </tr>
            <tr>
                <td><button type="submit">Submit</button></td>
            </tr>
        </table>
</form>
</body>
```

⑮ 编辑 result.html 文件。

```
vim result.html
```

在 result.html 文件中添加如下内容。

```
<!DOCTYPE html>
<html lang="en">
<head>
    <meta charset="UTF-8">
    <title>Title</title>
</head>
<body>
    Congratulations! You are old enough to sign up    HuweiCde patche
</body>
</html>
```

⑯ 编辑 uploadForm.html 文件。

```
vim uploadForm.html
```

在 uploadForm.html 文件中添加如下内容。

```
<html xmlns:th="https://www.thymele**.org">
<body>

<div th:if="${message}">
    <h2 th:text="${message}"/>
</div>

<div>
    <form method="POST" enctype="multipart/form-data" action="/files">
        <table>
            <tr><td>File to upload:</td><td><input type="file" name="file" /></td></tr>
            <tr><td></td><td><input type="submit" value="Upload" /></td></tr>
        </table>
    </form>
</div>

<div>
    <ul>
        <li th:each="file : ${files}">
            <a th:href="${file}" th:text="${file}" />
        </li>
    </ul>
</div>

</body>
</html>
```

⑰ 在 resources/目录下创建 application.properties 文件。

```
cd ..
```

```
touch application.properties
```

编辑 application.properties 文件。

```
vim application.properties
```

在 application.properties 文件中添加如下内容。

```
spring.servlet.multipart.max-file-size=    12800KB
spring.servlet.multipart.max-request-size= 12800KB
```

⑱ 在根目录下执行 mvn 命令，进行编译和打包操作，结果如图 6-92 和图 6-93 所示。

```
cd /root/huaweidemo/
mvn clean compile
```

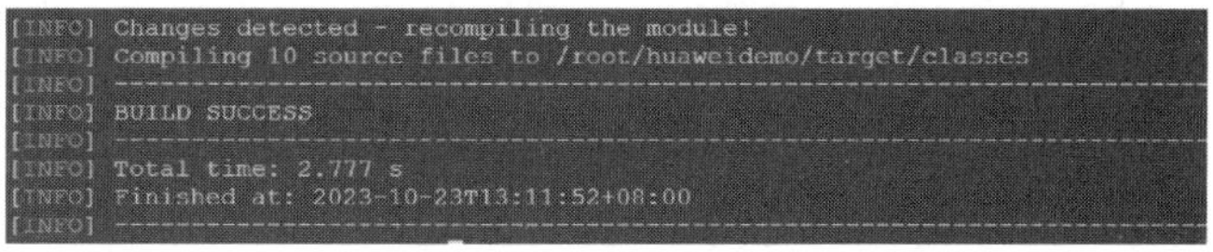

图 6-92　编译成功

```
mvn clean package
```

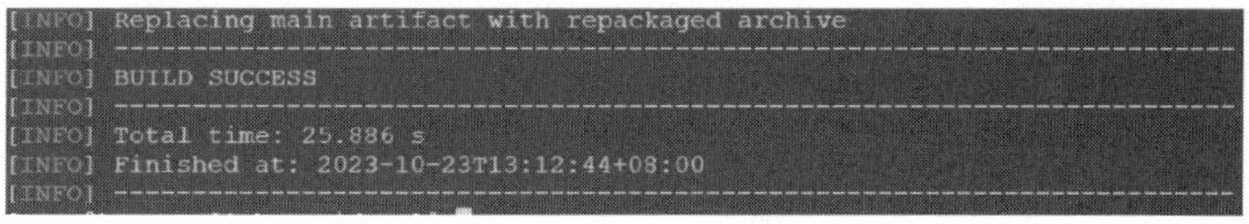

图 6-93　打包成功

⑲ 执行 Spring Boot 代码。

切换到/root/huaweidemo/target/目录，通过 ls 命令查看生成的 jar 包，如图 6-94 所示。

```
cd /root/huaweidemo/target/
ls
```

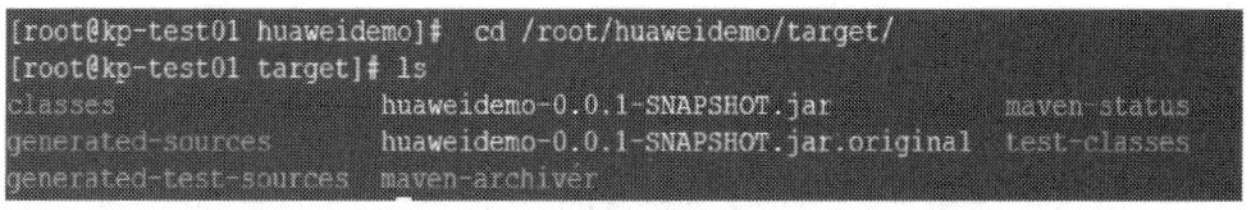

图 6-94　查看生成的 jar 包

执行 jar 包，如图 6-95 所示。

```
java -jar huaweidemo-0.0.1-SNAPSHOT.jar
```

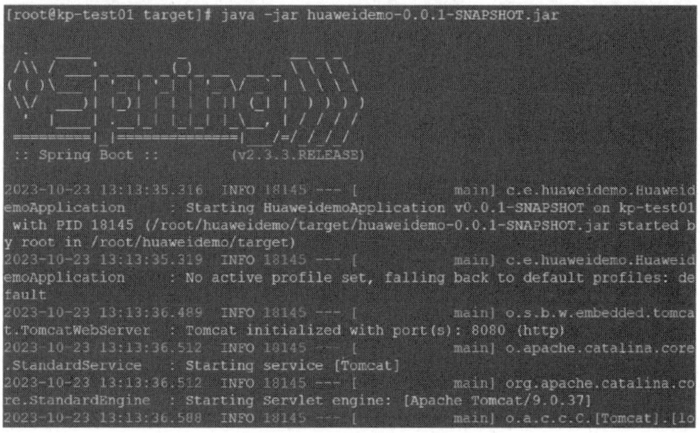

图 6-95　执行 jar 包

（5）测试应用

① 使用 kp-test01 弹性云服务器的弹性公网 IP 地址+端口的方式访问 Spring Boot 服务器。

输入"kp-test01 弹性云服务器的弹性公网 IP 地址+端口"（如"http://kp-test01:8080/"）进行访问测试。

若出现图 6-96 所示的页面，则说明访问成功。

图 6-96　Spring Boot 服务器访问成功（1）

② 测试文件上传页面。

在访问地址后面添加 files 可访问文件上传页面，具体如图 6-97 所示。

图 6-97　访问文件上传页面（1）

③ 更改端口，打开另外一个 Sping Boot 应用服务，如图 6-98 所示。

```
java -jar huaweidemo-0.0.1-SNAPSHOT.jar --server.port=8081
```

```
[root@kp-test01 target]# java -jar huaweidemo-0.0.1-SNAPSHOT.jar --server.port=8
081



 /\\ /  ___'_ __ _ _(_)_ __  __ _ \ \ \ \
( ( )\___ | '_ | '_| | '_ \/ _` | \ \ \ \
 \\/  ___)| |_)| | | | | || (_| |  ) ) ) )
  '  |____| .__|_| |_|_| |_\__, | / / / /
 =========|_|==============|___/=/_/_/_/
 :: Spring Boot ::        (v2.3.3.RELEASE)

2023-10-23 13:17:04.186  INFO 18276 --- [           main] c.e.huaweidemo.Huaweid
emoApplication     : Starting HuaweidemoApplication v0.0.1-SNAPSHOT on kp-test01
 with PID 18276 (/root/huaweidemo/target/huaweidemo-0.0.1-SNAPSHOT.jar started b
y root in /root/huaweidemo/target)
2023-10-23 13:17:04.191  INFO 18276 --- [           main] c.e.huaweidemo.Huaweid
emoApplication     : No active profile set, falling back to default profiles: de
fault
2023-10-23 13:17:05.295  INFO 18276 --- [           main] o.s.b.w.embedded.tomca
t.TomcatWebServer   : Tomcat initialized with port(s): 8081 (http)
2023-10-23 13:17:05.316  INFO 18276 --- [           main] o.apache.catalina.core
.StandardService    : Starting service [Tomcat]
2023-10-23 13:17:05.316  INFO 18276 --- [           main] org.apache.catalina.co
re.StandardEngine   : Starting Servlet engine: [Apache Tomcat/9.0.37]
```

图 6-98　打开另外一个 Spring Boot 应用服务

输入"kp-test01 弹性云服务器的弹性公网 IP 地址+端口"访问 Spring Boot 服务器，若出现图 6-99 所示的页面，则说明访问成功。

图 6-99　Spring Boot 服务器访问成功（2）

在访问地址后面添加 files 可访问文件上传页面，如图 6-100 所示。

图 6-100　访问文件上传页面（2）

 单元小结

本单元主要介绍了 RPM 软件包管理工具、Maven 软件包管理工具、Python 打包的概念和流程，以及应用构建与发布的过程，软件包管理工具的安装、部署和使用。在任务环节主要学习了基于 RPM 软件包管理工具构建 MySQL 应用、基于 Maven 软件包管理工具构建应用、基于鲲鹏云服务器部署 Nginx 综合实验的内容，详细介绍了安装 Maven 软件包管理工具、配置 POM 文件、制作 RPM 软件包、安装和部署 Nginx 等操作，该部分也是本单元的重点。通过本单元的学习，读者可以掌握鲲鹏应用的构建与发布流程，以及软件包管理工具的部署与使用方法。

 单元练习

1. RPM 软件包管理工具常用命令集的功能是什么？RPM 软件包管理工具具有哪些优点？
2. rpmbuild 目录的具体路径及用途有哪些？
3. 怎样使用 RPM 软件包管理工具构建 MySQL 应用？
4. POM 文件包含哪些内容？
5. Maven 的生命周期有哪些？
6. Python 打包的流程是什么？